高等学校机械类专业系列教材

数控机床与编程

主　编　于联周　范　磊
副主编　吴超群　高国伟　王　娜
　　　　李　琪　商　丽
参　编　张　波　李洪鹏　徐　帅
　　　　陈　刚　张文甲　周守胜

西安电子科技大学出版社

内 容 简 介

本书以数控机床及编程为主线,内容包括绪论、数控机床的机械结构、数控车床程序编制、数控铣床程序编制、数控加工中心程序编制、数控系统插补原理、UG NX 12.0 自动编程与宏程序编程、典型零件加工综合训练。

本书强调数控加工的基本理论及方法与实践相结合,着重培养学生的基本技能与专业素质,提高学生的综合应用能力。本书在内容安排上侧重数控加工的基本知识、基本原理和基本方法,突出专业基础内容,既考虑了数控加工专业知识之间的内在联系,又遵循了数控加工基础知识与专业知识前后贯通的原则。本书兼顾课堂教学及读者自学的特点和需要,每章都附有思考题与习题,有助于读者加深对本章内容的理解。

本书可作为高等学校机械设计制造及其自动化、机械电子工程、机械工程、智能制造工程等专业的本科生教材,也可为机床设计研究单位从事数控机床设计与编程的工程技术人员提供参考。

图书在版编目(CIP)数据

数控机床与编程/于联周,范磊主编. —西安:西安电子科技大学出版社,2023.6
ISBN 978 - 7 - 5606 - 6832 - 1

Ⅰ. ①数… Ⅱ. ①于… ②范… Ⅲ. ①数控机床—程序设计 Ⅳ. ①TG659.022

中国国家版本馆 CIP 数据核字(2023)第 065954 号

策 划 刘玉芳
责任编辑 刘玉芳
出版发行 西安电子科技大学出版社(西安市太白南路 2 号)
电 话 (029)88202421 88201467   邮 编 710071
网 址 www. xduph. com   电子邮箱 xdupfxb001@163.com
经 销 新华书店
印刷单位 陕西天意印务有限责任公司
版 次 2023 年 6 月第 1 版 2023 年 6 月第 1 次印刷
开 本 787 毫米×1092 毫米 1/16 印张 15.5
字 数 365 千字
印 数 1～3000 册
定 价 39.00 元
ISBN 978 - 7 - 5606 - 6832 - 1/TG

XDUP 7134001 - 1

＊ ＊ ＊如有印装问题可调换＊ ＊ ＊

前　　言

数控机床是一个装有程序控制系统的机床，程序控制系统能够逻辑地处理由代码或其他符号编码指令规定的程序。数控机床主要由输入/输出装置、数控系统、伺服系统、位置检测装置、辅助装置和机床本体等组成。在数控机床上加工零件时，需要把零件加工的工艺过程、工艺参数和位移数据以信息的形式记录在控制介质上，用控制介质上的信息来控制机床，以实现零件的加工。

数控机床作为国家战略发展的重点之一，是制造业发展中必不可少的一环。数控机床的发展直接影响制造业的整体水平，同时也影响国家的战略地位，体现了国家的综合国力。数控机床是与信息技术、微电子技术、自动化技术及检测技术共同发展的。

本书在编写过程中得到了沈阳城市建设学院智能制造产业学院、机械设计制造及其自动化专业教研室、机电工程实训中心以及沈阳机床股份有限公司的大力支持。本书中的部分案例来自企业工程实践。

沈阳城市建设学院于联周、范磊担任本书主编，沈阳城市建设学院吴超群、高国伟、王娜、李琪、商丽担任副主编，沈阳城市建设学院张波、李洪鹏，沈阳机床股份有限公司徐帅、陈刚、张文甲，沈阳工业大学周守胜参与了编写。具体分工如下：第一章由范磊编写，第二、六章由于联周编写，第三章由王娜、徐帅、陈刚编写，第四章由李琪、周守胜、张文甲编写，第五章由李洪鹏、商丽编写，第七章由吴超群、张波编写，第八章由高国伟编写。全书由于联周统稿。

由于编者水平有限，经验不足，书中难免有不妥之处，恳请读者批评指正。作者邮箱yulianzhou1012@163.com。

编　者

2023 年 2 月

目　　录

第一章 绪 论

随着微电子技术、集成电路技术、计算机与信息处理技术、伺服驱动技术和精密机械技术的进步，机床数控技术得到了迅速的发展，尤其是近年来，产品需求的多样化及个性化要求企业在较短的时间内生产出满足用户期望的产品，而数控机床是能够实现复杂、精密、多变零件加工的重要设备，其发展越来越受到制造业的重视。由于数控机床的发展水平与国家工业现代化息息相关，因此，大力发展数控机床及编程技术是促进国家工业发展的重要途径。

第一节 机床数控技术基本概念

一、基本概念

数字控制(Numerical Control，NC)简称数控，是用数字化信息对机床的运动及加工过程进行控制的一种方法。

数控系统(Numerical Control System)是数字控制系统的简称，是根据计算机存储器中存储的控制程序，执行部分或全部数字控制功能，并配有接口电路和伺服驱动装置的专用计算机系统。数控系统包括数控装置、可编程序控制器、主轴驱动及进给装置等部分。

数控技术(Numerical Control Technology)是指采用数字控制的方法对某一工作过程实现自动控制的技术。数控一般是采用通用或专用计算机实现数字程序控制，因此数控也称为计算机数控(Computer Numerical Control，CNC)。

数控机床(Numerical Control Machine Tools)是指采用了数控技术的机床。国际信息处理联盟(International Federation of Information Processing)第五技术委员会对数控机床作了如下定义：数控机床是一个装有程序控制系统的机床，该系统能够逻辑地处理由代码或其他符号编码指令规定的程序。数控机床主要由输入/输出装置、数控系统、伺服系统、位置检测装置、辅助装置和机床本体等几部分构成。其中，数控系统是数控机床的核心控制装置，是数控机床运行的决策机构。

数控程序(Numerical Control Program)是指输入数控系统中的使数控机床执行一个确定加工任务的具有特定代码和其他符号编码的一系列指令。

数控编程(CNC Programming)是指将零件的加工信息编制成数控机床能识别的代码。在数控机床上加工零件时，要把零件加工的全部工艺过程、工艺参数和位移数据以信息的形式记录在控制介质上，用控制介质上的信息来控制机床，以实现零件的加工。从分析零件图样到获得数控机床加工零件所需程序的全部过程称为数控编程。

二、数控技术的基本原理

数控技术的基本原理是将被控设备末端执行部件的运动(或多个末端执行部件的合成运动)纳入适当的坐标系中,将执行部件的复杂运动分解成各坐标轴的简单直线运动或回转运动,并用一个满足精度要求的基本长度单位对各坐标轴上的运动进行离散化,由电子控制装置(即数控装置)按数控程序规定的运动控制规律产生与基本长度单位对应的数字指令脉冲对各坐标轴的运动进行控制,并通过伺服执行元件进行驱动,从而实现所要求的复杂运动。

数控技术的核心是插补与驱动。插补装置的功用是将期望的设备运动轨迹沿各坐标轴微分成具有与运动轨迹相同的时序的基本长度单位,并转换成可控制各坐标轴运动的数字指令脉冲序列。驱动装置是指伺服驱动系统,其功用是将插补装置输出的数字指令脉冲进行转换与放大,驱动执行元件实现由数字指令脉冲序列规定的坐标运动,并最终由各坐标轴运动合成所期望的运动轨迹。对应于插补装置输出的每一个数字指令脉冲,伺服驱动系统末端执行部件所实现的理论位移称为脉冲当量,它是系统所能控制的最小位移,又称系统的控制分辨率,一般取为基本长度单位。

早期数控功能是采用硬件数字电路实现的。现代数控功能均采用微型计算机来实现,因此又称为计算机数字控制技术,简称计算机数控(Computer Numerical Control,CNC)技术。计算机数控技术属于先进制造技术,是现代制造业实现柔性自动化的基础,也是计算机集成制造(Computer Integrated Manufacturing,CIM)、智能制造(Intelligent Manufacturing,IM)、虚拟制造(Virtual Manufacturing,VM)等先进制造技术或生产模式的基础。

三、数控机床的工作流程

数控机床在工作时根据输入的数控加工程序,由数控系统控制机床部件相对于刀具运动,生成零件加工轨迹,从而满足零件的加工要求。数控机床运动部件的运动轨迹取决于所输入的数控加工程序。数控加工程序是根据零件图样及加工工艺要求编制的。以下简述数控机床的工作流程。

1. 数控加工程序的编制

在加工零件前,首先根据被加工零件图样所规定的零件形状、尺寸、材料及技术要求等,确定零件的工艺过程、工艺参数、几何参数以及切削用量等,然后根据数控机床编程手册规定的程序代码和程序格式编写零件加工程序。早期的数控机床还需将零件加工程序由穿孔机制成穿孔带以备加工零件时使用。

对于形状比较简单的零件,通常采用手工编程;对于形状复杂的零件,则在编程机上进行自动编程,或在计算机上采用 CAD/CAM 软件(如 UG、Mastercam 等)自动生成零件加工程序。

2. 输入

输入的任务是把零件的加工程序、数控机床的控制参数和补偿数据输入数控装置中。输入的方法因程序的难易程度有所差别,对于比较简单的程序,通常采用系统自带键盘输入；对于相对复杂的程序，通常采用软件进行自动编程及后处理，在导出程序后，通过 U 盘、CF 卡或通信方式进行输入。输入方式通常有两种：一种是边输入边加工，即在执行前一个程序段时，输入后一个程序段的内容，对于多数数控系统，该方式应用 CF 卡进行输入，也称为在线加工，此类输入方式多用于加工程序较长且数控装置的内部存储器不能满足该程序存储需求的情况；另一种是一次性地将整个零件加工程序输入数控装置的内部存储器中。

3. 译码

数控装置接收的程序是由程序段组成的，程序段中包含零件的轮廓信息（如直线、圆弧）、加工进给速度（F 代码）等加工工艺信息和其他信息（M、S、T 代码等）。数控系统不能直接识别程序，译码程序就像一个翻译，按照一定的语法规则将程序信息翻译成数控系统能够识别的数据形式，并按一定的数据格式存放在指定的内存专用区域。在译码过程中数控系统还要对程序进行语法检查，如有出错，则数控系统立即报警。

4. 刀具补偿

零件的加工程序通常是按零件轮廓编制的。刀具补偿的作用是补偿刀具实际安装位置（或实际刀尖圆弧半径）与理论编程位置（或刀尖圆弧半径）之差。刀具补偿分为刀具长度补偿和刀具半径补偿。

5. 插补

插补是数控机床的数控系统依照一定方法确定刀具运动轨迹的过程。插补的目的是控制刀具运动，使刀具相对于工件做出符合零件轮廓的运动。具体地说，插补就是数控装置根据输入的零件轮廓数据，通过计算，把零件轮廓描述出来，边计算边根据计算结果向各坐标轴发出运动指令，控制机床的刀具在相应的坐标轴方向上移动，将工件加工成所需的零件。所以说，插补就是在曲线的起点和终点之间进行"数据点的密化"。在每个插补周期内运行一次插补程序，形成一个个微小的直线数据段。插补完一个程序段（即加工一条曲线）通常需要经过若干个插补周期。需要说明的是，只有辅助功能（换刀、换挡、换切削液等）完成之后才允许插补。

6. 位置控制和机床加工

插补的结果是产生一个周期内的位置增量。位置控制的任务是在每个采样周期内，将插补计算出的理论位置与实际加工位置进行比较，用其差值去控制伺服电动机，电动机使机床的运动部件带动刀具相对于工件按规定的加工路线、速度及加速度进行加工。在位置控制中通常还应完成位置回路的增量调整、各坐标轴的螺距误差补偿和反向间隙补偿，以提高机床的定位精度和重复定位精度。

第二节　数控机床的组成和分类

作为典型的机电一体化产品，普通数控机床是在通用机床的基础上加上数控装置及其他辅助装置而形成的。随着数控技术的发展，数控加工中心、多轴联动数控机床和特种加工数控机床应运而生。众所周知，数控机床是根据零件的加工要求和工艺要求编写加工程序,然后将程序输入数控装置,进而控制机床的运动的,因此,可以按照零件的加工过程来分析数控机床的组成。

一、数控机床的组成

数控机床主要由数控加工程序、输入装置或操作面板、数控系统、强电控制装置、伺服驱动系统、位置检测装置和数控机床本体组成。现代数控机床基本都是计算机数字控制(Computer Numerical Control,CNC)机床,其组成如图 1－1 所示。

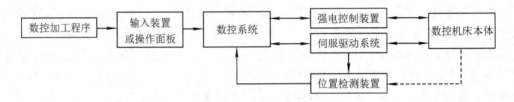

图 1－1　数控机床的组成

1. 数控加工程序

数控加工程序是数控机床进行自动加工的指令序列。数控加工程序必须用符合标准的文字、数字和符号来表示,应按规定的格式编制而成。程序中的指令用来给出工件坐标系与机床坐标系的相对关系——表征工件在数控机床上的安装位置,刀具与工件相对运动的尺寸参数,加工的工艺路线和加工顺序,与主运动和进给运动相关的切削参数,以及换刀、工件装夹及冷却润滑等辅助动作等。

2. 输入装置

编制好的数控加工程序可以通过数控机床操作面板上的键盘或手持式编程器输入数控装置,也可以保存在某种信息载体中,然后通过相应的输入装置输入数控装置。用来将操作者的操作意图传递给数控机床的媒介称为控制介质。常用的控制介质有 U 盘、CF 卡等,还有一些数控系统具有自动编程的功能,甚至可以通过远程通信接口从上位机获得数控加工程序。

3. 数控系统

数控系统是数控机床的核心。数控系统接收来自输入装置的程序和数据,并按输入信息的要求完成数值计算、逻辑判断和输入/输出控制等功能。数控装置通常是指由专用计算机或通用计算机与输入/输出接口板以及机床控制器(可编程序控制器)等组成的控制装置。机床控制器的主要作用是实现对机床辅助功能 M、主轴转速功能 S 和刀具功能 T 的控制。

4. 操作面板

数控机床的操作是通过人机操作面板实现的,人机操作面板由数控面板和机床操作面板组成。

数控面板是数控系统的操作面板,由显示器和手动数据输入(Manual Data Input,MDI)键盘组成,又称为 MDI 面板。在显示器的下部通常设有菜单选择键,用于选择菜单;在键盘上除了各种符号键、数字键和功能键外,用户还可以设置自定义按键等,操作人员可以通过键盘和显示器实现对机床数控系统的管理,对数控程序及有关数据进行输入、存储和编辑。在加工中,显示器可以动态地显示系统状态和故障诊断报警等。

机床操作面板主要用于手动方式下对机床的操作以及自动方式下对机床的操作或干预。机床操作面板上有各种按钮和选择开关,用于机床及辅助装置的启停、加工方式的选择、速度倍率的选择。同时,数控机床的部分修调功能也设置在机床操作面板上,如刀库的修调功能。数控系统的通信接口(如串行接口)也常设置在机床操作面板上。

5. 强电控制装置

数控机床的强电控制系统是介于数控机床数控系统和机床机械结构、气压和液压结构及其他结构之间的控制系统。目前,多数数控机床的强电控制由可编程逻辑控制器(Programmable Logical Controller,PLC)来实现。强电控制装置按照数控机床数控系统输出的指令信号,对主轴、换刀、气动、液压等装置进行控制,使它们严格按加工程序运行。

6. 伺服驱动系统

数控机床的伺服驱动系统用于把来自数控装置的指令信息转换为机床移动部件的运动,使工作台实现定位或按规定的轨迹运动。伺服驱动系统的精度和动态响应是影响数控机床加工精度、加工表面质量及生产效率的重要因素。伺服驱动系统是机床数控装置与机械部分之间的电传动联系环节。伺服驱动系统包括执行元件(主要有步进电动机、直流伺服电动机和交流伺服电动机等)和驱动控制系统等。伺服驱动系统主要包括进给伺服驱动系统和主轴伺服驱动(主轴变速、定位、分度)系统。

(1) 进给伺服驱动系统。进给伺服驱动系统主要由进给伺服驱动器和进给伺服电机组成,对于闭环或半闭环控制的进给伺服驱动系统,还应包括位置检测装置。进给伺服驱动器接收来自 CNC 装置的运动指令,运动指令经变换和放大后,驱动伺服电机运转,实现刀架或工作台的运动。CNC 装置每发出一个控制脉冲时,数控机床刀架或工作台移动的距离称为脉冲当量或最小设定单位。脉冲当量或最小设定单位的大小直接影响数控机床的加工精度。在闭环或半闭环控制的进给伺服驱动系统中,位置检测装置安装在机床执行部件(闭环控制)或伺服电机(半闭环控制)上,其作用是将机床执行部件或伺服电动机的实际位置信号反馈给 CNC 系统,与指令位移信号进行比较,用两者的差值控制机床运动,以达到消除运动误差、提高定位精度的目的。

一般来说,数控机床功能的强弱主要取决于 CNC 装置,而数控机床性能的优劣(如运动速度与精度等)则主要取决于进给伺服驱动系统。随着数控技术的不断发展,对进给伺服驱动系统的要求越来越高,一般要求定位精度为 0.001~0.01 mm,高精设备要求达到 0.0001 mm;为了保证系统的跟踪精度,一般要求动态过程在 200 μs 甚至几十微秒内,同时要求伺服电动机的超调要小;为了保证加工效率,一般要求进给速度为 0~60 m/min;此外,要求电机在低速运转时能输出较大的转矩。

(2) 主轴伺服驱动系统。数控机床的主轴伺服驱动系统与进给伺服驱动系统的区别很大。主轴伺服驱动系统的电动机的输出功率较大,一般应在 2.2~250 kW 或者更高。进给电机一般是恒转矩调速,而主电动机除了有较大范围的恒转矩调速外,还要有较大范围的恒功率调速。对于数控车床,为了能够加工螺纹和实现恒线速控制,要求主轴和进给驱动同步控制；对于加工中心，还要求主轴进行高精度准停和分度功能。因此，中、高档数控机床的主轴驱动都采用电机无级调速；经济型数控机床的主传动系统与普通机床的类似，仍需要手工机械变速。

7. 位置检测装置

位置检测装置主要用于闭环、半闭环的伺服驱动系统中，它将直接或间接测得的数控机床执行部件的实际进给位移反馈给计算机数控系统，与指令位移进行比较，以确定和控制数控机床执行下一步动作。对于数控机床，提高其加工精度和定位精度的重要途径是加装位置测量与反馈装置，形成闭环控制。目前在数控机床上常用的测量装置有脉冲编码器、光栅、旋转变压器、感应同步器和磁尺等。

8. 数控机床本体

数控机床的机械部分直接承担切削加工的任务，它是在普通机床的基础上发展而来的。数控机床本体由主传动机构、进给传动机构、主轴箱、滑座、工作台、床身及立柱等组成，但数控机床的整体布局、外观造型、传动机构及操作机构等都发生了很大的变化。其特点主要表现如下：

（1）数控机床机械结构的设计与制造具有刚度大、精度高、抗震性强、热变形小等特点；

（2）由于数控机床普遍采用伺服电机无级调速技术，所以数控机床的进给运动和多数数控机床的主运动变速机构被极大地简化甚至取消；

（3）数控机床广泛采用滚珠丝杠、直线导轨等高效率、高精度的传动部件；

（4）数控机床布局主要考虑有利于提高生产效率，并将 5S、精益生产应用于生产；

（5）数控机床采用自动换刀装置、自动交换工作台和自动夹具等；

（6）为了充分发挥数控机床的功能，还有一些配套部件(如冷却装置、排屑装置、防护装置、润滑装置、照明装置等)和辅助装置(如探头和对刀仪等)。

二、数控机床的分类

数控机床品种繁多，功能各异，可以从不同的角度对其进行分类，如图 1-2 所示。

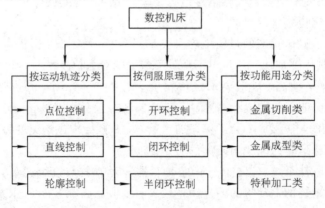

图 1-2　数控机床的分类

1. 按机械加工的运动轨迹分类

1）点位控制数控机床

点位控制是指刀具从某一位置移到下一个位置的过程中，不考虑刀具的运动轨迹，只要求刀具最终准确到达目标位置。刀具在移动过程中不进行切削加工，一般采用快速运动，刀具的移动过程可以是先沿一个坐标轴方向移动，再沿另一个坐标轴方向移动到目标位置，也可沿两个坐标轴方向同时移动。为保证数控机床的定位精度和减少移动时间，一般先高速运行，当刀具接近目标位置时，再分级降速，慢速趋近目标位置。这类数控机床主要有数控钻床、数控镗床和数控冲床等。

2）直线控制数控机床

直线控制数控机床不仅要保证点与点之间的准确定位，还要控制刀具在两点之间的位移速度和路线。刀具位移路线一般由与各坐标轴平行的直线段或与坐标轴呈45°角的斜线段组成。由于刀具在移动过程中要进行切削加工，所以对于不同的刀具和工件，需要选用不同的切削用量。这类数控机床通常具备刀具半径和长度补偿功能以及主轴转速控制功能，以便在刀具磨损或更换刀具后也能得到合格的零件。这类机床有简易数控车床和简易数控铣床等。这类数控机床在一般情况下有2～3个可控轴，但同时可控制的只有一个轴。

3）轮廓控制数控机床

轮廓控制数控机床的数控装置能够同时控制两个或两个以上的轴，对位置、速度及加速度进行严格的不间断控制。这类机床具有直线和圆弧插补功能、刀具补偿功能、机床轴向运动误差补偿功能、丝杠的螺距误差和齿轮的反向间隙误差补偿功能等。该类机床可加工曲面、叶轮等复杂形状的零件。这类机床有数控车床、数控铣床、加工中心等。

2. 按伺服系统的控制原理分类

1）开环控制数控机床

开环控制数控机床不带有位置检测装置，数控装置将零件程序处理后，输出数字指令信号给伺服系统，驱动机床运动。指令信号的流程是单向的，如图1-3所示。

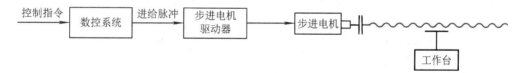

图1-3　开环控制数控机床

开环控制数控机床的伺服驱动部件通常选用步进电动机。受步进电动机的步距精度和工作频率以及传动机构的传动精度的影响，开环控制数控机床的速度和精度都较低。但由于这类数控机床具有结构简单、成本较低、调试维修方便等优点，所以仍被广泛应用于经济型、中小型数控机床。

2）闭环控制数控机床

闭环控制数控机床带有位置检测装置，它随时接收位置检测装置测得的实际位置反馈信号，将其与数控装置发来的位置指令信号相比较，由其差值控制进给轴运动，直到差值为零时，进给轴停止运动。

　　图 1-4 所示为闭环控制数控机床的原理框图。安装在工作台的位置检测装置（如光栅）把机械位置转变为电信号，反馈到位置比较电路与位置指令值进行比较，得到的差值经过放大和变换，驱动工作台向减小误差的方向移动。如果不断有指令信号输入，那么工作台就不断地跟随信号移动，只有在指令信号与反馈信号的差值为零时，工作台才停止运动，即工作台的实际位移量与指令位移量相等时，工作台才停止运动。在闭环系统中还装有增加系统阻尼的速度测量元件，用于将实际速度与进给速度相比较，并对电动机的运动状态随时进行校正，从而减小因负载等因素变动而引起的进给速度波动，以提高位置控制的精度。因为数控机床的工作台也被纳入了控制环中，所以这类数控机床称为闭环控制的数控机床。

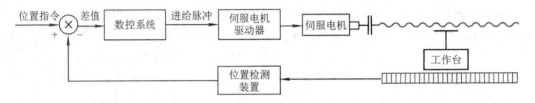

图 1-4　闭环控制数控机床

　　闭环控制可以消除数控机床工作台传动链的误差，从而使得工作台定位精度高、速度调节快，但工作台惯量大，这给闭环控制系统的设计和调整带来了很大的困难，从而导致系统的稳定性受到了很大影响。在大惯量的闭环控制系统中，数控机床在运行时容易产生振动。闭环控制系统主要用于一些精度要求很高的数控铣床、超精车床和超精铣床等。

　　3）半闭环控制数控机床

　　半闭环控制数控机床与闭环控制数控机床的区别在于位置检测反馈信号不是来自工作台或执行元件等执行端，而是来自电动机或丝杠端连接的测量元件，如图 1-5 所示。在这类数控机床中，实际位置的反馈值是通过测得的伺服电动机的角位移算出来的，因而控制精度没有闭环控制系统高，但由于大惯量工作台被排除在控制系统外，所以数控机床工作的稳定性提高，而且调试方便，因而广泛用于数控机床中。

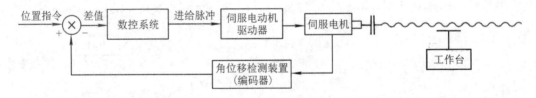

图 1-5　半闭环控制数控机床

3. 按功能用途分类

　　1）金属切削类数控机床

　　金属切削类数控机床是最常见的一类数控机床，根据数控机床完成加工工艺的不同，可分为数控车床、数控铣床和数控加工中心等。数控加工中心是由数控铣床发展而来的，它与数控铣床的最大区别在于数控加工中心具有自动交换加工刀具的功能，即具有刀库，能够实现自动换刀。数控加工中心的出现改变了一台机床只能完成一种加工工艺的模式，实现了工件在一次装夹后自动完成多种工序加工的功能。最为常见的数控加工中心是数控立式加工中心和数控卧式加工中心，其实质为安装自动换刀装置的数控铣床。

2）金属成形类数控机床

金属成形类数控机床是对传统金属成形机床数控化后获得的机床，二者的工作原理一样，均是通过其配套的模具对金属施加强大作用力使其发生物理变形，从而得到想要的几何形状。与传统成形机床相比，金属成形类数控机床通过数控系统完成上述加工动作。这类数控机床有数控折弯机、数控弯管机和数控压力机等。

3）数控特种加工机床

数控特种加工机床是利用数控系统完成特种加工的数控机床，如数控线切割机、数控电火花成形机和数控激光切割机等。

第三节　数控机床的特点及应用范围

数控机床不同于通用机床和专用机床，它是可编程的、具有坐标和逻辑顺序控制功能的自动化机床。因此，在数控机床上加工零件时，操作人员需要进行数控程序编制、输入/输出、规范操作等，这些加工过程与普通机床的加工过程既有区别又有联系。数控机床的生产加工、管理、操作与使用具有自己的特点，其应用范围也与通用机床不同。

一、数控机床的生产加工与管理特点

数控机床的生产加工与管理特点如下：

1. 加工精度高

数控机床是按数字形式给出的指令进行加工的，刀具或工作台的最小移动量普遍能达到 0.001mm。数控装置可以对数控机床传动过程中由于间隙、热变形等因素导致的误差进行补偿，从而获得较高且稳定的加工精度；数控机床的传动系统与机床结构都具有很高的刚度和热稳定性。数控机床的自动加工方式大大减少了人为操作误差，同一批加工零件的尺寸一致性好，产品合格率高，加工质量稳定。

2. 生产效率高

数控机床能够有效地减少机动时间与辅助时间，因而生产效率比普通机床提高了 2～3 倍甚至十几倍，主要体现在以下几个方面：

第一，数控机床的主轴转速和进给量比普通机床的范围大，每一道工序都能选用最佳的切削用量，有效地缩短了加工时间；

第二，数控机床移动部件采用了自动加减速措施，且具有较高的加速度，部分数控机床的加速度可以达到 1g，速度可达到 60 m/min，因此，快进、快退和定位的时间要比普通机床少；

第三，数控机床在更换加工零件后，不需要重新调整机床，减少了零件的安装和调整时间；

第四，带有刀库和自动换刀装置的数控加工中心，一次装夹可完成多道工序的加工，省去了普通机床加工的多次变换工种、工序及划线等工序。

3. 加工对象的适应性强

数控机床在改变加工零件时只需编制新的加工程序，就能实现对不同零件的加工，可以很快地从一种零件的加工转变为另一种零件的加工，这就为单件小批生产及新产品试制提供了极大的便利，缩短了生产准备周期，而且节省了大量工艺装备费用，为产品结构的不断更新提供了有利条件。

4. 良好的经济效益

使用数控机床加工零件，虽然数控机床价格比较昂贵，但对于单件小批量生产而言，一方面可以节省加工之前的准备工时；另一方面节省了调整、加工和检验时间产生的辅助生产费用。此外，由于数控机床的加工精度稳定，废品率低，能够获得良好的经济效益。

5. 减轻劳动强度

数控机床是按编制好的加工程序对零件进行自动加工的，操作者除了对数控机床进行适时调整和关键工序的中间测量外，不需要进行繁重的重复性手工操作，劳动强度与紧张程度均大大减轻，劳动条件也得到了相应的改善，实现了由体力型转为智力型的操作。例如，刀库的加装省去了人工频繁换刀的操作，自动排屑功能省去了人工清理的操作，自动开关切削液省去了人工手动开关切削液等。

6. 易于实现生产管理自动化

数控机床能够实现一机多工序加工，简化了生产过程的管理，从而减少了管理人员。数控机床采用数字信息与标准代码输入/输出，通过与计算机联网实现生产管理自动化。随着现代工业互联网技术的发展，数控机床可以方便地纳入区域管理网络，从而使管理者可以方便实时地了解数控机床的使用状况（含正常运行、故障、等待、修调等）及生产状态（含生产产品类型、生产数量、运行时间等）。

二、数控机床的操作与使用特点

数控机床采用计算机控制，伺服驱动系统具有很高的技术含量，机械部分的精度要求高。因此，要求数控机床的操作、维修及管理人员具有较高的文化水平和综合技术素质。当零件形状简单时可采用手工编制程序；当零件形状比较复杂时，手工编程较困难且容易出错，可以采用计算机自动编程。因此，操作人员除了具有一定的工艺知识和普通机床的操作经验之外，还应非常了解数控机床的结构特点及工作原理，应在程序编制方面进行专门的培训，考核合格后才能上机操作。数控机床的维修人员要有较高的理论知识和维修技术，要了解数控机床的机械结构，懂得数控机床的电气控制原理，还应掌握比较宽泛的机、电、气、液、光等专业知识，这样才能综合分析，判断故障根源，实现高效维修，保证数控机床的良好运行。数控机床维修人员和操作人员一样，必须进行专门的培训。

三、数控机床的应用范围

普通机床是普通车床、铣床、刨床、磨床等机床的统称。专用机床是一种专门用于某种特定零件或者特定工序加工的机床，而且往往是组成自动生产线式生产制造系统不可或缺的机床。在机械加工中，大批量零件的生产宜采用专用机床或自动线。对于中小批量产品的生产,由于生产过程中产品工序变换频繁,加工方法区别大,因此宜采用数控机床。普通机床、专用机床、数控机床都有各自的应用范围,如图 1-6(a)所示。

当零件不太复杂,且生产批量较小时,宜采用普通机床;当生产批量较大时,宜采用专用机床;而当零件复杂程度较高时,宜采用数控机床。

从图 1-6(b)中可看出,在多品种、中小批量生产情况下,采用数控机床进行加工的综合费用更为合理。最适合数控加工的零件包括:① 多品种、中小批量生产的零件;② 形状结构比较复杂的零件;③ 需要频繁改型的零件;④ 价格昂贵、不允许报废的关键零件;⑤ 生产周期要求短的零件;⑥ 批量较大、精度要求高的零件。

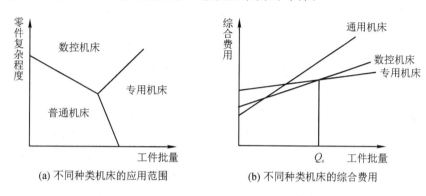

(a) 不同种类机床的应用范围   (b) 不同种类机床的综合费用

图 1-6 不同机床的应用范围与综合费用

四、数控加工在智能制造领域的应用

随着《中国制造 2025》等战略规划设计的出台,相关领域的技术快速发展,特别是在互联高速发展的前提下,国内一些大型企业已经开始将加工数据联网,通过将现场生产网络与互联网络相连,形成了设备与设备、设备与人、人与人之间的互联互通。未来产业界将通过新的技术和新的商业模式进行改造升级,企业将通过云端的各类工业应用软件,灵活地进行组合,直接面向最终用户,减少中间各类环节,有效节约成本,提高生产效率。下面提出几点智能制造对数控加工技术的新要求。

1. 综合交叉技术

在未来的数控加工领域,将信息技术(IT)、操作技术(OT)、通信技术(CT)、数据技术(DT)(即"4T")进行交叉融合,通过交叉融合技术将用户最终的需求落实到生产线,进行加工生产。在用户端,从订单开始下发到产品最终交付,可以进行全过程可视化管理,做到可看、可管、可控、可用,最终实现灵活定制性生产。

2. 信息安全技术

要实现智能制造的目标,信息安全技术是前提和保障。在上述"4T"交叉技术应用上,智能制造生产过程中用的软件产品、硬件产品、网络通信产品等种类繁多,品牌和型号不同,通信协议不统一,各设备厂家的安全等级标准不同,这样就会给智能制造带来潜在的风险,任何一个环节出现问题都会给生产加工带来损失。因此,信息安全技术是实现智能制造的前提和保障。

3. 虚拟仿真技术

在离散式制造过程中，根据用户的需求进行可定制化生产加工。其中，在设计环节，根据用户需求制订生产加工的产品规格型号和加工工艺，并通过虚拟仿真技术进行验证，把好质量管理关，根据通过验证后的仿真模型和数据参数，进行自动化生产加工，同时通过可视化平台直观展示给客户。

4. 网络接口速度优化

上位机读取数控机床的实时数据时，需要数据具有实时性，这就要求数控机床提供实时数据供上位机读取并分析，因此，优化网络接口的读取速度是智能制造领域对数控机床的新要求。

第四节　数控加工编程基础

使用数控机床加工零件时，编制程序是一项非常重要的工作。准确快速地完成程序编制，对于有效使用数控机床有着非常重要的意义。常用的数控编程方法有手工编程和自动编程，这两种方法的编程步骤大致相同，但手段不同。作为一名编程人员，首先要掌握数控机床的坐标系及运动方向的规定、数控机床坐标轴的确定、数控机床原点和工件原点的区别，以及程序结构与程序段的格式。

一、数控编程的步骤及方法

1. 数控编程的内容与步骤

现代数控机床都是按照事先编制好的零件的数控加工程序自动地对工件进行加工的。理想的加工程序不仅保证加工出符合图样要求的合格零件，同时能使数控机床的功能得到合理的利用与充分的发挥，以使数控机床能安全、可靠且高效地工作。数控程序的编制流程如图1-7所示，主要包括如下几个步骤：

1）分析零件图样

分析零件的材料、形状、尺寸、精度、毛坯形状和热处理要求等，以便确定该零件是否适宜在数控机床上加工，适宜在哪类数控机床上加工。有时还要确定在某台数控机床上加工该零件的哪些工序或哪几个表面。

2）确定工艺过程

确定零件的加工方法（如采用的工装夹具、装夹定位方法等）和加工路线（如对刀点、走刀路线），并确定切削用量等工艺参数（如切削进给速度、主轴转速、进给量等）。

3）数值计算

首先进行数学处理，计算刀具运动轨迹的坐标，如直线起点、终点的坐标和圆弧的圆心坐标；非圆曲线用直线段或圆弧

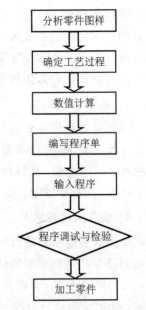

图1-7　数控程序的编制流程

段逼近计算坐标值；然后根据零件图样和确定的加工路线，计算出数控机床所需输入的坐标数据，如零件轮廓相邻几何元素的交点和切点坐标值，用直线或圆弧逼近零件轮廓时相邻几何元素的交点和切点等的坐标值。

4）编写程序单

根据由加工路线计算出的数据和已确定的加工用量，结合数控系统的程序段格式编写零件加工程序单。此外，还应填写有关的工艺文件，如数控加工工序卡片、数控刀具卡片、工件安装及零点设定卡片等。

5）程序调试和检验

可以通过模拟软件来模拟数控机床的实际加工过程，或将程序输入机床数控系统后，不装夹工件，使数控机床空运行，或通过加工程序单步加工首件零件等多种方式来检验所编制的程序，如果发现程序错误则及时修正，直到程序能正确执行为止。

2. 数控编程方法

数控编程可以手工完成，即手工编程（Manual Programming），也可以由计算机辅助完成，即计算机辅助数控编程（Computer Aided NC Programming，也叫自动编程）。采用计算机辅助数控编程需要一套专用的数控编程软件，现代数控编程软件主要是以 CAD 软件为基础的交互式 CAD/CAM-NC 编程集成系统。

1）手工编程

手工编程是指编制零件数控加工程序的各个步骤，即从零件图样的分析、工艺的处理、加工路线和工艺参数的确定、几何计算、编制零件的数控加工程序单的编制直至程序的检验，均由人工来完成。对于点位加工和几何形状不太复杂的零件，数控编程比较简单，程序段不多，手工编程即可实现。但对于轮廓形状不是由简单的直线、圆弧组成的复杂的零件，特别是空间曲面复杂的零件，以及几何元素虽不复杂，但程序量很大的零件，计算及程序编制则相当烦琐，工作量大，容易出错，且很难校对，采用手工编程是难以完成的。因此，为了缩短产品的生产周期，提高数控机床的利用率，有效地解决各种模具及复杂零件的加工问题，必须采用自动编程方法。

2）自动编程

自动编程是指在编程序的过程中，除了分析零件图样和制订工艺方案由人工进行外，其余工作均由计算机辅助完成。编程人员只需借助数控编程系统提供的各种功能对加工零件的几何参数、工艺参数及加工过程进行设置后，即可由计算机自动完成数控加工程序编制的全部过程。目前，市场上较为著名或流行的自动编程 CAD/CAM 软件有 Mastercam、UG 等。自动编程可以大大减轻编程人员的劳动强度，将编程效率提高几十倍甚至上百倍，同时解决了手工编程无法解决的复杂零件的编程难题。因此，除了在少数情况下采用手工编程外，其余情况下都采用自动编程。手工编程是自动编程的基础，对于数控编程的初学者来说，应从学习手工编程入手。不同的 CAD/CAM 系统其功能指令、用户界面各不相同，编程的具体过程也不尽相同。但从总体上来讲，编程的基本原理及步骤大体上是一致的。归纳起来，自动编程的步骤可分为图 1-8 所示的几个基本步骤。

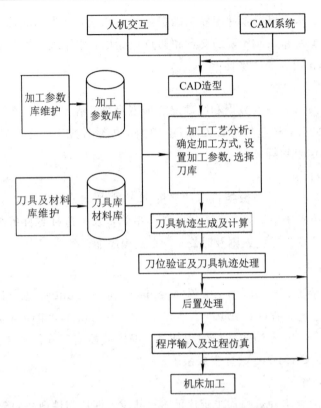

图 1-8 CAD/CAM 系统的数控编程原理

（1）CAD 造型。可以利用 CAD 模块的图形构造、编辑修改、曲面和实体特征造型等功能，通过人机交互方式建立被加工零件的三维几何模型，也可以通过三坐标测量机或扫描仪测量被加工零件的形体表面，经计算机整理后送 CAD 造型系统进行三维曲面造型。三维几何模型建立后，以相应的图形数据文件进行存储，供后继的 CAM 模块调用。

（2）加工工艺分析。在编程前，必须分析零件的加工部位，确定工件的定位基准与装夹位置，建立工件坐标系，选定刀具类型及其加工参数，输入切削加工工艺参数等。目前，该项工作仍由编程人员通过编程软件的用户界面来完成。

（3）刀具轨迹生成及计算。刀具轨迹生成是面向屏幕上的图形交互进行的，首先，用户根据软件系统的提示，用光标选择相应的图形目标，确定待加工的零件表面及限制边界；其次，用光标或命令输入切削加工的对刀点，交互选择切入、切出和走刀方式；最后，软件系统自动从零件图形文件中提取所需的零件几何信息，进行分析判断，计算节点数据，自动生成走刀路线，并将其转换为刀具位置数据，存入指定的刀位文件。

（4）刀位验证及刀具轨迹处理。当刀位文件生成后，可以在编程软件中进行加工过程仿真，以检查验证走刀路线是否正确合理，有无碰撞干涉、过切或欠切等现象，并据此对已生成的刀具轨迹进行编辑、修改、优化处理。

（5）后置处理。后置处理的目的是形成数控加工程序文件。由于各机床使用的数控系统不同，能够识别的程序代码及格式也不尽相同，所以需要通过后置处理将刀位文件转换成某具体数控机床可用的数控加工程序。

　　(6)数控程序的输出。通过后置处理生成的数控加工程序可使用打印机打印出来作为硬拷贝保存，直接供具有相应驱动器的机床数控系统使用。对于有标准通信接口的机床数控系统，可以直接由计算机将加工程序传输给机床数控系统进行数控加工。

二、数控机床的坐标系

1. 坐标系及运动方向的规定

　　数控机床的标准坐标系及运动方向在国际标准中有统一规定。为了确定机床的运动方向和移动距离，需要在数控机床上建立一个坐标系，这就是机床坐标系。

　　1）右手笛卡儿直角坐标系

　　标准机床坐标系中 X、Y、Z 坐标轴的相互关系用右手笛卡儿直角坐标系确定，如图 1-9(a)所示。右手的大拇指、食指和中指互相垂直时，拇指代表 X 轴，食指代表 Y 轴，中指代表 Z 轴。大拇指指向为 X 轴的正方向，食指指向为 Y 轴的正方向，中指指向为 Z 轴的正方向。分别平行于移动轴 X、Y、Z 的第一组附加轴为 U、V、W，第二组附加轴为 P、Q、R。分别以 X、Y、Z 轴为中心旋转的运动称为回转运动 A、B、C 轴，A、B、C 轴的正方向按右手螺旋定则确定，如图 1-9(b)所示，即当右手紧握螺旋，拇指指向 X、Y、Z 轴的正向时，其余四指所指的方向分别为+A、+B、+C 轴的旋转方向。

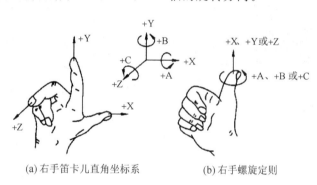

(a)右手笛卡儿直角坐标系　　　　　　(b)右手螺旋定则

图 1-9　右手笛卡儿直角坐标系和右手螺旋定则

　　2）编程时坐标系的运动方向确定原则

　　数控机床的坐标系是机床运动部件进给运动的坐标系。由于进给运动可以是刀具相对于工件的运动(如数控车床)，也可以是工件相对于刀具的运动(如数控铣床)，因而数控机床编程时坐标系的运动方向统一规定为工件固定、刀具运动的刀具运动坐标，即刀具相对于工件运动的刀具运动坐标。

　　3）运动的方向

　　国际标准规定：使刀具与工件距离增大的方向为运动的正方向，即刀具远离工件的方向为正方向；反之，则为负方向。

2. 机床坐标轴的确定

　　1）第一步确定 Z 轴

　　Z 轴为传递切削力的主轴轴线，即平行于主轴轴线的坐标轴，刀具远离工件的方向为 Z

轴正方向。例如，车床、磨床等转动工件的轴为主轴的机床，其 Z 轴正方向如图 1-10 所示。铣床、镗床和攻螺纹机床等转动刀具的轴为主轴的机床，其 Z 轴正方向如图 1-11 所示。当机床有几个主轴时，选一个与工件装夹面垂直的主轴为 Z 轴。当机床无主轴时，选与工件装夹面垂直的方向为 Z 轴方向。

(a) 前置刀架车床　　　　　　　　　　　　(b) 后置刀塔车床

图 1-10　右手笛卡儿直角坐标系

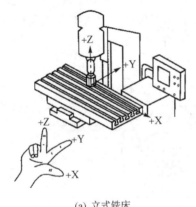

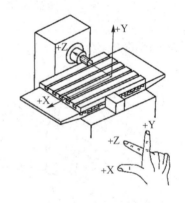

(a) 立式铣床　　　　　　　　　　　　(b) 卧式铣床

图 1-11　右手笛卡儿直角坐标系

2) 第二步确定 X 轴

X 轴为水平方向且平行于工件的装夹面。工件旋转类机床，如车床、磨床等，刀具远离工件的方向为正方向。刀具旋转类机床，如铣床等，若 Z 轴垂直，观察者面对主轴向床身立柱看，向右方向为正方向，如图 1-11(a) 所示；若 Z 轴水平，观察者沿主轴后端向工件看，向右方向为正方向，如图 1-11(b) 所示。

3) 第三步确定 Y 轴

在确定了 X、Z 轴的正方向后，即可按右手笛卡儿坐标系确定出 Y 轴的正方向；此时也可以按照右手螺旋定则确定出 A、B、C 三轴的方向，如图 1-9 所示。

3. 机床原点、参考点和工件原点

1) 机床原点(Machine Origin)

机床原点就是机床坐标系的原点，是机床的一个基准位置。机床原点是机床上的一个固定的点,由制造厂家确定,其作用是使机床与控制系统同步,建立测量机床运动坐标的起始点。数控车床的机床原点多定在主轴前端面的中心,即卡盘端面与主轴中心线的交点处。数控铣床的机床原点多定在进给行程范围的正极限点处,但也有的设置在机床工作台中心,在使用前可查阅机床用户手册。

2)机床参考点(Reference Point)

机床参考点是用于对机床工作台(或滑板)与刀具相对运动的测量系统进行定标与控制的点,一般设定在各坐标轴正向行程极限点的位置上。机床参考点位置是在每个轴上用挡块和限位开关精确地预先调整好的,机床参考点相对于机床原点的坐标是一个固定值。每次开机启动后,或当机床因意外断电、紧急制动等原因停机而重新启动时,都应该先让各轴返回参考点,进行一次位置校准,以消除上次运动所带来的位置误差。图 1-12 描述了数控车床原点、参考点和工件原点的关系。

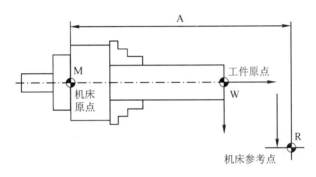

图 1-12 数控车床的机床原点、参考点和工件原点

3)工件原点(Program Origin)

在对零件进行编程计算时,为了编程方便,需要在零件图样上的适当位置建立编程坐标系,编程坐标系原点即为程序原点。而要把程序应用到数控机床上,则程序原点应该对应工件毛坯的特定位置,该特定位置在机床坐标系中的位置必须让数控机床的数控系统知道,这一操作是通过对刀来实现的。编程坐标系在数控机床上就表现为工件坐标系,工件坐标原点就称之为工件原点。对刀操作的目的是建立工件坐标系与机床坐标系的关系。

工件原点一般按如下原则选取:

(1)工件原点应选在工件图样的尺寸基准上。这样可以直接用图样标注的尺寸作为编程点的坐标值,减少数据换算的工作量;

(2)工件能方便地装夹、测量和检验;

(3)尽量选在尺寸精度较高、表面粗糙度数值较小的工件表面上,这样可以提高工件的加工精度和同一批零件的一致性;

(4)对于有对称几何形状的零件,工件原点最好选在对称中心点上。

车床的工件原点一般设在主轴中心线上,多定在工件的左端面或右端面上,通常选择在工件回转中心的右表面居多。铣床的工件原点一般设在工件外轮廓的某一个角上或工件几何对称中心上,进刀方向上的零点大多取在工件表面上。对于形状较复杂的零件,有时为了编程方便可根据需要通过相应的程序指令随时设定新的工件坐标原点；对于在同一个工作台上装夹加工多个工件的情况，在机床功能允许的条件下，可分别设定编程原点并独立编程，再通过工件原点预置的方法在机床上分别设定各自的工件坐标系。

三、程序结构与程序段

1. 数控程序的结构

一个完整的程序由程序名、程序主体和程序结束指令三部分组成。下面是一个完整的数控加工程序，该程序的程序名为 O1012，以程序结束指令 M30 结束。

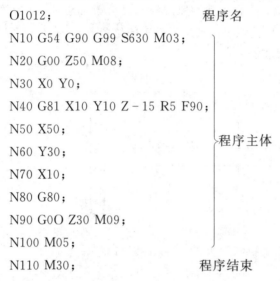

```
O1012;                        程序名
N10 G54 G90 G99 S630 M03;
N20 G00 Z50 M08;
N30 X0 Y0;
N40 G81 X10 Y10 Z－15 R5 F90;
N50 X50;
N60 Y30;                      程序主体
N70 X10;
N80 G80;
N90 G0O Z30 M09;
N100 M05;
N110 M30;                     程序结束
```

1）程序名

每个独立的程序都有一个自己的程序名。FANUC 数控系统的程序名由字母"O"和 1～4 位数字表示；SIEMENS 数控系统的程序名用"％"和字母或数字混合组成。

2）程序主体

程序主体由若干程序段组成，每个程序段由若干个代码组成，每个代码则由字母（地址符）和数字（有些数字还带有符号）组成。主体最后的程序段一般用 M05 使主轴停止运动。

3）程序结束

程序结束指令编写在程序最后一行，一般用 M02、M30 表示。程序段末尾的符号"；"为程序段结束符号。一个程序段表示一个完整的加工工步或动作。

2. 程序段格式

程序段是可作为一个单位来处理的连续的字组，是数控加工程序中的一条语句。一个数控加工程序主体是由若干个程序段组成的。程序段格式是指程序段中的字、字符和数据的安排形式。目前，数控机床广泛采用字地址可变程序段格式（也可称为字地址程序段格式），就是程序段的长短是可变的，其格式如下：

N_	G_	X_　Y_　Z_	F_	S_	T_	M_	LF_
程序段号	准备工作	坐标尺寸或规格字	进给功能	主轴速度	刀具功能	辅助功能	程序段结束符

例如：

N10	G54	G90	G01	X100　Y150　Z200	F500	S1000	M03	；
程序段顺序号	工件原点位于 G54	绝对坐标方式	直线插补	X、Y、Z 坐标移动的方向和距离	进给速度	主轴转数	主轴正转	

3．字与字的功能

1）字符与代码

字符是用来组织、控制或表示数据的一些符号，如数字、字母、标点符号、数字运算符等。数控系统只能接受二进制信息，用"0"和"1"的组合代码来表达。国际上广泛采用两种标准代码：ISO 国际标准化组织标准代码和 EIA 美国电子工业协会标准代码。这两种标准代码的编码方法不同，但在大多数现代数控机床上都可以使用，只需用数控机床系统控制面板上的开关来选择，或用 G 功能指令来选择。

2）程序字

数控程序中字符的集合称为程序字，简称字。字是由一个英文字母与随后的若干位十进制数字组成的，这个英文字母称为地址符。例如，"X30"是一个字，"X"为地址符，数字"30"为地址中的内容。

3）程序字的功能

组成程序段的每一个字都有其特定的功能含义，本书主要是以 FANUC 数控系统的规范为主来介绍程序字的功能。在实际工作中，必须遵照数控机床数控系统说明书来使用各个程序字的功能。数控程序中所用的程序字，主要有准备功能 G 指令、辅助功能 M 指令、进给功能 F 指令、主轴转速功能 S 指令、刀具功能 T 指令等。在数控编程中，用各种 G 指令和 M 指令来描述工艺过程的各种操作和运动特征。

（1）顺序号字。

顺序号又称程序段号或程序段序号，位于程序段之首，由地址符 N 和 1～4 位正整数数字组成。数控程序中的顺序号实际上是程序段的名称，与程序执行的先后次序无关。数控系统不是按顺序号的次序来执行程序，而是按程序段编写时的排列顺序逐段执行。顺序号的作用主要是对程序进行校对和检索修改。有顺序号的程序段可以进行复归操作，这是指加工可以从程序的中间开始或回到程序中断处开始。在编程时通常将第一行程序段冠以 N10，以后以间隔 10 的递增方法设置顺序号，这样在调试程序时，如果需要在 N10 和 N20 之间插入程序段时，就可以使用 N11、N12 等。

（2）准备功能字 G 指令。

准备功能字的地址符是 G，所以又称 G 指令。G 指令用来规定刀具和工件相对运动的插补方式、刀具补偿、坐标偏移等。G 指令由字母"G"和其后两位数字组成，从 G00 到 G99

有 100 种。G 指令是程序的主要内容，一般位于程序段中坐标数字的指令前。

G 指令分为模态指令和非模态指令。模态指令又称续效指令，当模态指令在一个程序段中出现后，其功能可保持到被相应的指令取消或被同组指令所代替。在编写程序时，与上段相同的模态指令可省略不写。不同组模态指令可以编在同一程序段内，不影响其续效。例如：

　　　　N010 G91 G01 X10.0 Y10.0 F0.1；
　　　　N020 X20.0 Y20.0；
　　　　N030 G90 G00 X0.0 Y0.0；

在上例中，第一段出现两个模态指令，即 G91、G01，因为它们不同组而均续效，其中 G91 的功能延续到第三段出现 G90 时失效；G01 的功能在第二段中继续有效，直至第三段出现 G00 时才失效。不同组别的 G 代码，将在本书后续章节中介绍。

非模态指令，又称非续效指令，其功能仅在出现的程序段中有效，如 G04。

（3）辅助功能字 M 指令。

辅助功能指令是用于控制机床开关功能的指令，如控制主轴的起停、正反转、切削液的开关、工件或刀具的夹紧与松开、刀具的更换等。辅助功能由指令地址符 M 和后面的两位数字组成，从 M00～M99 共 100 种。M 指令也有续效指令与非续效指令。

（4）主轴功能字 S 指令。

其格式如下：

　　　　S____；

S 指令为主轴转速指令，用来指定主轴的转速，S 后跟一串数字。该指令有恒线速（单位为 m/min）和恒转速（单位为 r/min）两种指令方式。具体方式由 G 功能字指定，G96 表示恒线速切削，G97 表示恒转速切削，系统开机时默认 G97。

G96 指定 S 的单位为 m/min，如"G96 S200；"表示恒切削速度为 200 m/min。使用 G96 指令时，随着切削直径的减小，主轴转速会升高，但其转速不能无限升高，可用 G50 限定主轴最高转速，如"G50 S2000；"表示主轴最高转速限定为 2000 r/min。

G97 指定 S 的单位为 r/min，如"G97 S800；"表示主轴恒转速为 800 r/min。

（5）刀具功能字 T 指令。

其格式如下：

　　　　T____；

T 指令为刀具指令，在数控加工中心中，该指令用于自动换刀时选择所需的刀具。在数控车床中，常表示为 T 后跟 4 位数，前两位数字为刀具号，后两位数字为刀具补偿号，如 T0101 表示调用 01 号刀具，刀具的偏置量存放在 01 号寄存器中。在数控铣床、镗床中，T 后常跟两位数，用于表示刀具号，换刀指令通常为 M06Txx；刀具半径补偿用 D 代码表示，刀具长度补偿用 H 代码表示。

（6）进给功能字 F 指令。

其格式如下：

　　　　F____；

F 指令为刀具编程点的进给速度指令，由地址符 F 和 4 位以内的数字组成，表示刀具向工件进给的相对速度。F 指令为续效指令，一经设定后，如未被重新指定，则先前所设定的进给速度继续有效。进给速度单位一般有两种表示方法：为 mm/min 和 mm/r。通常在数控铣床上使用 mm/min，用 G94 指定；在数控车床上使用 mm/r，用 G95 指定。

思考题与习题

1．数字控制、数控系统、数控技术、数控机床、数控程序及数控编程的基本概念是什么？

2．数控机床的工作流程是什么？

3．简述数控机床的组成与分类。

4．数控机床的特点有哪些？简述其应用范围。

5．数控编程的步骤是什么？

6．数控机床坐标系及运动方向是如何规定的？

7．简述数控程序的结构。

第二章　数控机床的机械结构

　　数控机床的机械结构是随着数字控制技术在普通机床上的应用，在普通机床的基础上进行改进、改造发展而来的。从数控机床的发展历程可以看出，在其发展的初级阶段，数控机床的结构设计主要是在普通机床上进行改装，或者以普通机床为基础进行局部的改进。但随着现代制造技术的发展，这种由普通机床机械结构改装的数控机床机械结构的刚性不足、抗震性差、滑动面的摩擦阻力大和传动元件间存在间隙等缺点明显地暴露出来，并影响着数控机床性能的发挥。现代数控机床的机械结构设计已转变为基于数控机床的性能要求，而对其进行科学有效、满足其性能要求的设计。

第一节　数控机床的机械结构简介

　　现代数控机床，特别是数控加工中心，无论是其支撑部件、主传动系统、进给传动系统、刀具系统和辅助功能等部件结构，还是整体布局，外部造型均已发生了很大的变化，形成了数控机床独特的机械结构。

一、机械结构的组成

　　数控机床的机械结构部分，除基础部件外，主要由以下几部分组成。

1. 主传动系统

　　主传动系统包括动力源、传动件及主运动执行件。主传动系统的功能是将驱动装置的运动及动力传给执行件，实现主切削运动。

2. 进给传动系统

　　进给传动系统包括动力源、传动件及进给运动执行件。进给传动系统的功能是将伺服驱动装置的运行与动力传给执行件，以实现进给切削运动。

3. 刀架或自动换刀装置

　　刀架或自动换刀装置主要完成刀具的自动选择与更换。

4. 辅助装置

　　不同类型数控机床的辅助装置有很大不同，一般辅助装置包括液压、气动、润滑、冷却、排屑装置等。

二、对机械结构的要求

　　根据数控机床的工作原理和加工性能，数控机床的机械结构应满足下列要求。

1. 大切削功率和高静、动刚度

数控机床价格昂贵，生产费用比普通机床要高很多，若不采取措施减少单件零件的加工时间，就不可能获得好的经济效益。减少单件零件的加工时间可以从以下两个方面入手，一是采用新型刀具材料，使切削速度有效地提高，缩短切削时间；二是采用自动辅助装置，减少辅助加工时间。这些措施虽然能大幅度地提高了数控机床的生产率，然而同时也增加了对数控机床的静、动刚度要求。在静载荷下抵抗变形的能力称为静刚度，在动载荷下抵抗变形的能力称为动刚度，即引起单位振幅所需要的动态力。静刚度一般用结构的在静载荷作用下的变形量来衡量，动刚度则是用结构振动的频率来衡量。此外，数控机床床身、导轨、工作台、刀架和主轴箱等部件的几何精度及其变化产生的误差取决于它们的结构刚度，所有这些都要求数控机床要有比普通机床更高的静刚度。切削过程中的振动不仅影响工件的加工精度和表面质量，而且还会降低刀具寿命，影响数控机床的生产率。在普通机床上，操作者可以通过改变切削用量和刀具几何角度来消除或减少机床振动。数控机床具有高效率的特点，为了充分发挥其加工能力，在加工过程中不允许进行人工调整，这对数控机床的动态特性提出了更高的要求。

合理地设计数控机床的结构，改善其受力情况，以便减小受力变形。数控机床的基础大件采用封闭箱形结构，如图2-1所示，增大了构件之间的接触刚度，都是提高数控机床静刚度和固有频率的有效措施。

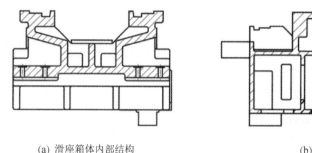

(a) 滑座箱体内部结构　　　　　　　　　　(b) 床身箱体内部结构

图2-1　数控机床大件断面结构

2. 减少运动件的摩擦和消除传动间隙

数控机床工作台的位移量是以脉冲当量为最小单位，它常常以极低的速度运动，要求工作台对数控装置发出的指令作出准确响应，这与运动件之间的摩擦特性有直接关系。普通机床所用的是滑动导轨，其最大静摩擦力和动摩擦力相差较大，在低速运行时滑动导轨容易产生"爬行"现象。目前数控机床普遍采用滚动导轨和静压导轨。由于滚动导轨和静压导轨的最大静摩擦力较小，而且由于润滑油的作用，使它们的摩擦力随着运动速度的提高而加大，这就有效地避免了低速"爬行"现象，从而提高了数控机床的运动平稳性和定位精度。数控机床在进给系统中采用滚珠丝杠代替滑动丝杠也是基于同样的道理。

对数控机床进给系统的另一个要求就是无间隙传动。由于加工的需要，数控机床各坐标轴的运动都是双向的，传动元件之间的间隙无疑会影响数控机床的定位精度及重复定位精度。因此，必须采取措施消除进给传动系统中的间隙，如齿轮副、蜗轮蜗杆副、丝杠螺母副的间隙等。

3. 良好的抗震性和热稳定性

在数控机床上加工工件时，由于断续切削、加工余量不均匀、运动部件不平衡以及在切削过程中的自激振动等原因引起的冲击力或交变力的干扰，使数控机床主轴产生振动，影响工件加工精度和表面粗糙度，严重时甚至能破坏刀具和工件，甚至会破坏数控机床主轴。数控机床各主要零部件不但要具有一定的静、动刚度，而且要求其具有足够的抑制各种干扰力引起振动的能力。

普通机床在切削热、摩擦热等内外热源的影响下，各部件将发生不同程度的热变形，使工件与刀具之间的相对位置发生变化，从而影响工件的加工精度。对于数控机床来说，热变形的影响更为突出。一方面是，由于工艺过程的自动化及其精密加工的发展，对数控机床加工精度和精度的稳定性提出了越来越高的要求；另一方面是，由于数控机床的主轴转速、进给速度以及切削量等都大于普通机床，而且数控机床常常是长时间连续加工，产生的热量也大于普通机床。因此要采取措施减少热变形对数控机床加工精度的影响。

4. 充分满足人机工程学要求

数控机床是一种自动化程度很高的加工设备，其操作性能也有了新的含义，一方面，要尽可能提高数控机床各部分的互锁能力，并安装紧急停车按钮。另一方面，将所有操作都集中在一个操作面板上，而且要求操作面板简单明了，不能有太多的按钮和指示灯，以减少误操作。

第二节　数控机床布局的特点

数控机床的布局是指根据工件的加工工艺所需，根据数控机床的切削运动及主要技术参数而确定各部件的相对位置，并保证工件和刀具的相对运动，保证加工精度，方便数控机床的操作、调整和维修。数控机床的布局直接影响数控机床的结构和使用性能。数控机床的布局大都采用机、电、液、气、光一体化布局，全封闭或半封闭防护。随着数字技术和控制技术的发展，现代数控机床机械结构大大简化，使数控机床的制造和维修都很方便。此外，近年来许多数控机床还配备了用于接入自动化生产系统的机械接口，以适应智能制造和"机器换人"的发展需要。

一、数控车床布局的特点

数控车床与普通卧式车床相比较，其结构上仍然是由主轴箱、刀架、进给传动系统、床身、液压系统、冷却系统、润滑系统等部分组成，但主传动系统和进给传动系统有了很大的改变。主传动系统一般以交流调速主轴电动机通过带传动直接驱动主轴旋转，有些高速数控车床甚至采用内装式电动机直接驱动主轴（电主轴）旋转，大大简化了主轴箱结构，减少了振动和噪声，提高了传动效率。进给传动系统一般由伺服电动机经滚珠丝杠、传动滑板和刀架，实现 Z 向和 X 向进给运动，其机械结构大为简化，传动刚度、效率和精度均显著提高，螺纹加工和主轴转速的检测则通过装在主轴箱上与主轴 1：1 传动的脉冲编码器来实现。

　　数控车床的床身结构和导轨有多种形式，主要有水平床身、倾斜床身以及水平床身斜滑板、立式车床等，如图 2-2 所示。如图 2-2(a) 所示，水平床身的工艺性好，便于导轨面的加工，配上水平放置的刀架可提高刀架的运动精度，一般可用于大型数控车床或小型精密数控车床的布局。但是由于水平床身下部空间小，因此排屑较困难。从结构尺寸上看，刀架水平放置使得滑板横向尺寸较大，从而加大了数控机床宽度方向的结构尺寸。水平床身配上倾斜的横向滑板，如图 2-2(c) 所示，并配置倾斜式导轨防护罩，这种布局形式具有水平床身工艺性好的特点，且机床宽度方向的尺寸较水平配置滑板的要小，排屑方便。如图 2-2(b) 所示，倾斜床身数控车床的纵、横向导轨所在平面相互平行且与地平面相交，倾斜床身的导轨倾斜角度一般为 30°、45°、60°、75° 和 90°(称为纵切床身)。倾斜床身数控车床的优点有：① 加工精度高，当数控车床的拖板传动丝杠向着一个方向运动后再反向传动时，难免会产生反向间隙，从而影响加工精度，而倾斜床身的数控车床的横滑板的重力直接作用于丝杠的轴向，有利于减小传动时的反向间隙；② 数控车床刚性好，切削时不易引起振动，刀具在工件的斜上方切削，切削力与主轴工件产生的重力一致，所以主轴运转相对平稳，不易引起切削振动；③ 有利于排屑，由于重力的关系，切屑不易在导轨上堆积和缠绕刀具，且切屑会带走大量的切削热，有利于降低导轨受热变形，提高数控车床的热稳定性，保持工作精度及加工一致性。数控车床多采用自动回转刀架来夹持各种不同用途的刀具，但受空间大小的限制，刀架的工位数量不可能太多，一般常采用 4 位、6 位、8 位、10 位或 12 位。回转刀架的布局有刀架前置和后置两种形式。刀架前置时装卸工件不方便，装卸工件时刀架必须退出较远距离，且排屑不便；刀架后置时工件装卸方便，排屑方便，如图 2-2(d) 所示。随着数控车床的发展，立式车床应运而生，主要用于加工径向尺寸大而轴向尺寸相对较小、形状复杂的大型和重型工件，如各种盘类、轮类和套类工件的圆柱面、端面、圆锥面、圆柱孔、圆锥孔等。亦可借助附加装置进行车螺纹、车球面、仿形、铣削和磨削等加工。与卧式车床相比，立式车床主轴轴线为垂直布局，工作台台面处于水平平面内，因此工件的装夹与找正比较方便。这种布局减小了主轴轴承的动荷载，因此立式车床能够较长期地保持加工精度。

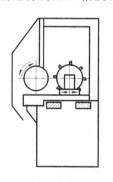　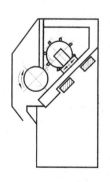　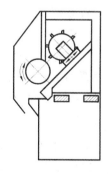　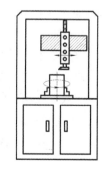

(a) 水平床身布局　　　(b) 倾斜床身布局　　　(c) 水平床身斜滑板布局　　　(d) 立式车床布局

图 2-2　数控车床布局

数控车削中心是在数控车床的基础之上发展起来的，具有 C 轴控制功能(C 轴是绕主轴的连续角位移可控回转轴，与主轴互锁)。在数控系统的控制下，数控车削中心可实现 C 轴与 Z 轴或 X 轴的插补联动。一般可以根据主轴电机类型来判断数控车床是否具有 C 轴功能。变频主轴通常不带 C 轴控制，伺服主轴是可以带 C 轴控制的。车削中心的回转刀架可安置动力刀具，增加了动力铣、钻、镗以及副主轴等功能，可在一次装夹下完成回转体零件上各种规则表面(如内外圆柱面、内外圆锥面、端面、螺纹、螺旋沟槽、键槽、圆柱凸轮和端面凸轮等)和异形表面的加工，如图 2-3(c)所示。数控车床按刀架形式可以分为排刀式和刀塔式两种，如图 2-3(a)、(b)所示。通常排刀式数控车床由于其具有排刀紧凑、不同刀具之间切换速度快的特点，因此适合加工小型零件；刀塔式数控车床由于其具有精度高、可靠性强、耐用度高等特点，因此目前应用最为广泛，且适用于重切加工，常用的刀塔有 4 工位、8 工位、12 工位及 16 工位。

(a) 带有动力刀头的排刀式数控车床　　(b) 刀塔式数控车床　　(c) 车床刀塔

图 2-3　数控机床

二、数控加工中心布局的特点

数控加工中心是指装备有刀库，具有自动换刀功能，对工件一次装夹后可进行多工序加工的数控机床。工件在数控加工中心上经一次装夹后，数控系统能控制机床按不同的工序需要自动选择和更换刀具，自动改变机床主轴转速、进给量和刀具相对于工件的运动轨迹，完成其他辅助机能，依次完成工件多个表面上多道工序的加工，从而使生产效率大大提高。数控加工中心通常按主轴相对于工作台的位置不同分为立式加工中心、卧式加工中心、龙门式加工中心和多轴联动加工中心。从总体来看，数控加工中心一般都由基础部件、主轴部件、数控系统、自动换刀系统、自动交换托盘系统和辅助系统几大部分构成。

1. 立式加工中心

立式加工中心是指主轴轴线为垂直方向的加工中心，如图 2-4(a)所示。立式加工中心主要适用于加工板类、盘类、模具及小型壳体类复杂零件，能在一次装夹下完成铣、镗、钻和攻螺纹等工序。立式加工中心的结构形式多为固定立柱、矩形工作台，一般具有三个直线运动坐标轴，分别为 X 轴、Y 轴和 Z 轴，并可在工作台上安装一个沿水平轴旋转的数控回转工作台，称为 A 轴或第四轴，用以加工螺旋线类零件或回转方向多工序零件，如图 2-4

(b)所示。传统四轴内部结构采用齿轮形式,目前广泛使用蜗轮蜗杆式或凸轮滚子式,如图 2-4(c)所示。

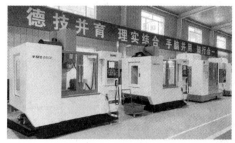

(a) 立式加工中心

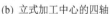
(b) 立式加工中心的四轴

(c) 四轴内部结构

图 2-4 立式加工中心机床

　　立式加工中心结构简单,占地面积小,装夹方便,便于操作,易于观察加工情况,调试程序容易,应用广泛。但受立柱高度及换刀装置的限制,立式加工中心一般不能加工太高的零件。在加工零件型腔或下凹的型面时,切屑不易排出,严重时会损坏刀具,破坏已加工工件的表面,影响加工的顺利进行。常见的立式加工中心有 3 种形式:第一种是床身、立柱固定,其他部件运动,如图 2-5(a)所示;第二种是床身、滑座固定,其他部件运动,如图 2-5(b)所示;第三种为工作台、床身固定,其他部件运动,如图 2-5(c)所示。

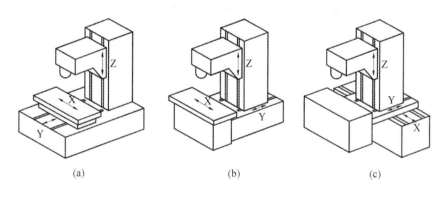

图 2-5 几种立式加工中心机床的布局形式

2. 卧式加工中心

　　卧式加工中心(见图 2-6)指主轴轴线为水平方向的加工中心。卧式加工中心通常都带有自动分度回转工作台或连续数控回转工作台,具有 3~5 个运动坐标轴,常见的是三个直线运动坐标轴加一个回转运动坐标轴,其工作台为方形或圆形,工件在一次装夹后可完成除安装面和顶面以外的其余四个面的加工。通过分度工作台或数控回转工作台可加工工件的各个侧面,也可通过多个坐标轴的数控联动加工复杂的空间曲面。有的卧式加工中心带有自动交换工作台,在对位于工作位置的工作台上的工件进行加工的同时,可以对位于装卸位置的工作台上的工件进行装卸,从而大大缩短加工辅助时间,提高加工效率。卧式加工中心适合加工各类箱体类零件,如发动机箱体、变速箱箱体等。

(a) 卧式加工中心内部结构　　　　　　　(b) 卧式加工中心外观

图 2-6　卧式加工中心机床

卧式加工中心通常采用移动式立柱、不升降的工作台、T 形床身。T 形床身可以做成一体，这样刚度和精度的保持性能较好，当然其铸造和加工工艺性较差。分离式 T 形床身的铸造和加工工艺性都得到了很大改善，但连接部位要用定位键和专用的定位销定位，并用大螺栓紧固以保证刚度和精度。卧式加工中心的立柱普遍采用双导轨框架结构形式，主轴箱在两立柱之间，沿导轨上下移动。这种结构刚度大，热对称性好，稳定性高。小型卧式加工中心多采用固定立柱式结构，其床身不大，都是整体结构。卧式加工中心各个坐标轴的运动可由工作台移动或由主轴移动来完成，也就是说某一方向的运动可以由刀具固定、工件移动来完成，或者是由工件固定、刀具移动来完成。图 2-7 所示为几种卧式加工中心的布局形式。

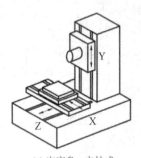
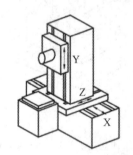
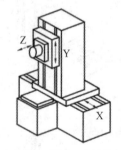

(a) 定床身、立柱式　　　(b) 定床身、工作台，立柱双向移动式　　　(c) 定床身、工作台，立柱单向移动式

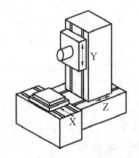
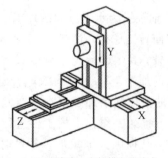
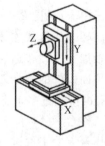

(d) 定床身、工作台，纵向移动式　　　(e) 定床身、立柱横向移动式　　　(f) 定床身、立柱，主轴伸缩式

图 2-7　几种立式加工中心机床的布局形式

3. 龙门式加工中心

龙门式加工中心如图 2-8 所示,其结构与龙门铣床相似。龙门式加工中心的主轴多为垂直方向设置,带有自动换刀装置及可更换的主轴头附件,能够一机多用。龙门框架具有结构刚性好的特点,容易实现热对称性设计,尤其适用于加工大型或形状复杂的工件,如航天工业及大型汽轮机上某些零件的加工。龙门加工中心有定梁式(横梁固定,工作台前后移动)、动梁式(横梁上下移动,工作台前后移动)、动柱式(工作台固定,龙门架移动)和桥式(工作台固定,横梁前后移动)等形式,也有复合形式。龙门加工中心可配置各种不同形式的动力铣头,并可进行角度的旋转,工件只要进行一次装夹,即可完成工件五面体的加工。

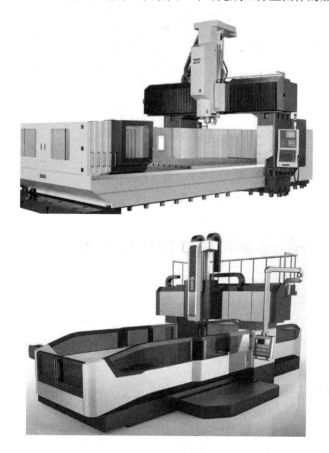

图 2-8 龙门式加工中心

4. 多轴联动加工中心

多轴联动型加工中心又称万能加工中心或复合加工中心,具有立式和卧式加工中心的功能,可同时控制四个及四个以上坐标轴的联动,工件一次装夹后可对其进行铣、镗、钻等多工序加工,有效地避免了工件多次装夹产生的定位误差,提高了加工精度。

多轴联动数控加工常指四轴及四轴以上联动的数控加工,其中具有代表性的是五轴联动数控加工,即在一台数控机床上至少有五个数控坐标轴(三个直线坐标轴和两个旋转坐标轴),且有五个坐标轴可以联动插补。多轴联动加工中心在数控系统控制下可对复杂的空间曲面在工件一次装夹后完成高精度加工，非常适合加工汽车零部件、飞机结构件等零件的凹凸模具。

　　五轴联动加工中心按结构形式不同主要分为五轴联动卧式、立式、立卧转换式、龙门式等几种；按切削工艺及性能不同主要分为五轴联动镗铣加工中心、车铣复合加工中心、雕铣机和模具加工机等。实现五轴联动的主要功能部件为摆动工作台和 A/C 摆头，保证五轴联动机床精确、高效切削的主要部件为滚珠直线导轨、直线电动机、力矩电动机及高速精密切削刀具等，实现精准位置反馈的部件为高精度直线光栅尺和圆光栅尺等。图 2 - 9(a)所示为小型龙门立式加工中心，图(b)为其内部结构，图(c)为五轴联动典型加工零件。

(a) 小型龙门立式加工中心

(b) 内部结构

(c) 五轴联动典型加工零件(叶片)

图 2 - 9　龙门加工中心机床

第三节　数控机床的主运动系统及主轴部件

　　数控机床主传动系统主要包括电动机、传动系统和主轴部件。因为主轴电动机是无级调速电动机，所以省去了复杂的齿轮变速机构，与普通机床的主传动系统相比结构更简单。有些数控机床为扩大电动机无级调速范围，采用了二级或三级齿轮变速，或采用行星齿轮减速箱结构。

一、主传动系统的特点及配置形式

1. 数控机床主传动系统的特点

　　(1) 主轴转速高，输出功率大，调速范围宽。

　　为了适应不同材料的工件及各种切削工艺的要求，数控机床的主传动系统必须有更高的转速和较宽的调速范围，以保证在加工时能合理选用切削用量，获得最佳的切削效率、加工精度和表面质量。主轴具有足够的驱动功率或输出转矩，能在整个变速范围内提供切削加工所需的功率和转矩，特别是能满足数控机床在强力切削加工时的动力要求。

　　(2) 主轴变速迅速可靠。

　　数控机床的主轴变速是按照控制指令自动进行的，因此主轴变速机构必须适应自动操作的要求。由于交直流调速系统日趋完善，电主轴逐步应用，因此不仅能够方便地实现宽范围无级调速，而且减少了中间传递环节，提高了变速控制的可靠性。

（3）能实现刀具快速自动装卸。

在具有自动换刀功能的数控机床中，主轴上设计有刀具自动装卸、夹紧、主轴定向停止和主轴孔内的切屑清除装置，能够快速实现刀具更换。现代数控车床的换刀时间可以达到 0.1 s，加工中心可达到 1.2 s。

（4）主轴部件性能好。

主轴部件具有良好的回转精度、结构刚度、抗震性、热稳定性和耐磨性。数控机床的机械摩擦部位（如轴承、锥孔等）都应有足够的硬度，还应有良好的润滑性。

2. 数控机床主传动系统的配置方式

图 2-10 所示为数控机床主传动系统的六种常见配置方式。

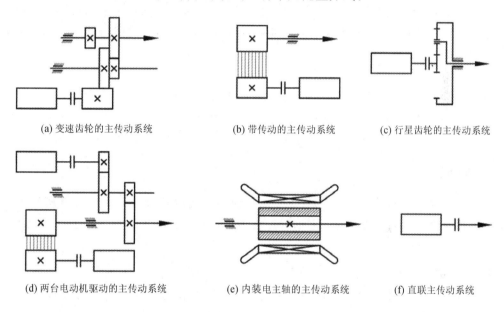

(a) 变速齿轮的主传动系统　　　　(b) 带传动的主传动系统　　　　(c) 行星齿轮的主传动系统

(d) 两台电动机驱动的主传动系统　　　(e) 内装电主轴的主传动系统　　　(f) 直联主传动系统

图 2-10　数控机床主轴的六种配置方式

1）变速齿轮的主传动系统

图 2-10(a)所示为变速齿轮的主传动系统。此系统通过几对齿轮对主轴进行降速，以扩大主轴的输出转矩，满足主轴低速时对输出转矩特性的要求。在数控机床无级调速的基础上配以齿轮变速，成为分段无级调速。滑移齿轮采用液压缸加拨叉，或者由液压缸直接带动来实现，从而满足不同挡位速度要求。

2）带传动的主传动系统

图 2-10(b)所示为带传动的主传动系统。此系统主要应用于转速较高、调速范围不大的数控机床。电动机本身的调速就能够满足要求，可以避免齿轮传动引起的振动与噪声。带传动的主传动系统适用于高速、低转矩特性要求的主轴，常用的传动带是 V 带和同步带。

3）行星齿轮的主传动系统

图 2-10(c)所示为行星齿轮的主传动系统。此系统常常用在具有低转速、大扭矩的数控机床中。行星齿轮的主传动系统的特点主要体现为以下两点：首先，行星齿轮减速机构

在降速的同时会提高主轴的输出扭矩；其次，行星齿轮减速机构在降速的同时也会降低它的负载惯量，减少的惯量为减速比的平方。行星齿轮减速机构在结构上的特点是紧凑，回程间隙小，精度较高，其使用寿命较长，额定输出扭矩可以做得很大。

4）两台电动机驱动的主传动系统

图 2-10(d)所示为两台电动机驱动的主传动系统。此系统是图 2-10(a)和(b)所示的两种系统的组合。这种主传动系统具有上述两种主传动系统的性能。在主轴高速旋转时电动机通过带轮直接驱动主轴旋转，在主轴低速旋转时另一台电动机通过二级齿轮传动驱动主轴旋转，这样就使恒功率区间增大，扩大了调速范围，克服了主轴低速旋转时转矩不够的缺陷。

5）内装电主轴的主传动系统

图 2-10(e)所示为内装电主轴的主传动系统。此系统大大简化了主轴箱体与主轴的结构，有效地提高了主轴部件的刚度，但主轴输出转矩小，电动机发热对主轴影响较大，多用于高转速、小切削量的数控机床中。

6）直联主传动系统

图 2-10(f)所示为直联主传动系统。此系统由主电机经联轴器直接驱动，大大提高了主轴的灵活性，没有皮带传动带来的噪声、振动和间隙等问题，最重要的是此系统大大提高了数控机床的加工效率和工件表面质量，尤其在钻孔、攻丝机床领域有着广泛应用。

二、主轴部件结构

主轴部件是数控机床的重要部件之一。主轴部件支承并带动工件或刀具旋转进行切削，承受切削力和驱动力等载荷。主轴部件由主轴及其支承和安装在主轴上的传动件、密封件等组成。

1. 主轴端部结构形状

主轴部件的构造和形状主要取决于主轴部件上所安装的刀具、夹具、传动件、轴承等零件的类型、数量、位置和安装定位方法。主轴一般为空心阶梯轴，其前端径向尺寸大，中间径向尺寸逐渐减小，尾部径向尺寸最小。主轴的前端形式取决于数控机床的类型和安装夹具或刀具的形式，在结构上，应能保证定位准确、安装可靠、连接牢固、装卸方便，并能传递足够的转矩。目前，主轴端部的结构形状都已标准化，应遵照标准进行设计。

2. 主轴部件的轴承

根据数控机床的规格、精度可采用不同的主轴轴承。一般中小规格数控机床的主轴部件多采用成组高精度滚动轴承；重型数控机床采用液体静压轴承；高精度数控机床采用气体静压轴承；转速达 20 000 r/min 的主轴采用磁力轴承或氮化硅材料的陶瓷滚珠轴承。

1）主轴部件常用轴承类型

图 2-11(a)所示为锥孔双列短圆柱滚子轴承。此轴承内圈为 1∶12 的锥孔，当内圈沿锥形轴颈轴向移动时，内圈胀大以调整滚道的间隙。此轴承滚子数目多，两列滚子交错排列，因而承载能力大，刚性好，允许转速高。因内、外圈均较薄，故要求主轴轴颈与箱体孔均有较高的制造精度，以免轴颈与箱体孔的形状误差使轴承滚道发生畸变。该轴承只能承受径向载荷，允许主轴的最高转速比角接触球轴承低。

图 2-11(b)所示为双列推力向心球轴承。此轴承接触角为 60°，球径小，数目多，能承受双向轴向载荷，磨薄中间隔套可以调整间隙或预紧，轴向刚度较高，允许转速高。此轴承一般与双列圆柱滚子轴承配套用作主轴的前支承。

图 2-11(c)所示为角接触球轴承。此轴承既可承受径向载荷，又可承受轴向载荷。接触角有 15°、25° 和 40° 三种。15° 接触角多用于轴向载荷较小、转速较高的场合；25°、40° 接触角多用于轴向载荷较大的场合，该轴承通常成对使用。将轴承内、外圈相对轴向位移，可以调整其间隙，实现预紧。此轴承多用于高速主轴。

图 2-11(d)所示为双列圆锥滚子轴承。此轴承有一个公用外圈和两个内圈，外圈的凸肩在箱体上进行轴向定位，箱体孔可以镗成通孔。磨薄中间隔套可以调整间隙或预紧，两列滚子的数目相差一个，能使振动频率不一致，明显改善轴承的动态特性。这种轴承能同时承受径向和轴向载荷，通常用作主轴的前支承。

图 2-11(e)所示为双列圆柱滚子轴承。此轴承在结构上与图 2-11(d)所示轴承相似，其滚子是空心的，保持架为整体结构。由于此轴承的润滑和冷却效果好，发热少，所以允许其转速高。

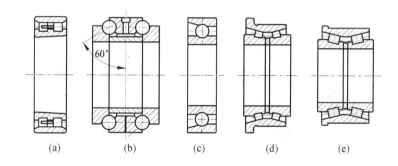

(a)	(b)	(c)	(d)	(e)

图 2-11　数控机床主轴常用滚动轴承类型

2）主轴支承的配置形式

如图 2-12(a)所示，前支承采用双列圆柱滚子轴承和 60° 角接触球轴承组合，后支承采用成对角接触球轴承。这种配置下，主轴的综合刚度得到大幅度提高，可以满足强力切削的要求，该支承配置形式普遍应用于各类数控机床。

如图 2-12(b)所示，前轴承采用高精度双列（或三列）角接触球轴承，后支承采用单列（或双列）角接触球轴承。角接触球轴承具有较好的高速性能，主轴转速通常可达 4000 r/min，部分可达到 8000 r/min，但这种轴承的承载能力小，所以这种配置形式适用于高速、轻载和精密加工的数控机床。

如图 2-12(c)所示，前、后轴承分别采用双列和单列圆锥滚子轴承。这种轴承径向和轴向刚度高，能承受重载荷，尤其能承受较大的动载荷，安装与调试性能好。但这种轴承配置形式限制了主轴的最高转速，适用于中等精度、低速与重载的数控机床。

液体静压轴承和动压轴承主要应用在高转速、高回转精度的场合，对于要求更高转速的主轴，可采用空气静压轴承。

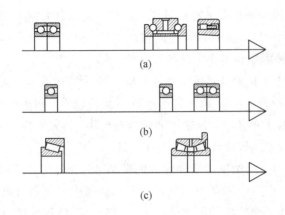

图 2-12　数控机床主轴支撑形式

3. 主轴的准停装置

　　主轴准停功能又称主轴定位功能,即主轴在停止时,能控制主轴停在固定的位置。这是自动换刀数控机床所必需的功能,因为在每次换刀时都要保证刀具锥柄处的键槽对准主轴上的端面键,也要保证在精镗孔完毕退刀时不会划伤已加工工件表面。在加工精密孔系时,若每次都能在主轴固定的圆周位置上换刀,就能保证刀尖与主轴相对位置的一致性,从而减少被加工孔尺寸的分散度。主轴准停装置有机械式准停装置和电气式准停装置。

　　图 2-13 所示为一种利用 V 形槽轮定位盘的机械式主轴准停装置。其工作原理为:在准停前,主轴必须处于停止状态,当接收到主轴准停指令后,主轴电动机以低速转动,主轴箱内齿轮换挡使主轴低速旋转,时间继电器开始动作,并延时 4~6 s,保证主轴转稳后接通无触点开关 1 的电源,当主轴转到图示位置(即凸轮定位盘 3 上的感应块 2 与无触点开关 1 相接触)后发出信号,使主轴电动机停转。另一延时继电器延时 0.2~0.4 s 后,液压油进入定位液压缸右腔,使定向活塞向左移动,当定向活塞上的定向滚轮 5 顶入凸轮定位盘的凹槽内时,行程开关 LS2 发出信号,主轴准停完成。若延时继电器延时 1 s 后行程开关 LS2 仍不发信号,说明准停没完成,需使定向活塞 6 后退,重新准停。当活塞杆向右移到位时,行程开关 LSI 发出定向滚轮 5 退出凸轮定位盘凹槽的信号,此时主轴可起动工作。

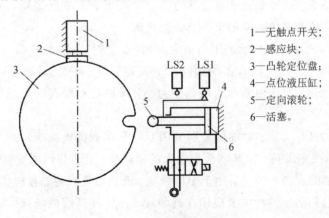

1—无触点开关;
2—感应块;
3—凸轮定位盘;
4—点位液压缸;
5—定向滚轮;
6—活塞。

图 2-13　机械式主轴准停装置

机械准停装置准确可靠，但结构较复杂。现代数控机床一般采用电气式主轴准停装置，只要数控系统发出主轴准停指令信号，主轴就可以准确地定向。电气式主轴准停装置具有结构简单、准停时间短、可靠性较高和性价比高等优点。电气准停方式有编码器型主轴准停、磁传感器主轴准停和数控系统控制准停三种。图 2 - 14 所示为磁传感器主轴准停装置，在主轴 1 上安装有一个永久磁铁 4，它与主轴一起旋转，在距离永久磁铁 4 旋转轨迹外 1～2 mm 处，固定有一个磁传感器 5，当主轴需要停转换刀时，数控装置发出主轴准停的指令，主轴电动机 3 降速，主轴以最低转速慢转几圈，当永久磁铁 4 对准磁传感器 5 时，磁传感器发出信号，经放大后由定向电路控制主轴电动机准确地停在规定的位置上。这种准停装置机械结构简单，永久磁体与磁传感器之间没有接触摩擦，定位精度可达 ±1°，能满足一般换刀要求，而且定向时间短，可靠性高。

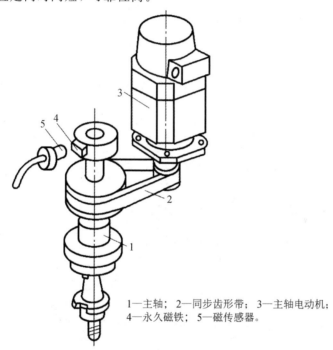

1—主轴；2—同步齿形带；3—主轴电动机；
4—永久磁铁；5—磁传感器。

图 2 - 14　电气式主轴准停装置

4. 主轴内的刀具自动夹紧、清除切屑装置、前端旋转密封结构

在带有刀库的数控机床中，为了实现刀具的自动装卸，主轴内设有刀具自动夹紧装置。图 2 - 15 所示为数控立式加工中心主轴部件，主轴前端的 7∶24 锥孔用于装夹锥柄刀具或刀杆。主轴的端面键可用于传递刀具的转矩，也可用于刀具的周向定位。当刀具夹紧时，弹簧 5 通过拉杆 6、四瓣钢珠卡爪 1，在套筒 4 的作用下，将刀柄的尾端拉紧。当换刀时，在主轴上端液压缸 7 的上腔通入压力油，活塞 8 的端部推动拉杆向下移动，同时压缩弹簧，当拉杆下移到使四瓣钢珠卡爪的下端移出套筒时，在卡爪内置弹簧 2 的作用下，卡爪张开，喷气头 3 通入压缩空气，将刀柄顶松，刀具即可由机械手拔除。待机械手将新刀具装入后，液压缸的下腔通入压力油，活塞向上移，弹簧自然伸长，将拉杆和钢珠卡爪拉着向上，卡爪重新进入套筒，将刀柄拉紧。活塞移动的两个极限位置都有相应的行程开关 LS1 和 LS2 作用，作为刀具松开和夹紧的反馈信号。

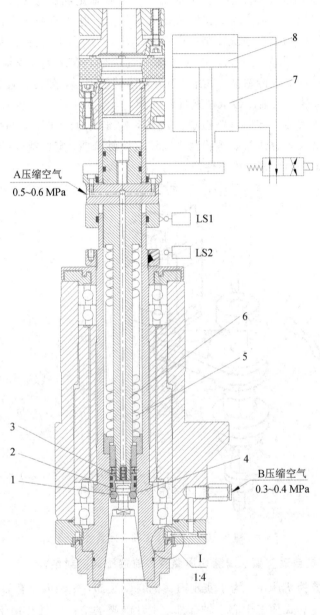

1—钢珠爪；2—内置弹簧；3—喷气头；4—套筒；
5—弹簧；6—拉杆；7—液压缸；8—活塞。

图 2-15　立式加工中心主轴部件

自动清除主轴孔内的灰尘和切屑是换刀过程中的重要操作，如果主轴的锥孔中落入了切屑、灰尘或其他污物，在拉紧刀杆时，锥孔内表面和刀杆的锥柄就会被划伤，甚至会使刀杆发生倾斜，破坏刀杆的正确位置，影响加工精度，甚至会研伤锥孔。如图 2-15 所示，在换刀过程中，当卡爪打开后，在电磁阀作用下，A 压缩空气打开，通过拉杆 6 从喷气头 3，除将刀柄顶出之外，在换刀过程中，由于压缩空气的作用，可以放置杂质及切屑进入锥孔，换刀完成后，压缩空气 A 关闭，完成一次换刀动作。需要注意的是，在压缩空气 A 打开之前，机械手要已经在相应的刀柄位等候。同时，为了提高吹屑效率，喷气小孔要均匀布置，并有合理的喷射角度。

在切削加工过程中，主轴轴芯带动刀具旋转，主轴机体处于相对静止状态，此时，在图如 2-15 位置 I，其放大结构如图 2-16 所示，需设置旋转密封结构，防止在切削过程中液体及杂质进入主轴轴承。该结构在压缩空气 B 的作用下，通过流道的迷宫及斜坡结构，将液体及杂质吹出主轴部件。

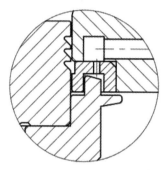

图 2-16　主轴旋转密封结构

5. 高速电主轴系统

电主轴是将数控机床主轴与主轴电动机融为一体的新技术。电主轴将数控机床主轴的高精度与高速电动机有机结合在一起，取消了传动带、带轮和齿轮等复杂的中间传动环节，大大减少了主传动的转动惯量。电主轴具有调速范围广、振动噪声小等优点。电主轴提高了数控机床主轴动态响应速度和工作精度，解决了主轴高速运转时传动带和带轮等传动件的振动和噪声问题，不仅拥有极高的生产效率，而且能显著提高零件的表面质量和加工精度。其缺点是制造和维护困难，而且成本较高。

由于高速电主轴取消了由电动机驱动主轴旋转工作的中间变速和传动装置（如齿轮、带、联轴器等），因此高速电主轴具有如下优点：

（1）主轴由内装式电动机直接驱动，省去了中间传动环节，机械结构简单、紧凑，噪声低，主轴振动小，回转精度高，快速响应性好，机械效率高。

（2）电主轴系统减少了高精密齿轮等关键零件，消除了齿轮传动误差，运行时更加平稳。

（3）采用交流变频调速和矢量控制技术，输出功率大，调速范围宽，功率－转矩特性好，可在额定转速范围实现无级调速，以适应各种负载和工况变化的需要。

（4）可实现精确的主轴定位，并实现很高的速度、加速度及定角度快速准停，动态精度和稳定性好，可满足高速切削和精密加工的需要。

（5）大幅度缩短了加工时间，只有原来加工时间的 1/4 左右。

（6）加工表面质量高，无须再进行打磨等表面处理工序。

数控机床主轴高速化后，由于离心力作用，传统的 BT(7∶24)刀柄结构已经不能满足使用要求，需要采用 HSK(1∶10)等其他符合高速要求的刀柄接口形式。HSK 刀柄具有突出的静态和动态连接刚性、大的传递转矩能力、高的刀具重复定位精度和连接可靠性，特别适合在高速、高精度情况下使用。因此，HSK 刀柄接口已经广泛为高速电主轴所采用。图 2-17 为数控车床电主轴内部结构图。

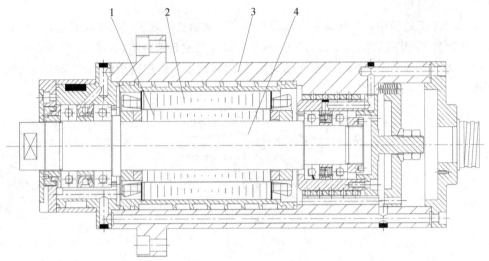

1—电动机转子；2—电动机定子；3—电主轴壳体；4—电主轴芯轴。

图 2-17　数控车床电主轴内部结构图

6. 刀具系统

由于刀具在高速切削加工时离心力和振动的影响，要求切削刀具具有很高的几何精度和装夹重复定位精度，很高的刚度和高速动平衡的安全可靠性。传统的 7∶24 锥度刀柄系统在进行高速切削加工时表现出明显的刚性不足、重复定位精度不高、轴向尺寸不稳定，同时，由于主轴的热膨胀引起刀具及夹紧机构质心的偏离，影响刀具的动平衡。常规数控机床通常采用 7∶24 锥度实心长刀柄，目前共有五种规格且已实现标准化，即 NT(传统型)、DIN69893(德国标准)、ISO7388/1(国际化标准)、ANSI/ASME(美国标准)和 BT(日本标准)。其中 BT(7∶24 锥度)刀柄结构简单、成本低、使用便利，已得到了广泛应用。BT刀柄与机床主轴连接时仅靠锥面定位，高速条件下，材料特性和尺寸差异造成主轴锥孔和配合的刀柄同时产生不均匀变形量，其中主轴锥孔的扩张量大于刀柄，导致刀柄和主轴的配合面产生锥孔间隙。7∶24 标准锥度长刀柄仅前段 70% 与主轴保持接触，而后段配合中存在微小间隙，从而导致刀具产生径向圆跳动，破坏了工具系统的动平衡。在拉紧机构作用下，BT 刀柄沿轴向移动，削弱了刀柄轴向定位精度，造成加工尺寸误差。大锥度还会限制自动换刀过程高速化，降低重复定位精度和造成刀柄拆卸困难，BT 刀柄结构图如图2-18所示。

由于传统的数控机床和刀具连接存在结构和功能缺陷，已不能满足高速加工的高精度、高效率及静、动刚度、动平衡性等要求。目前，高速切削应用较广泛的有德国 HSK 刀具系统。HSK 刀柄是由德国亚琛工业大学机床实验室研制的一种双面夹紧刀柄，锥度为1∶10，采用锥面(径向)和法兰端面(轴向)双面定位和夹紧，HSK 刀柄结构图如图 2-19所示。

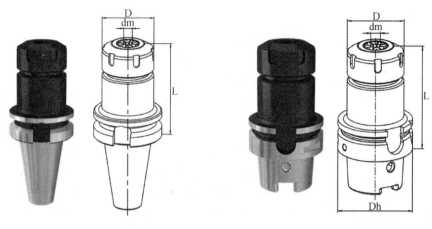

图 2-18　BT 刀柄结构图　　　　　　　图 2-19　HSK 刀柄结构图

第四节　数控机床的进给传动系统

数控机床进给传动伺服系统的机械传动结构包括引导和支撑执行部件的导轨、丝杠螺母副、齿轮齿条副、齿轮副、同步齿形带及其支撑部件等。

一、数控机床对进给传动系统的要求

数控机床进给传动系统的功能是实现执行机构（车床上的刀架、溜板等，铣床上的主轴箱、工作台、滑座等）的运动。为了确保数控机床进给传动系统的传动精度和工作平稳性，对数控机床进给传动系统提出了如下要求。

1. 高的传动精度与定位精度

数控机床进给传动装置的传动精度和定位精度对零件的加工精度起着关键性的作用，对采用步进电动机驱动的开环控制系统尤其如此。无论对于点位、直线控制系统，还是轮廓控制系统，传动精度和定位精度都是表征数控机床性能的主要指标。设计中，通过在进给传动链中加入减速齿轮，以减小脉冲当量，预紧传动滚珠丝杠，消除齿轮、蜗轮等传动件的间隙等方法，可达到提高数控机床进给传动装置的传动精度和定位精度的目的。由此可见，机床本身的精度，尤其是伺服传动链和伺服传动机构的精度，是影响数控机床工作精度的主要因素。

2. 小的摩擦力

机械传动结构的摩擦阻力主要来自丝杠螺母副和导轨。在数控机床进给传动系统中，为了减小摩擦阻力，消除低速进给爬行现象，提高整个伺服进给系统的稳定性，广泛采用滚珠丝杠和滚动导轨以及塑料导轨和静压导轨等。

3. 小的运动惯量

传动件的惯量对进给传动系统的起动和制动特性都有影响，尤其是高速运转的零件，其惯量的影响更大。在满足传动强度和刚度的前提下，尽可能减小执行部件的重量，减小旋转零件的直径和重量，以减小运动部件的惯量。

4．无间隙传动进给

进给传动系统的传动间隙一般指反向间隙，即反向死区误差。传动间隙存在于整个传动链的各传动副中，直接影响数控机床的加工精度。因此，应尽量消除传动间隙，减小反向死区误差。设计中可采用消除间隙的联轴器及有消除间隙措施的传动副等方法。在机械机构调整后，如仍有少许间隙(0.001～0.02 mm)，可应用数控系统自带的反向间隙补偿方法进行间隙补偿。

5．响应速度快

快速响应特性是指进给传动系统对输入指令信号的响应速度及瞬态过程结束的迅速程度，是系统的动态性能，反映了系统的跟踪精度。在工件加工过程中，工作台应能在规定的速度范围内灵敏而精确地跟踪指令，在运行时不出现丢步和多步现象。进给传动系统响应速度的大小不仅影响数控机床的加工效率，而且影响数控机床的加工精度。合理地控制数控机床工作台及传动机构的刚度、间隙、摩擦力以及转动惯量，可提高进给传动系统的快速响应特性。

6．宽的进给调速范围

进给传动系统在承担全部工作负载的条件下，应具有较宽的调速范围，以适应各种工件材料、尺寸和刀具等变化的需要，工作进给速度范围可达 0.1～10^5 mm/min。为了完成精密定位，系统的低速趋近速度可达 0.1 mm/min；为了缩短加工辅助时间，提高加工效率，快速移动速度应可高达 10^5 mm/min。

7．稳定性好，寿命长

稳定性是进给传动系统能够正常工作的最基本的条件，特别是在低速进给情况下不产生爬行现象，并能适应外加负载的变化而不发生共振。适当选择进给传给系统的惯性、刚度、阻尼及增益等各项参数，以提高进给传动系统的稳定性。

8.使用维护方便

数控机床属于高精度自动控制机床，主要用于中小批量、加工难度高的零件加工中，在生产过程中，数控机床的开机率相应较高，因而进给系统的结构设计应便于维护和保养，最大限度地减小数控机床维修的工作量，以提高数控机床的利用率。

二、进给传动装置

一个典型的闭环控制数控机床的进给传动系统是由位置比较器、放大元件、驱动元件、机械传动装置和检测反馈元件等部分组成的。机械传动装置是指将电动机的旋转运动转变为数控机床工作台或刀架的直线运动的整个机械传动链。在数控机床进给驱动系统中，常用的机械传动装置主要有齿轮传动副、滚珠丝杠螺母副、齿轮齿条副等。

1．齿轮传动副

数控机床的机械进给传动装置中常采用齿轮传动副来达到一定的降速比和转矩的要求。一对啮合的齿轮，总应有一定的齿侧间隙才能正常地工作。但齿侧间隙会造成进给系统的反向动作落后于数控系统指令要求，形成跟随误差甚至是轮廓误差。对闭环系统来说，齿侧间隙也会影响数控系统的稳定性。因此，齿轮传动副常采用各种措施，以尽量减小齿侧间隙。在数控机床上，针对不同类型的齿轮传动副有不同的调整齿侧间隙的方法。

1）直齿齿轮传动消除齿侧间隙的方法

（1）偏心轴套调整法，如图 2-20 所示，小齿轮 4 装在电动机轴上，调整偏心轴套 3 可以改变大齿轮 2 和小齿轮 4 之间的中心距，从而消除直齿齿轮的齿侧间隙。

（2）轴向垫片调整法，如图 2-21 所示，将小锥齿轮 1 和大锥齿轮 2 的轮齿沿齿宽方向制成小锥度，使齿轮的齿厚在齿轮的轴向稍有变化。调整时改变垫片 3 的厚度就能改变小锥齿轮 1 和大锥齿轮 2 的轴向相对位置，从而消除直齿齿轮的齿侧间隙。

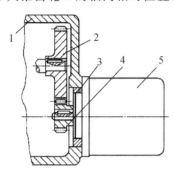 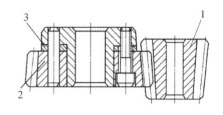

1—齿轮箱；2—大齿轮；3—偏心套；4—小齿轮；5—电动机。　　　　1—小锥齿轮；2—大锥齿轮；3—垫片。

图 2-20　偏心套调整结构　　　　　　　图 2-21　轴向垫片调整法

（3）双片齿轮错齿调整法，如图 2-22 所示。两个相同齿数的薄片齿轮 7 和 8 与另一个宽齿轮啮合，两薄片齿轮可相对回转。在两个薄片齿轮 7 和 8 的端面均匀分布着四个螺纹孔，分别装上螺纹凸耳 1、6，薄片齿轮 7 的端面还有另外四个通孔，凸耳可以在其中穿过，弹簧 2 的两端分别钩在螺纹凸耳 1 和调节螺钉 5 上。通过旋转螺母 3 调节弹簧 2 的拉力，调节完后用旋转螺母 4 锁紧。弹簧的拉力使薄片齿轮 7 和 8 错位，即两个薄片齿轮 7 和 8 的左右齿面分别贴在宽齿轮齿槽的左右齿面上，从而消除了直齿齿轮的齿侧间隙。

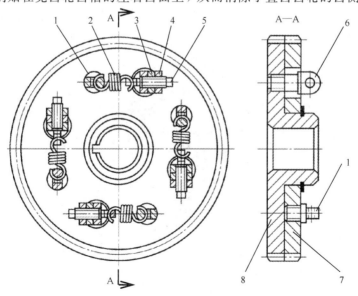

1、6—螺纹凸耳；2—弹簧；3、4—旋转螺母；5—调节螺钉；7、8—薄片齿轮。

图 2-22　双片齿轮错齿调整

2）斜齿齿轮传动消除齿侧间隙的方法

（1）轴向垫片调整法，如图 2-23 所示。宽齿轮 1 同时与两个相同薄片斜齿轮 3 和 4 啮合，薄片齿轮由平键和轴连接，且不能相对回转。薄片斜齿轮 3 和 4 的齿形在拼装后一起加工，并与键槽保持确定的相对位置。在装配时，在两薄齿轮 3 和 4 之间装入厚度为 δ 的垫片 2，使薄片斜齿轮 3、4 的螺旋线产生错位，其左右两齿面分别与宽齿轮 1 的齿贴紧，消除了齿侧间隙，调整 δ 的厚度，可以调整薄片斜齿轮间隙的大小。

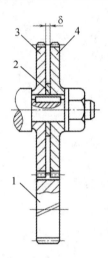

1—宽齿轮；2—垫片；3、4—薄片斜齿轮。

图 2-23　轴向垫片调整结构

（2）轴向压簧调整法，如图 2-24 所示。轴向压簧调整法的消隙原理与轴向垫片调整法相似，两者不同的是轴向压簧调整法利用薄片斜齿轮 2 右面的弹簧压力使两个薄片齿轮 1 和 2 产生相对轴向位移，从而它们的左、右齿面分别与宽齿轮 6 的左右齿面贴紧，以消除斜齿齿轮的齿侧间隙。

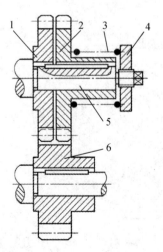

1、2—薄片斜齿轮；3—轴向弹簧；4—调节螺母；5—轴；6—宽齿轮。

图 2-24　轴向压簧调整结构

2. 滚珠丝杠螺母副

为了提高数控机床进给系统的快速响应性能和运动精度，必须减少运动件的摩擦阻力及动、静摩擦力之差。因此，在中小型数控机床中，滚珠丝杠螺母副是最普遍采用的结构。

1）滚珠丝杠螺母副的工作原理

滚珠丝杠螺母副是回转运动与直线运动相互转换的传动装置。图 2-25 所示是滚珠丝杠螺母副的内部结构图。在丝杠 1 和螺母 4 上有弧形螺旋槽，当两者装配在一起时就形成了螺旋滚道 3，并在滚道内装满滚珠 2。当丝杠相对于螺母旋转时，两者发生轴向位移，而滚珠则沿着滚道滚动，螺母螺旋槽的两端用回珠管连接起来，使滚珠能作周而复始的循环运动，管道的两端还起着挡珠作用，以防止滚珠沿滚道掉出。

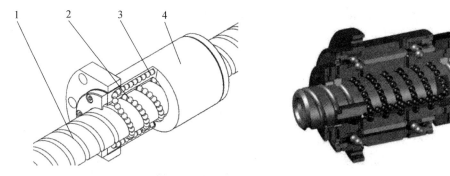

1—丝杠；2—滚珠；3—滚道；4—螺母。

图 2-25　滚珠丝杠螺母副内部结构图

2）滚珠丝杠螺母副的特点

（1）传动效率高、摩擦损失小。滚珠丝杠螺母副的传动效率高达 85%～98%，是普通梯形丝杠的 2～4 倍，功率消耗减少 2/3～3/4。

（2）运动灵敏、低速时无爬行。由于滚珠丝杠螺母副是滚动摩擦，动静摩擦系数相差极小，因此在低速传动时不易爬行，高速传动平稳。

（3）传动精度高、刚性好。用多种方法可以消除丝杠螺母的轴向间隙，使反向无空行程，定位精度高，适当预紧后，还可以提高轴向刚度。

（4）不能自锁、有可逆性。既能将旋转运动转换成直线运动，也能将直线运动转换成旋转运动。因此滚珠丝杠在垂直状态使用时，应增加制动装置或平衡块。

（5）制造成本高。滚珠丝杠和螺母等元件的加工精度及表面粗糙度等要求高，制造工艺较复杂，成本高。

3）滚珠丝杠螺母副的循环方式

滚珠丝杠螺母副常用的循环方式有两种：滚珠在反向循环过程中，与丝杠滚道脱离接触的称为外循环；而在整个循环过程中，滚珠始终与丝杠各表面保持接触的称为内循环。

（1）外循环。外循环是滚珠在循环过程结束后通过螺母外表的螺旋槽或插管返回丝杠螺母间重新进入循环的循环方式。

常见的外循环方式如图 2-26 所示。外循环滚珠丝杠螺母副按滚珠循环时的返回方式不同可分为端盖式、弯管式和螺旋槽式。

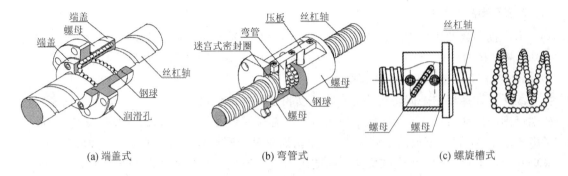

图 2-26　常用外循环方式

图 2-26(a)所示为端盖式。在螺母末端加工出切向孔，作为滚珠的回程管道，螺母两端的盖板上开有滚珠的回程口，滚珠由此进入回程管，形成循环。端盖式循环方式适合高速进给、大导程的丝杠。

图 2-26(b)所示为弯管式。弯管式用弯管作为返回管道，在螺母外圆上装有螺旋形的插管口，其两端接入滚珠螺母工作始末两端孔中，以引导滚珠通过插管，形成滚珠的多圈循环链。这种形式结构简单，工艺性好，承载能力较强，但径向尺寸较大，目前弯管式应用最为广泛，也可用于重载传动系统中。

图 2-26(c)所示为螺旋槽式，螺旋槽式在螺母的外圆上加工出螺旋槽，槽的两端钻出通孔并与螺纹管道相切，形成返回通道，这种结构径向尺寸较小，但制造较复杂。

(2) 内循环。图 2-27 所示为内循环滚珠丝杠。内循环均采用反向器(也叫循环器)实现滚珠循环，内循环靠螺母上安装的反向器接通相邻两滚道，形成一个闭合的循环回路，使滚珠单圈循环。反向器的数目与滚珠圈数相等，一般有2~4个，且沿圆周等分分布。这种循环方式的特点是结构紧凑，刚度好，滚珠流通性好，摩擦损失小，效率高；适用于高灵敏度、高精度的进给系统；不宜用于重载传动，且制造较困难。

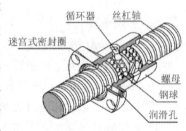

图 2-27　内循环方式

4) 滚珠丝杠螺母副的预紧方法

滚珠丝杠的传动间隙是指丝杠和螺母在无相对转动时，丝杠和螺母两者之间的最大轴向窜动量。除了滚珠丝杠本身的轴向间隙之外，还包括在施加轴向载荷后，滚珠丝杠产生的弹性变形所造成的轴向窜动量。滚珠丝杠螺母副轴向间隙调整和预紧的原理都是使螺母与丝杆产生轴向位移，以消除它们之间的间隙。传统预紧包括使用微量过盈滚珠的单螺母结构及用双螺母预紧的方法，而随着丝杆在机床及自动化行业中的应用，目前常见的预紧方式分为两种，分别是定位预紧式和定压预紧式。

定位预紧方式-双螺母预紧，如图 2-28(a)所示。通过调整调整片的厚度使螺母副左右两螺母产生轴向位移，来消除间隙和产生预紧力。这种方法能精确调整预紧量，结构简单，工作可靠，但调整费时，滚道磨损时不能随时进行调整，并且调整的精度也不高，适用于一般精度的数控机床。在双螺母中使用调整片，由于调整片的平面度和螺母垂直度的影响导致螺母倾斜，产生接触角的偏差，从而影响到丝杠旋转性能，导致导程精度变低。

定位预紧方式—变距预紧，如图 2-28(b)所示。与双螺母方式相比此方式体积小，不使用调整片，而通过改变螺母中间螺纹槽的螺距来施加预压的方式。单螺母滚珠丝杠是在螺母中央给左右的螺纹以相位差，使轴向间隙达到 0 以下（预压状态）的错位预压型。与传统的双螺母型（2 个螺母之间插入调整片的方式）相比，变距预紧型既小型轻量又能获得平滑流畅的运动。单螺母滚珠丝杠的预压调节是根据滚珠直径而进行调节的错位预压型。由于单螺母滚珠丝杠为无须调整片的预压构造，因此螺母全长可变短，从而可实现轻量化、结构紧凑化。

定压预紧式，如图 2-28(c)所示。在螺母的正中间位置，设置一个弹簧结构，通过改变螺母中央螺纹沟槽的螺距来施加预紧的方式。该预紧方式在调整好弹簧压力后，能够进行自适恒压力预紧。

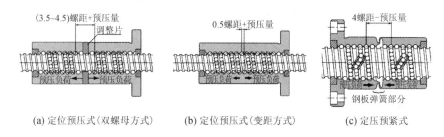

(a) 定位预压式（双螺母方式）　　(b) 定位预压式（变距方式）　　(c) 定压预紧式

图 2-28　常用螺母预紧方式

3. 齿轮齿条副

在大型数控机床（如大型数控龙门铣床）中，工作台的行程很大。因此，大型数控机床的进给运动不宜采用滚珠丝杠副实现，因太长的丝杠易于下垂，将影响到丝杠的螺距精度及工作性能，此外，丝杠扭转刚度也相应下降，故常用齿轮齿条传动。当驱动负载较小时，可采用双轮错齿调整法，分别与齿条齿槽左、右侧贴紧，从而消除齿侧间隙。

图 2-29 所示为齿轮齿条副消除间隙方法的原理图。进给运动由轴 2 输入，通过两对斜齿齿轮将运动传给轴 1 和轴 3，然后由两个直齿齿轮 4 和 5 去传动齿条，带动工作台移动，轴 2 上两个斜齿齿轮的螺旋线方向相反。如果通过弹簧在轴 2 上作用一个进给力 F，则使斜齿齿轮产生微量的轴向移动，这时轴 1 和轴 3 便以相反的方向转过微小的角度，使齿轮 4 和 5 分别与齿条的两齿面贴紧，消除了齿轮齿条副的间隙。

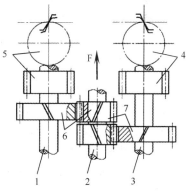

1、2、3—轴；4、5—齿轮齿条；6、7—斜齿轮。

图 2-29　齿轮齿条副消除间隙方法原理图

三、数控机床的导轨

导轨是数控机床的重要部件之一，起着导向及支承运动部件的作用，即保证运动部件在外力的作用下（运动部件本身的重量、工件重量、切削力及牵引力等）能准确地沿着一定方向的运动。在导轨副中，与运动部件连成一体的运动一方叫作动导轨，与支承件连成一体固定不动的一方为支承导轨。动导轨对于支承导轨通常是只有一个自由度的直线运动或回转运动，动导轨在很大程度上决定了数控机床的刚度、精度与精度保持性。数控机床要求高速进给不振动，低速进给时不爬行，高的灵敏度，能在重载下长期连续工作，耐磨性高、精度保持性好等。

1. 对导轨的要求

1）导向精度高

导向精度是指数控机床的运动部件沿导轨移动时的直线性和运动部件与有关基面之间的相互位置的准确性。数控机床无论在空载或切削工件时导轨都应有足够的导向精度，这是对导轨的基本要求。影响导轨精度的主要原因除制造精度外，还有导轨的结构形式、装配质量、导轨及其床身的刚度和热变形。

2）耐磨性能好

导轨的耐磨性是指导轨在长期使用过程中能否保持一定的导向精度。因导轨在工作过程中难免有磨损，所以应力求减少磨损量，并在磨损后能自动补偿或便于调整。数控机床常采用摩擦系数小的滚动导轨和静压导轨，以降低导轨磨损。

3）足够的刚度

导轨受力变形会影响运动部件之间的导向精度和相对位置，因此要求导轨应有足够的刚度。为减轻或平衡外力的影响，数控机床常采用加大导轨面的尺寸或添加辅助导轨的方法来提高刚度。

4）低速运动平稳

应使导轨的摩擦阻力小，运动轻便，低速运动时无爬行现象。

5）结构简单、工艺性好

导轨要制造和维修方便，在使用时便于调整和维护。

2. 导轨的分类

导轨副按导轨面的摩擦性质分为滑动导轨副和滚动导轨副。滑动导轨副又分为普通滑动导轨、静压导轨和卸荷导轨等。

导轨按结构形式可以分为开式导轨和闭式导轨。开式导轨是指在部件自重和外载作用下，运动导轨和支承导轨的工作面始终保持接触、贴合。开式导轨特点是结构简单，但不能承受较大颠覆力矩的作用。闭式导轨借助于压板形成辅助导轨面，保证工作面始终保持可靠的接触。

3. 数控机床常用的导轨

目前数控机床使用的导轨主要有 3 种：塑料滑动导轨、滚动导轨和静压导轨。

1）塑料滑动导轨

传统的铸铁滑动导轨，除经济型数控机床使用外，其他数控机床已不再采用。取而代之的是铸铁塑料或镶钢塑料滑动导轨。塑料导轨常用在导轨副的运动导轨上，与之相配的是铸铁或钢质导轨，为使塑料面与铸铁面紧密贴合，通常要进行刮研处理，通过刮研，不但可以使两面完好贴合，同时可以在研点间形成油膜并存储少量导轨油。数控机床上常用聚四氟乙烯导轨软带和环氧耐磨涂层导轨两类塑料滑动导轨。

（1）聚四氟乙烯导轨软带的特点包括：

① 摩擦特性好，其摩擦系数小，且动、静摩擦系数差别很小，低速时能防止爬行，使运动平稳且获得高的定位精度。

② 减振性好，塑料的阻尼特性好，其减振消音性能对提高摩擦副的相对运动速度有很大意义。

③ 耐磨性好，塑料导轨有自润滑作用，材料中又含有青铜粉、二硫化钼和石墨等，对润滑油的供油量要求不高，无润滑油也能工作。

④ 化学稳定性好，塑料导轨耐低温，耐强酸、强碱、强氧化剂及各种有机溶剂，具有很好的化学稳定性。

⑤ 工艺性好，可降低对粘贴塑料的金属基体的硬度和表面质量的要求，且塑料易于加工，能获得优良的导轨表面质量。

由于聚四氟乙烯导轨软带具有以上优点，所以被广泛应用于中、小型数控机床的运动导轨上。

导轨软带的使用工艺很简单，它不受导轨形式限制，各种组合形式的滑动导轨均可粘贴。粘贴的工艺过程是先将导轨粘贴面加工至表面粗糙度 Ra 为 1.6～3.2，并加工成 0.5～1 mm 深的凹槽，然后用汽油、金属清洁剂或丙酮清洗粘贴面，将已经切割成形的导轨软带清洗后用黏结剂粘贴；固化 1～2 h 后，再合拢到固定导轨或专用夹具上，施加一定的压力；在室温下固化 24 h，取下并清除余胶即可开油槽进行精加工。由于这类导轨采用黏结方法，习惯上称为"贴塑导轨"，如图 2-30 所示。

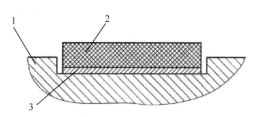

1—基体；2—导轨软带；3—黏合材料。

图 2-30　聚四氟乙烯导轨软带

（2）环氧耐磨涂层导轨的涂层是以环氧树脂和二硫化铝为基体，加入增塑剂，混合成液状或膏状为一组分、以固化剂为另一组分的双组分塑料涂层，如图 2-31 所示。

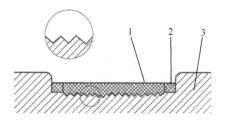

1—注塑层；2—胶条；3—基体。

图 2-31　环氧耐磨涂层导轨

环氧耐磨涂层导轨在数控机床上的应用形式如图2-32所示。环氧耐磨涂层导轨特点包括：

① 有良好的可加工性，可经车、铣、刨、钻、磨削和刮研加工。

② 良好的摩擦特性和耐磨性，而且抗压强度比聚四氟乙烯导轨软带要高，固化时体积不收缩，尺寸稳定。

③ 可在调整好固定导轨和运动导轨间的相关位置精度后注入涂料，这样可节省许多加工工时。

④ 它特别适用于重型机床和不能用导轨软带的复杂配型面。

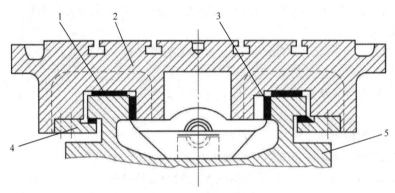

1—导轨软带；2—工作台；3—镶条；4—下压板；5—滑座。

图2-32　环氧耐磨涂层导轨在机床上的应用形式

2）滚动导轨

在静、动导轨面之间放置滚动体如滚珠、滚柱、滚针或滚动导轨块，组成滚动导轨。滚动导轨与滑动导轨相比，优点是摩擦系数小，动、静摩擦系数很接近，起动轻便，运动灵敏，不易爬行；磨损小，精度保持性好，寿命长；具有较高的定位精度和重复定位精度，运动平稳；可采用油脂润滑，润滑系统简单。缺点是：抗震性差，但可以通过预紧方式提高，结构复杂，成本较高。滚动体材料一般用滚动轴承钢，淬火后硬度达60HRC以上。支承导轨可用淬硬钢制造，钢导轨具有承载能力大和耐磨性较高的特点。钢导轨常用材料为低碳合金钢、合金结构钢、合金工具钢等。现代数控机床常采用的滚动导轨有滚动导轨块和直线滚动导轨两种。

（1）滚动导轨块。滚动导轨块是一种滚动体作循环运动的滚动导轨，其结构如图2-33所示，端盖1与导向片3引导滚动体（滚柱2）返回，4为保持器，5为本体，6为防护板。使用时，滚动导轨块安装在运动部件的导轨面上，每一导轨至少用两块，导轨块的数目取决于导轨的长度和负载的大小，与之相配的导轨多用镶钢淬火导轨。当运动部件移动时，滚柱2在支承部件的导轨面与本体5之间滚动，同时又绕本体5循环滚动，滚柱2与运动部件的导轨面不接触，因此该导轨面不需要淬硬磨光。滚动导轨块的特点是刚度高，承载能力大，便于拆装。

（2）直线滚动导轨。直线滚动导轨是最常采用的滚动导轨，已经系列化、标准化，型号和规格齐全，并且实现了专业化、商品化大量生产，应用广泛，非常方便。直线滚动导轨主要由导轨、滑块、保持器、滚珠组成，如图2-34所示。当滑块沿导轨移动时，滚珠在导轨和滑块之间的圆弧直槽内滚动，并通过端盖内的滚道从工作负荷区到非工作负荷区，然后再滚回工作负荷区，不断循环，从而把导轨和滑块之间的移动变成了滚动。为防止灰尘和污物进入导轨滚道，滑块两端及下部均装有塑料密封装置，滑块上设有润滑油注油装置。使用时，导轨固定在不运动部件上，滑块固定在运动部件上。

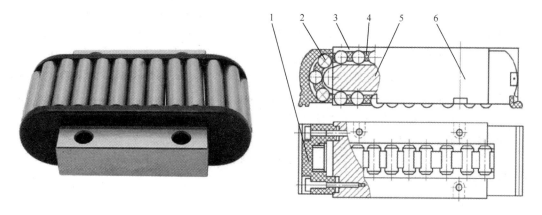

(a) 滚动导轨块外观图　　　　　　　　　　(b) 滚动导轨块内部结构图

1—端盖；2—滚柱；3—导向片；4—保持架；5—本体；6—防护板。

图 2-33　滚动导轨块

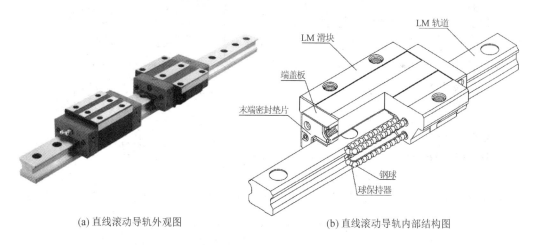

(a) 直线滚动导轨外观图　　　　　　　　　(b) 直线滚动导轨内部结构图

图 2-34　直线滚动导轨

3) 静压导轨

静压导轨的滑动面之间设有油腔，将有一定压力的油通过节流器输入油腔，形成压力油膜，浮起运动部件，使导轨工作表面处于纯液体摩擦，不产生磨损。由于承载的要求不同，静压导轨可分为开式和闭式两大类。

(1) 开式静压导轨。开式静压导轨的工作原理如图 2-35(a) 所示。液压泵 2 起动后，油经滤油器 1 吸入管道，用溢流阀 3 调节供油压力，再经滤油器 4，通过节流阀 5 降压至油腔压力进入导轨的油腔，并通过导轨间隙向外流出，回到油箱 8。油腔压力形成的油膜压力将运动部件 6 浮起，形成一定的导轨间隙。当运动部件载荷增大时，运动部件下沉，导轨间隙减小，液阻增加，流量减小，从而使油经过节流器时的压力损失减小，油腔压力增大，直至与载荷 W 平衡。

（2）闭式静压导轨。开式静压导轨只能承受垂直于导轨工作面方向的负载，承受颠覆力矩的能力很差。而闭式静压导轨能承受较大的颠覆力矩，导轨刚度也较高，其工作原理如图 2-35(b)所示。设油腔 A、B、C、D、E、F 处的油压分别为 P_1、P_2、P_3、P_4、P_5、P_6。当运动部件 6 受到颠覆力矩 M 后，油腔 C 和 D 的间隙增大，油腔 A 和 F 间隙减小，由于各节流器的作用，使油腔 C 和 D 的压力 P_3 和 P_4 减小，而油腔 A 和 F 的压力 P_1 和 P_6 增大，这些力作用在运动部件上，并形成一个与颠覆力矩反向的力矩，以平衡载荷 M，从而使运动部件保持平衡。静压导轨的滑动面之间设有油腔，将有一定压力的油通过节流输入油腔，形成压力油膜，浮起运动部件，使导轨工作表面处于纯液体摩擦，不产生磨损，精度保持性好；同时摩擦系数也极低（可达到 0.0005），使驱动功率大大降低，低速无爬行，承载能力大，刚度好。此外，油液有吸振作用，抗震性好。闭式静压导轨的缺点是结构复杂，要有供油系统，对油的清洁度要求高。

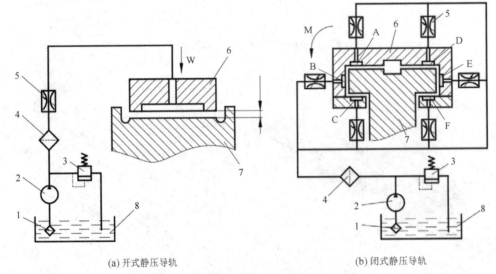

(a) 开式静压导轨　　　　　　　　　　　　(b) 闭式静压导轨

1、4—滤油器；2—液压泵；3—溢流阀；5—节流阀；6—运动部件；6—防护板；7—固定部件；8—油箱。

图 2-35　静压导轨工作原理图

此外，还有以空气为介质的空气静压导轨，也称气浮导轨。气浮导轨不仅摩擦力低，而且还有很好的冷却作用，可减小热变形。

第五节　数控机床的自动换刀系统

数控机床对提高生产效率、改进产品质量以及改善劳动条件等已经发挥了重要的作用。为了进一步压缩非切削时间，多数数控机床往往在工件一次装夹中完成多工序加工。在这类多工序的数控机床中，必须带有自动换刀装置。自动换刀装置应当满足换刀时间短、刀具重复定位精度高、足够的刀具储存量、刀库体积小以及安全可靠等基本要求。各类数控机床的自动换刀装置的结构取决于数控机床的形式、工艺范围以及刀具的种类和数量等原因。

一、数控车床换刀形式

数控车床换刀装置包括四方电动回转刀架和转塔刀架。四方电动回转刀架是一种比较简单的自动换刀装置，通常使用在简易数控车床上。转塔刀架包括六工位、十工位、十二工位等，并按数控装置的指令来换刀。

1. 四方电动刀架

四方电动刀架采用蜗轮-蜗杆传动，上、下齿盘啮合，以及螺杆夹紧的工作原理，同时用霍尔开关检测换刀刀位。其工作过程包括刀架抬起、刀架转位选刀、刀架反靠定位和刀架下降夹紧，其使用场合和内部结构图如图 2-36 所示。

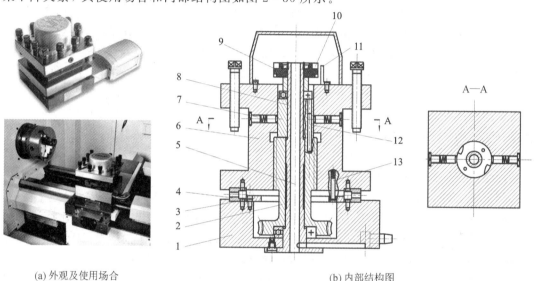

(a) 外观及使用场合　　　　　　　　　　(b) 内部结构图

1—刀架底座；2—涡轮螺杆；3—定位盘；4—端面齿盘；5—空心主轴；6—刀架体；7—球头销；8—转位套；9—发信盘；10—霍尔开关；11—磁钢；12—圆柱销；13—定位销。

图 2-36　四方电动刀架

1）刀架抬起

当数控系统发出换刀指令后，刀架电动机正转起动，通过联轴器使蜗杆转动。蜗轮与螺杆为整体结构（蜗轮螺杆），蜗轮螺杆绕空心主轴旋转；螺杆与刀架体中的内螺纹连接，当蜗轮螺杆转动时，由于刀架底座和刀架体上两端面齿还处在啮合状态，且螺杆轴向固定，所以此时刀架体抬起，从而完成刀架抬起动作。

2）刀架转位

当刀架体抬起到一定距离后，端面齿脱开。转位套用圆柱销与螺杆连接，随螺杆一起转动，当端面齿完全脱开时，球头销（离合销）在弹簧的作用下进入转位套的凹槽中。随着螺杆和转位套继续转动，转位套通过球头销带动刀架体转位，同时，定位销（反靠销）从定位盘上的斜凹槽内起出。刀架体转位的同时也带动磁铁同步转位，与发信盘上的霍尔开关配合进行刀位检测。

3）刀架反靠定位和夹紧

当霍尔开关检测到的实际刀位与指令刀位相一致时，表示刀架体已转到换刀位置，此时电动机立即停止并开始反转，反转时间由数控系统 PLC 的定时器设定。螺杆带动转位套反转，球头销从转位套的凹槽中被挤出，同时，定位销在弹簧的作用下进入定位盘的斜凹槽中，由于定位销和斜凹槽的限制，刀架体不能转动，只能在当前位置下降，刀架体和刀座上的端面齿啮合实现精确定位。电动机继续反转，刀架体继续下降开始夹紧。反转定时时间到，电动机停止，刀架体和刀座上两个端面齿保持一定的夹紧力，从而夹紧刀架。

2. 转塔刀架

转塔刀架常用于斜床身数控车床的换刀装置中，转塔头各刀座中安装有不同用途的刀具，通过转塔头的旋转分度和定位实现换刀。转塔刀架有液压转塔刀架、伺服转塔刀架和动力头转塔刀架等类型。

液压转塔刀架是集机、电、液于一体的主要机床附件，已广泛应用于各类中、高档数控车床。转塔刀架的动力驱动是由液压旋转马达和液压伸缩缸来完成，而位置控制是由光电编码器系统和机械定位副齿牙盘来控制，如图 2-37 所示，当数控车床数控系统发出换刀指令后，刀塔夹紧液压缸动作使刀塔伸出，动齿盘和定齿盘脱开；液压马达转动，经分度凸轮和齿轮传动带动刀塔主轴使刀塔转过一个刀位，刀塔主轴后端的刀位编码凸轮随主轴一起转动，经接近开关 SQ1～SQ5 输出 5 位二进制编码，每个编码与刀塔上的各个刀位相对应。当指令刀位转到换刀

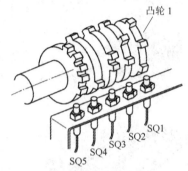

图 2-37　凸轮编码器和接近开关

位置时，液压马达停止转动，同时夹紧液压缸动作使刀塔缩回，动齿盘和定齿盘啮合，刀塔夹紧接近开关发出刀塔锁紧的信号，换刀结束。液压刀架换刀动作包括松开、分度、预定位、精定位、夹紧五个主要动作。液压转塔刀架结构如图 2-38(a)所示。

伺服转塔刀架主要用于高档数控车床，其机械结构简单，刚性好，锁紧迅速可靠。系统由刀架控制器、伺服电机、减速器、液压锁紧系统等构成，可完成刀盘的转位、转速、初定位、精定位动作和锁紧及选刀控制等动作。伺服转塔刀架结构如图 2-38(b)所示。

具有刀具转动装置的刀架一般称为动力刀架。比如，在转塔刀架上装有回转刀具时，转塔刀架就兼有钻、铣等功能。由于伺服刀架的出现，使伺服刀架本体上加装动力模块的动力刀架也应运而生，这种双伺服的动力刀架主要配置在中端的车削中心上，动力刀架的转位和动力刀具的驱动采用的都是伺服电机，因而在结构上有进一步整合和发展的空间。动力头转塔刀架结构如图 2-38(c)所示。

(a)液压转塔刀架　　　　　　　(b)伺服转塔刀架　　　　　　　(c)动力头转塔刀架

图 2-38　转塔刀架

二、更换主轴头换刀形式

更换主轴头换刀是数控机床带有旋转刀具的一种比较简单的换刀方式。这种主轴头实际上就是一个转塔刀库，如图 2-39 所示。主轴头有卧式和立式两种，通常用转塔的转位来更换主轴头，以实现自动换刀。在转塔的各个主轴上，预先安装有各工序所需要的旋转刀具，当发出换刀指令的时候，各主轴头依次地转到加工位置，并接通主运动，使相应的主轴带动刀具旋转。而其他处于不加工位置上的主轴都会与主运动脱开。

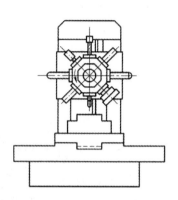

图 2-39 更换主轴头式换刀形式

这种更换主轴头换刀的装置，很大程度上省去了自动松、夹、卸刀、装刀以及刀具搬运等一系列的复杂操作，从而缩短了换刀时间，并提高了换刀的可靠性。但是由于空间位置的限制，使主轴部件结构尺寸不能太大，因而影响了主轴系统的刚性。为了保证主轴的刚性，必须限制主轴的数目，否则会使主轴头结构尺寸增大。因此，转塔主轴头通常只适用于工序较少、精度要求不太高的机床。

三、带刀库的自动换刀系统

由于回转刀架、转塔头式换刀装置容纳的刀具数量不能太多，不能满足复杂零件的加工需要，因此，自动换刀数控机床多采用带刀库的自动换刀装置。带刀库的自动换刀装置由刀库和换刀机构组成，换刀过程较为复杂。首先要把加工过程中使用的全部刀具分别安装在标准刀柄上，按一定的方式放入刀库。在换刀时，先在刀库中选刀，再由换刀装置从刀库或主轴上取出刀具，进行交换，将新刀装入主轴，旧刀放回刀库。刀库具有较大的容量，可安装在主轴箱的侧面或上方。由于带刀库和自动换刀装置的数控机床的主轴箱内只有一根主轴，则主轴部件的刚度要高，以满足精密加工要求。另外，刀库内的刀具数量非常多，因而能够进行复杂零件的多工序加工，大大提高了数控机床的适应性和加工效率。带刀库和自动换刀系统适用于数控钻削中心和加工中心。

刀库的作用是储备一定数量的刀具，通过机械手实现与主轴上刀具的互换。刀库的类型有斗笠式刀库、圆盘机械手式刀库、链式刀库、钻孔攻丝机刀库等多种形式，刀库的形式和容量要根据数控机床的工艺范围来确定。

1. 斗笠式刀库

1）结构及动作过程

斗笠式刀库用于立式加工中心的自动换刀，安装在机床立柱上，其结构如图 2-40 所示。刀盘上均布有卡夹，每个卡夹对应一个刀座号，用于夹持刀柄，刀具编号与刀座号相对应；整个刀盘通过滑套悬挂在刀库支架的两根圆柱导轨上，刀库支架上安装有气缸，气缸活塞杆与刀盘连接，活塞杆的伸出或缩回带动刀盘伸出或缩回，伸出或缩回的限位由检测开关进行检测，检测开关可以是安装在气缸上的磁敏开关，也可以是安装在支架上的行程开关或接近开关；刀盘上部连体安装有分度槽轮，刀盘电动机带动凸轮转动，并使滚子绕电动机轴线回转，滚子与分度槽轮配合，凸轮每转过一周，分度槽轮即带动刀盘转过一个刀座（刀盘分度的形式除了槽轮机构外，另一种形式是凸轮间歇运动机构），同时计数开关通断一次。数控系统 PLC 对输入的计数开关信号进行计数，经数控系统 PLC 控制，并判断指令刀具对应的刀座是否已转到换刀位置。

图 2-40　斗笠式刀库

2）换刀过程

斗笠式刀库换刀是一种绝对式换刀，即每次换刀后，刀具号和刀座号是一一对应的。斗笠式刀库无须机械手交换刀具，通过和主轴箱及主轴松紧刀机构的联动实现换刀，其换刀动作过程如下：

（1）数控系统得到换刀指令后，主轴自动返回到换刀点，同时主轴实现准停控制并进行角度定位。

（2）刀盘旋转，将与当前主轴上刀具号对应的刀座转到换刀点。

（3）刀盘从原位由气缸活塞杆推出，当卡夹抓住主轴上的旧刀具时，刀盘伸出检测开关接通，表示抓刀完成。

（4）主轴松紧刀气缸动作，主轴上的原刀具松开，且对主轴锥孔吹气，当主轴松刀到位开关接通时，表示松刀完成。

（5）主轴上移，主轴锥孔中的旧刀具留在刀夹上，拔刀完成。

（6）刀库再次旋转，将指令刀具（设为新刀具）对应的刀座转到换刀点，选刀完成。

（7）主轴再次下移至换刀点，新刀具插入主轴锥孔中，插刀完成。

（8）主轴松紧气缸动作，新刀具在主轴锥孔中紧刀，当主轴紧刀到位开关接通时，表示紧刀完成。

（9）刀盘气缸活塞杆带动刀盘缩回，当刀盘复位检测开关接通时，换刀过程结束。

2. 圆盘机械手式刀库

圆盘机械手式刀库的换刀过程由刀盘选刀、刀套翻转、机械手换刀和主轴松紧刀等动作联动实现，整个换刀过程由数控系统的 PLC 控制。圆盘机械手式刀库换刀是一种随机式换刀，即每次换刀后，刀具号和刀座号不一定相同。在换刀过程中，机械手可同时从刀库和主轴锥孔中进行抓刀、拔刀和插刀，换刀效率高。图 2-41 所示为圆盘机械手式刀库及刀库的安装位置。圆盘机械手式刀库由刀盘电动机、回转刀盘、分度机构和刀套及翻转机构等组成，刀盘电动机通过分度机构带动回转刀盘转动，刀套通过支架固定在回转盘上，随刀盘一起转动。

刀库安装位置

(a) 圆盘机械手刀库　　　　　　　　(b) 圆盘机械手刀库安装位置

图 2-41　圆盘机械手式刀库及安装位置

（1）选刀。执行换刀指令时，数控系统首先判断刀库里是否有此刀具，若没有，则系统发出刀具码错误报警；另外，数控系统还要判别所选刀具是否在主轴上，若已在主轴上，然后判别所选刀具在刀库中的具体位置，如果所选刀具就在当前换刀位置，刀盘电动机不动作，等待机械手交换刀具；如果所选刀具不在换刀点位置，系统判别所选刀具所在的当前位置转到换刀位置的最短路径及步距数，输出控制信号使刀盘电动机正转或反转，每转过一个刀套，刀盘上的计数开关动作一次。当所选刀具转到换刀位置时，刀盘电动机制动停车，完成换刀指令的选刀。

（2）刀套翻转。当刀套转到换刀位置时，刀套轴线垂直于主轴中刀具轴线，为方便机械手同时抓住主轴和刀套中的刀具，在换刀前须将刀套向下翻转 90°，使刀套中的刀具轴线与主轴轴线平行；在换刀后再将刀套向上翻转 90°复位。

如图 2-42 所示，当所选刀具所在刀套转到换刀位置时，刀套后部的滚子进入到拨叉内，气缸前腔进气，活塞上移并带动拨叉使刀套绕销轴向下翻转 90°，刀套向下翻转；刀具换刀完成后，气缸后腔进气时，活塞下移并带动拨叉使刀套向上翻转 90°。

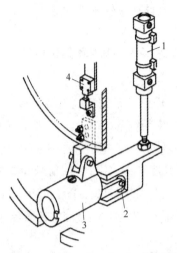

1—气缸；2—滚轮；3—刀套；4—计数开关。

图 2-42　刀套翻转示意图

（3）凸轮式换刀机械手。凸轮式换刀机械手和主轴松紧刀配合能实现连续抓刀、拔刀、交换和插刀的动作，如图 2-43 所示。

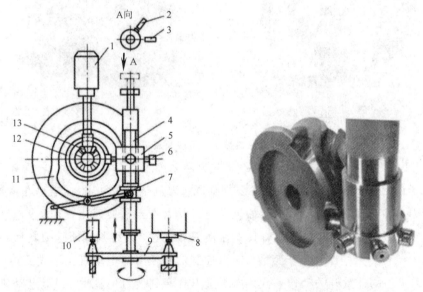

(a) 传动机构　　　　　　　　　(b) 圆柱凸轮及凸轮滚子

1—机械手电动机；2—抓刀到位开关；3—机械手原位开关；4—机械手轴（花键轴）；5—花键轴套；
6—凸轮滚子；7—摇臂；8—主轴；9—机械手；10—刀套；11—端面凸轮；12—圆柱凸轮；13—锥齿轮。

图 2-43　凸轮式换刀机械手

① 抓刀。机械手电动机第一次起动，电动机通过锥齿轮同时带动端面凸轮和圆柱凸轮旋转，圆柱凸轮带动凸轮滚子使花键轴套旋转，花键轴套再带动机械手轴由原位逆时针方向旋转 65° 或 75°，进行机械手抓刀动作。当机械手抓刀到位开关接通时，机械手电动机立即制动停止，完成机械手抓刀控制。在此期间，机械手轴向不动。

② 主轴松紧刀机构动作，卡爪松开主轴锥孔中的刀柄，并发出主轴松开到位信号。

③ 机械手电动机第二次起动，通过锥齿轮同时带动端面凸轮和圆柱凸轮旋转，机械手轴依次完成拔刀、交换和插刀三个动作：第一步，端面凸轮控制摇臂摆动，使机械手轴向下运动，实现拔刀动作，在此期间，凸轮滚子不转动，故机械手也不转动；第二步，拔刀结束，圆柱凸轮通过凸轮滚子带动花键轴套转动，再由花键轴套带动机械手轴旋转180°，实现刀具交换动作，在此期间，摇臂不摆动，机械手轴向不动；第三步，端面凸轮再次控制摇臂摆动，使机械手轴向上运动，实现插刀动作，在此期间，凸轮滚子不转动，故机械手也不转动。当抓刀到位开关再次接通后，机械手电动机立即制动停止。

（4）主轴松紧刀机构动作，卡爪夹紧主轴锥孔中的刀柄，并发出主轴夹紧到位信号。

（5）机械手电动机第三次起动，圆柱凸轮带动凸轮滚子使花键轴套旋转，花键轴套再带动机械手轴顺时针方向旋转65°或75°，实现复位动作。当机械手回到原位后，原位开关接通，机械手电动机立即制动停车。

凸轮式换刀机械手通过凸轮等机械传动机构，配合机械手电动机的三次起停，实现了原位→抓刀→拔刀（主轴松刀）→交换→插刀（主轴紧刀）→复位的动作过程。

3. 链式刀库

对于刀库容量需求较大的加工中心可采用链式刀库，链式刀库的结构紧凑，刀库容量较大，链环的形状可根据机床的布局制成各种形状，也可将换刀位突出以便于换刀。当需要增加刀具数量时，只需增加链条的长度即可，给刀库设计与制造带来了方便。链式刀库的换刀方式与圆盘机械手换刀方式类似，也是通过机械手方式进行换刀。链式刀库结构如图 2-44 所示。

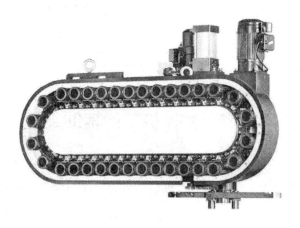

图 2-44 链式刀库

4. 钻孔攻丝机刀库（转塔式刀库）

钻孔攻牙机也称为钻攻中心，是一种切削金属的机床，是目前市场上集切削、钻孔、攻丝为一体工作效率最快且高精度的机床，只是整体占地面积要比加工中心小一些，一般行程不超过 800×400，快速移动速度不低于 48 m/min，主轴转数不低于 20 000 r/m。虽然钻孔攻牙机可以镗铣加工，但钻孔攻丝机的主轴功率一般不会太大，所以不能进行强力铣削等大负荷加工，主要用来钻孔、攻丝。为减少换刀时间，钻孔攻丝通常采用转塔式刀库，通常换刀时间小于 2 s，最快可达到 0.7 s。刀库传动分度采用快速准确的筒形凸轮作传动分度结构，搭载高功率变频马达配合变频器使用，可以拥有更稳定及更佳的刀盘选刀速度。常用的转塔式刀库容量为 14、16、21。转塔式刀库的结构与安装方式如图 2 - 45 所示。

图 2 - 45　转塔式刀库

　　数控机床的数控系统收到换刀指令后，数控系统首先判断刀库里有无此刀具（是否超出刀号），若没有，则系统发出刀具码错误报警；另外，还要判别所选刀具是否在主轴上，若已在主轴上，则完成换刀。之后，主轴在 Z 轴丝杆带动下向上移动，在向上运行过程中，打刀臂将主轴上当前刀具松开，与此同时，刀库刚好向内运动，主轴将当前刀具归还给刀库，主轴继续向上运动，到达系统规定的选刀点，系统计算好最近距离，刀盘开始旋转，到达数控系统指定的刀号后，主轴向下运动，完成送刀及夹紧的过程。

第六节　数控机床的辅助装置

　　数控机床的辅助装置是保证充分发挥数控机床功能所必需的配套装置，常用的辅助装置包括液压尾座，数控分度工作台和数控回转工作台，排屑装置，冷却、润滑装置，防护、照明等各种辅助装置。

一、液压尾座

　　数控车床液压尾座如图 2 - 46 所示，顶尖通过锥柄与尾座套筒配合，尾座套筒带动顶尖一起伸缩。在手动调整时，三位四通电磁阀失电处于中位，套筒处于浮动状态，可手动调整套筒的伸缩。当数控系统发出套筒伸出的指令后，电磁阀线圈 1YA 得电，电磁阀处于左位，压力油通过活塞杆的内孔进入套筒液压缸的前油腔，尾座套筒伸出，直到顶尖顶住工件，顶尖顶住工件的保持压力由减压阀来调节，同时，压力开关接通，发出工件已顶紧的信号。当数控系统发出套筒缩回的指令后，电磁阀线圈 2YA 得电，电磁阀处于右位，压力油进入套筒液压缸的后油腔，尾座套筒缩回。尾座套筒伸出和缩回的限位由各自的限位开关限定。

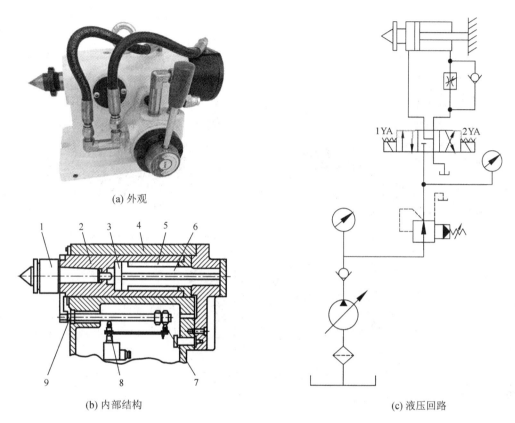

(a) 外观

(b) 内部结构

(c) 液压回路

1—顶尖；2—套筒；3—前油腔；4—尾座；5—后油腔；6—活塞杆；
7—套筒缩回限位开关；8—套筒伸出限位开关；9—行程杆。

图 2-46　数控车床液压尾座

二、数控分度工作台和数控回转工作台

为了提高生产效率，扩大工艺范围及适应某些零件的加工要求，数控机床除了有沿 X、Y 和 Z 三个坐标轴的直线进给运动外，往往还带有绕 X、Y 和 Z 轴的圆周进给运动。数控机床的圆周进给运动通常是由回转工作台来实现。数控回转工作台除了可以实现圆周运动之外，还可以完成分度运动。例如，在加工分度盘的轴向孔时，若采用间歇分度转位结构进行分度，由于它的分度数有限，因而给加工带来很大的不便，若采用数控回转工作台进行加工就比较方便。数控机床中常用的回转工作台有分度工作台和数控回转工作台。

1. 分度工作台

数控分度工作台常用于卧式数控铣镗加工中心中，其功能是通过工作台的圆周分度，将工件转位换面，与自动换刀功能配合，实现工件一次装夹完成几个面的多工序加工，提

高了加工效率，特别适合于箱体类零件的加工。数控分度工作台的分度和定位有定位销式和鼠齿盘式。数控分度工作台只能完成分度运动，不能实现圆周进给运动，数控分度工作台的分度动作由数控系统 PLC 控制。图 2 - 47 所示为定位销式数控分度工作台。

(a) 外观

(b) 应用场合——卧式加工中心

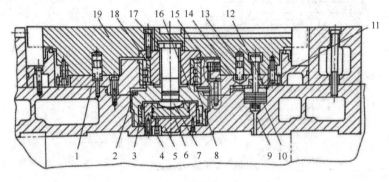

(c) 内部结构

1—转台座；2、3—止推轴承；4—液压油管道；5—中央液压缸；6—中央液压缸活塞；7—止推螺钉；
8—双列滚柱轴承；9—弹簧；10—夹紧液压缸活塞；11—齿轮；12—夹紧液压缸；13—定位销；
14—定位衬套；15—消隙液压缸；16—轴套；17—六角螺钉；18—转台轴；19—工作台。

图 2 - 47　分度工作台

数控分度工作台的动作过程包括工作台松开并抬起、工作台回转分度、工作台下降并锁紧。

1）工作台松开并抬起

数控系统发出分度指令，底座上均布的夹紧液压缸卸荷，夹紧液压缸活塞被弹簧顶起，液压缸活塞顶端的 T 形头松开工作台；同时，消隙液压缸卸荷，工作台处于松开状态。中央液压缸下腔进油，其活塞上升，并通过止推螺钉和转台座将工作台抬起，固定在工作台面中的定位销从定位衬套中拔出，工作台处于抬起状态。

2）工作台回转分度

液压马达或电动机转动，通过减速齿轮带动固定在工作台面下的齿轮转动进行分度。当工作台即将到达分度位置时，工作台上的挡块碰撞限位开关，工作台减速并停止转动，此时，定位销正好对准定位衬套孔，分度完成。

3）工作台下降并锁紧

中央液压缸卸荷，工作台靠自重下降，定位销插入定位衬套孔中，完成定位动作。然后消隙液压缸进油，其活塞顶住工作台，消除可能出现的径向间隙；同时，夹紧液压缸进油，推动活塞下降，活塞顶端的 T 形头拉紧工作台，工作台处于锁紧状态。

2. 数控回转工作台

数控回转工作台除了有分度和转位功能外，还可以作为回转伺服轴实现圆周进给运动，与其他伺服轴进行联动。图 2-48 所示为卧式数控回转工作台结构。数控回转工作台的分度转位和圆周进给由伺服电动机通过蜗轮-蜗杆传动实现，并由夹紧液压缸对工作台进行夹紧和松开。当工作台静止时，夹紧液压缸必须处于锁紧状态，为此，在蜗轮底部的径向安装有几对夹紧瓦，并在底座上均布同样数量的夹紧液压缸。当夹紧液压缸的上腔接通压力油时，活塞便压向钢球，使夹紧瓦相互收缩并夹紧蜗轮；在工作台需要回转时，夹紧液压缸卸荷，在弹簧的作用下，钢球抬起，夹紧瓦相互分开将蜗轮松开。数控回转工作台的导轨面由大型滚动轴承支承，并由圆锥滚柱轴承及双列向心圆柱滚子轴承保持准确的回转中心。分度工作台实际转动的角度由高精度圆光栅直接进行检测，或者通过伺服电动机中的编码器间接进行检测，检测信号反馈给数控系统进行位置控制。

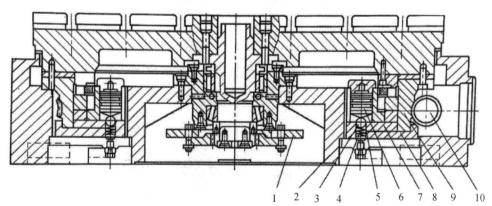

1—原光栅；2—底座；3—钢珠；4—弹簧；5—活塞；6—夹紧液压缸；
7、8—夹紧瓦；9—涡轮；10—蜗杆。

图 2-48　卧式数控回转工作台结构

数控回转工作台在立式加工中心和五轴联动数控机床上应用较为广泛，在三轴立式加工中心上可安装四轴或五轴，实现相应的功能，如图 2-49(a)、(b)所示。A、C 轴五轴联动数控机床工作台如图 2-49(c)所示。图 2-49(b)与图 2-49(c)主要区别是图 2-49(b)主要安装在三轴立式加工中心工作台上，但需要数控系统具有相应 5 轴功能；图 2-49(c)是安装于 A、C 轴五轴联动机床的回转工作台。

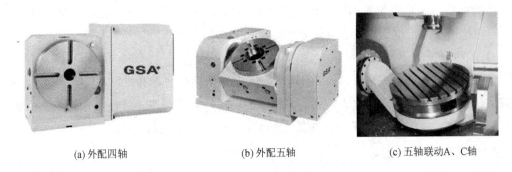

(a) 外配四轴　　　　　　　　(b) 外配五轴　　　　　　　(c) 五轴联动A、C轴

图 2-49　其他数控回转工作台

随着力矩电动机在数控回转工作台中的应用，出现了直接驱动的数控回转工作台。在直接驱动数控回转工作台中，电动机转子直接与回转工作台连接，省去了蜗轮－蜗杆等传动链，简化了机械结构，提高了传动精度。

三、排屑装置

1. 排屑装置在数控机床上的作用

排屑装置的主要作用是将切屑从数控机床的加工区域中排出至数控机床之外。在数控车床和数控磨床上的切屑中往往混合着切削液，排屑装置从其中分离出切屑，并将它们送入切屑收集箱(车)内，而切削液则被回收到切削液箱。数控铣床、加工中心和数控镗铣床的工件安装在工作台上，切屑不能直接落入排屑装置，故往往需要采用大流量切削液冲刷或压缩空气吹扫等方法使切屑进入排屑槽，然后再回收切削液并排出切屑。

2. 典型排屑装置

排屑装置的种类繁多，其中平板链式排屑装置，刮板式排屑装置，螺旋式排屑装置三种最为常用，如图 2-50 所示。

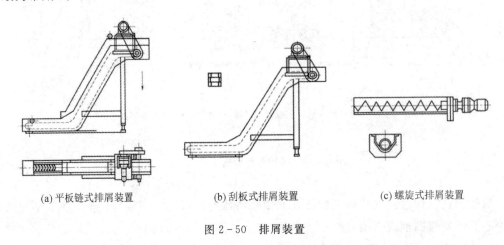

(a) 平板链式排屑装置　　　　　(b) 刮板式排屑装置　　　　　(c) 螺旋式排屑装置

图 2-50　排屑装置

1）平板链式排屑装置

如图 2-50(a)所示，平板链式排屑装置以滚动链轮牵引钢质平板链带在封闭箱中运转，数控机床加工中的切屑落到链带上被带出机床。这种装置能排除各种形状的切屑，适应性强，各类数控机床都能采用。在数控车床上使用时多与机床切削液箱合为一体，以简化机床结构。

2）刮板式排屑装置

如图 2-50(b)所示，刮板式排屑装置的传动原理与平板链式基本相同，只是刮板式排屑装置带有刮板链板。这种装置常用于输送各种材料的短小切屑，排屑能力较强。因负载大，故需采用较大功率的驱动电动机。

3）螺旋式排屑装置

如图 2-50(c)所示，螺旋式排屑装置在螺旋杆转动时，沟槽中的切屑即由螺旋杆推动连续向前运动，最终排入切屑收集箱。螺旋杆有两种结构形式，一种是用扁形钢条卷成螺旋弹簧状，另一种是在排屑装置的轴上焊有螺旋形钢板。这种装置占据空间小，适于安装在数控机床与立柱间空隙狭小的位置上。螺旋式排屑装置结构简单，排屑性能良好，但只适合沿水平或小角度倾斜的直线方向排运切屑，不能大角度倾斜、提升或转向排屑。

思考题与习题

1. 数控机床的机械结构由哪些部分组成？
2. 简述各类数控机床的布局及特点。
3. 数控机床主传动系统的特点及配置形式有哪些？
4. 数控机床对进给传动系统的要求有哪些？
5. 数控车床换刀形式有哪些？
6. 带刀库的自动换刀系统有哪些形式？
7. 简述数控分度工作台和数控回转工作台各自的特点。

第三章　数控车床程序编制

　　数控车床加工的毛坯多为棒料或铸锻件，在使用数控车床前应熟悉数控车床的组成、分类、加工工艺范围及应用场合。除此之外，在加工零件前，需要对零件进行工艺分析，掌握数控车床编程的常用指令、方法以及特点。应当注意的是，各种数控车床的控制系统、指令代码及程序格式不尽相同，使用时需根据编程手册的具体规定进行编程。

第一节　数控车床概述

　　数控车床是一种高精度、高效率的自动化机床，具有广泛的加工工艺性能，可加工直线圆柱、斜线圆柱、圆弧和各种螺纹、槽、蜗杆等复杂零件，具有直线插补、圆弧插补等各种补偿功能，并在复杂零件的批量生产中发挥着良好的经济效益。

一、数控车床的组成

　　如图 3-1 所示，数控车床一般由以下几部分组成。

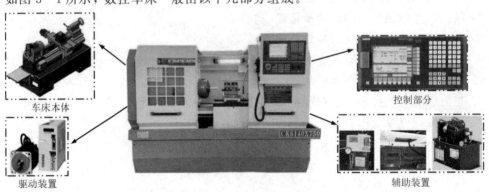

图 3-1　数控车床

　　1. 车床本体

　　车床本体是数控车床的机械部件，包括主轴箱、进给机构、床鞍、刀架、尾座和床身等。

　　2. 控制部分

　　控制部分是数控车床的控制核心，包括专用计算机、PLC、显示器、键盘和输入/输出装置等。

　　3. 驱动装置

　　驱动装置是数控车床执行机构的驱动部件，包括主轴电动机、进给伺服电动机等。

4. 辅助装置

辅助装置是数控车床的一些配套部件，包括对刀仪、液压系统、润滑装置、气动装置、冷却系统和排屑装置等。

二、数控车床的分类

1. 按主轴的配置形式分类

1）卧式数控车床

卧式数控车床的主轴轴线处于水平面位置。这种数控车床有水平导轨结构和倾斜导轨结构两种。水平导轨结构的床身的工艺性好，便于机床导轨面的加工；倾斜导轨结构可以使车床具有更大的刚度，并易于排屑。

2）立式数控车床

立式数控车床的主轴采用立置方式，适用于加工径向尺寸较大、轴向尺寸相对较小的大型复杂盘类和壳体类零件。这种数控车床分为单柱立式数控车床和双柱立式数控车床。

2. 按数控车床的功能分类

1）经济型数控车床

经济型数控车床一般是采用步进电动机驱动的开环伺服系统，结构简单，自动化程度较低，加工精度不高。

2）全功能型数控车床

全功能型数控车床配备功能较强的数控系统（CNC），一般采用直流或交流主轴控制单元来驱动主轴电动机，实现主轴的无级变速。进给系统采用交流伺服电动机，实现半闭环或闭环控制。这种数控车床的自动化程度和加工精度比较高，一般具有恒线速度切削、粗加工循环、刀尖圆弧半径补偿等功能。

3）数控车削中心

数控车削中心是在全功能数控车床的基础上，增加了刀库、动力头和 C 轴而形成的。数控车削中心除了能车削、镗削外，还能对工件端面和圆周面上任意位置进行钻孔、攻螺纹等加工，也可以进行径向和轴向铣削。

三、数控车床的加工工艺范围

数控车床主要用于加工各种回转体类零件。在机械零件中，回转表面的加工占有很大比例，如内外圆柱面、内外圆锥面及回转成形面等，所以车床在机械制造中的应用非常广泛。通常车床在金属切削机床中所占的比重最大，约占机床总数的 30%。

卧式数控车床是最常用的一种数控车床，其工艺范围很广，能进行多种表面的加工，如车内孔、车内外螺纹、车端面、车曲面、切槽、车外圆等，如图 3-2 所示。此外，卧式数控车床还可以车成形面、钻孔、铰孔、滚花等。

四、数控车床加工的应用场合

数控车床能够完成图 3-2 中各要素的加工，但加工零件时一定要秉承经济性原则。数控车床加工应用于下面所述场合。

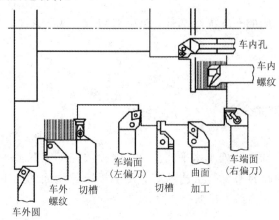

图 3 - 2　卧式车床的工艺范围

1. 精度要求高的回转体零件

由于数控车床的刚性好，车削时刀具运动是通过高精度插补运算和伺服驱动来实现的，加工精度高，能方便精确地进行人工补偿甚至自动补偿，所以它能够加工尺寸和形状精度要求高的零件，在有些场合可以以车代磨。

2. 表面粗糙度要求高的回转体零件

数控车床的刚性好和精度高，具有恒线速度切削功能。在材料、精车留量和刀具已定的情况下，选用最佳线速度来切削工件端面，这样切出的工件表面质量高且一致。采用不同的切削要素，车削同一个零件的各部位可实现不同的表面粗糙度要求。

图 3 - 3　曲轴

3. 轮廓形状特别复杂或难以控制尺寸的回转体零件

数控车床具有圆弧插补功能，可直接加工圆弧轮廓，也可加工由任意平面曲线所组成的轮廓回转零件。如图 3 - 3 所示的曲轴，在普通车床上无法加工，而在数控车床上则能很容易地加工出来。

4. 带特殊螺纹的回转体零件

普通车床所能切削的螺纹相当有限，只能加工等节距的螺纹。数控车床不但能加工等节距螺纹，而且能加工增节距、减节距螺纹，车削出来的螺纹精度高，表面粗糙度小。图 3 - 4 所示为非标丝杠。

图 3 - 4　非标丝杠

第二节　数控车削加工的工艺分析

数控车床作为一种高效率的加工设备，要充分发挥其高性能、高精度和高自动化的特点，除了必须掌握其性能、特点及操作方法外，还应在编程前对零件的图样进行详细的工艺分析。

一、数控车削加工的内容

数控车削加工工艺分析是采用数控车床加工零件时所运用的方法和技术手段的总和，包括零件的图样分析、加工阶段的划分、工序的划分、加工顺序的安排、夹具以及车削刀具的选择。

1. 零件的图样分析

数控车削中，进行零件图样分析时，应注意以下几点：

（1）分析零件的尺寸精度要求。如果尺寸精度要求很高，难以通过精车达到图样尺寸要求，需增加磨削等工序，则在工序之后要留出磨削余量。

（2）找出图样上位置精度要求较高的表面，这些表面应尽量在工件一次装夹下完成加工。

（3）找出表面粗糙度要求较高的圆锥表面或端平面，这些工件表面在加工时宜采用恒线速度切削，以获得较一致的表面粗糙度。

2. 加工阶段的划分

当零件的加工质量要求较高时，为保证加工质量，合理地使用设备，需由多道工序（工步）逐步达到零件的加工要求。通常可将零件的加工过程分为粗加工、半精加工、精加工和光整加工四个阶段。

1）粗加工阶段

粗加工阶段的主要任务是切除毛坯的大部分余量，使毛坯在形状和尺寸上接近零件成品。

2）半精加工阶段

半精加工阶段的主要任务是使工件主要表面达到一定的精度，并留有一定的精加工余量，为主要表面的精加工作准备，并可完成一些次要表面的最终加工。

3）精加工阶段

精加工阶段的主要任务是保证工件主要表面达到规定的尺寸精度和表面质量。

4）光整加工阶段

光整加工阶段的主要任务是进一步提高工件的尺寸精度和表面质量，用于精度和表面质量要求很高（标准公差等级在 IT6 以上，表面粗糙度 Ra 值为 $0.2~\mu m$ 以下）的工件表面。

3. 工序的划分

在数控加工中，常按工序集中的原则划分工序。在工件的一次装夹中应尽可能完成大部分甚至全部表面的加工。在零件批量加工中，一般工序的划分有以下几种方式。

1）按零件装夹定位方式划分工序

由于每个零件形状不同，因此各表面的技术要求也有所不同，加工时的定位方式也有差异。一般当车削工件的内表面时，常以工件的外表面定位，当车削工件的外表面时，可以以工件的外表面或内表面定位，因而可根据工件定位方式的不同划分工序。

2）按粗、精加工划分工序

可按粗、精加工分开的原则划分工序，即先粗加工再精加工。可用不同的数控车床或不同的刀具进行加工，先完成整个零件的粗加工，再完成精加工，以保证零件的加工质量要求。

3）按所用刀具划分工序

为减少数控车床加工时的换刀次数，压缩空行程时间，减少加工误差，在工件的一次装夹中，应尽可能用同一把刀具加工出可能加工出的所有表面，然后换另一把刀加工工件的其他表面。专用数控车床和车削加工中心常采用这种方法。

4. 加工顺序的安排

在制订零件的数控车削加工顺序时一般应遵循先粗后精、先近后远、内外交叉、保证工件加工刚度、同一把刀具加工内容连续、走刀路线最短等原则，以保证零件的加工质量和生产效率。

5. 夹具的选择

要充分发挥数控车床的加工效能，工件的装夹必须定位准确，夹紧可靠快速。在数控车床加工中，广泛采用自定心卡盘、单动卡盘、顶尖等通用夹具和各种专用夹具。

6. 车削刀具的选择

由于工件材料、生产批量、加工精度、数控车床类型、工艺方案不同，因此车刀的种类也异常繁多。根据刀片与刀体的连接固定方式不同，车刀主要分为焊接式车刀与机械夹固式可转位车刀两大类。

1）焊接式车刀

将硬质合金刀片用焊接的方法固定在刀体上的车刀称为焊接式车刀。这种车刀的优点是结构简单，制造方便，刚性较好。缺点是存在焊接应力，会使刀片材料的使用性能受到影响甚至出现裂纹。另外，刀杆不能重复使用，硬质合金刀片不能充分回收利用，造成了刀具材料的浪费。

2）机械夹固式可转位车刀

机械夹固式可转位车刀由刀杆、刀片、刀垫及夹紧元件等组成。刀片每边都有切削刃，当某切削刃磨损钝化后，只需松开夹紧元件，将刀片转一个位置即可继续使用。根据工件加工表面以及用途不同，车刀又可分为外圆车刀、端面车刀、切断刀、螺纹车刀以及成形车刀等，如图 3-5 所示。

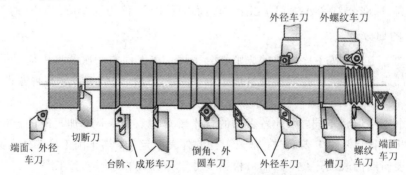

图 3-5　机械夹固式可转位车刀

二、数控车床编程的特点

1. 绝对值编程与增量值编程

数控车床的编程允许在一个程序段中，根据图样标注尺寸，既可以采用绝对值编程或增量值编程，也可以采用混合编程。绝对值编程采用 X、Z 表示，增量值编程采用 U、W 表示，如 G01 X60 W—20 F0.1。

2. 直径编程与半径编程

被加工零件的径向尺寸在图样上标注和测量时，一般用直径值表示，所以采用直径尺寸编程更为方便。

3. 固定循环功能

由于车削加工的毛坯多为棒料或锻件，加工余量较大，因此为简化编程，数控装置常具备不同形式的固定循环，可进行多次重复循环切削。但不同的数控系统对各种形式的固定循环功能有不同的指令格式，如后面介绍的 G90、G94、G92、G70～G76 均为 FANUC 系统的车削固定循环指令。

4. 刀具半径补偿

为了延长刀具寿命和提高工件表面质量，车刀刀尖常磨成一个半径不大的圆弧；为提高工件的加工精度，编制圆头刀程序时，需要对刀具半径进行补偿。大多数数控车床都具有刀具半径自动补偿功能（G41、G42），这类数控车床可直接按零件的轮廓尺寸编程。

第三节　数控车床的常用指令及编程方法

功能指令是程序段的基本组成单位，也是编制车削类零件程序的基础。数控车床的常用指令与数控车床的基本功能相对应，包括准备功能指令（G 代码或 G 指令）和辅助功能指令（M 指令或 M 代码）等。在使用指令编程时，还需要考虑刀具几何位置补偿和刀尖圆弧半径补偿。此外，为了提高编程和加工效率，对于加工余量大的毛坯，多采用固定循环指令完成编程和加工；为了简化程序，还可以使用子程序。由于螺纹在车削加工中应用广泛，因此本节对螺纹编程指令进行讲解。

一、数控车床的基本功能

不同数控车床的数控系统，其指令功能也不相同，因此编程人员在编程之前要仔细阅读编程说明书，对数控系统的编程要求及规定进行研究，以免发生编程错误。下面以 FANUC-0i-TC 系统为例介绍数控车床的基本功能。

1. 准备功能指令（G 代码或 G 指令）

准备功能指令又称 G 指令或 G 代码，它是建立数控机床或控制数控系统工作方式的一种命令，由地址 G 及其后的两位数字组成。常用的车床准备功能 G 指令见表 3-1。

表 3 - 1　常用的车床准备功能 G 指令

G 指令	组别	功　　能	G 指令	组别	功　　能
G00	01	快速点定位	G54	14	选择工件坐标系 1
▲G01		直线插补(切削进给)	G55		选择工件坐标系 2
G02		顺时针方向圆弧插补	G56		选择工件坐标系 3
G03		逆时针方向圆弧插补	G57		选择工件坐标系 4
G04	00	暂停	G58		选择工件坐标系 5
G10		可编程数据输入(补偿值设定)	G59		选择工件坐标系 6
G11		可编程数据输入方式取消	G65	00	宏程序调用
▲G18	16	X、Z 平面选择	G66	12	宏程序模态调用
G20	06	英制输入(英寸)	▲G67		宏程序模态调用取消
G21		米制输入(毫米)	G70	00	精车循环
▲G22	09	存储行程限位有效(检查接通)	G71		外径/内径粗车循环
G23		存储行程限位无效(检查断开)	G72		端面粗车循环
G27	00	返回参考点	G73		轮廓粗车循环
G28		检查自动返回参考点	G74		端面切槽、钻孔循环
G30		返回第 2、第 3 和第 4 参考点	G75		外径/内径切槽循环
G31		跳转功能	G76		复合螺纹切削循环
G32	01	等螺距螺纹切削	G90	01	外径/内径车削循环
G34		变螺距螺纹切削	G92		螺纹切削循环
▲G40	07	刀尖半径补偿取消	G94		端面车削循环
G41		刀尖半径左补偿	G96	02	恒表面切削速度控制
G42		刀尖半径右补偿	▲G97		恒表面切削速度控制取消
G50	00	坐标系设定或最大主轴速度设定	G98	05	每分钟进给
G50.3		工件坐标系预置	▲G99		每转进给
G52	00	局部坐标系设定			
G53		机床坐标系设定			

注：(1) 标有▲的 G 指令为电源接通时的状态；

(2) "00"组的 G 指令为非模态指令，其余为模态指令；

(3) 如果同组的 G 指令出现在同一程序段中，则最后一个 G 指令有效。

2. 辅助功能指令(M 指令或 M 代码)

M 指令是数控机床加工时的工艺性指令，主要用于控制数控机床的各种辅助动作及开关状态，如主轴的正、反转，切削液的开、停，工件的夹紧、松开，程序结束等。常用的 M 指令由地址 M 和其后的两位数字组成，包括 M00～M99，共 100 种。FANUC - 0i 系统常用辅助功能指令见表 3 - 2。

表 3 - 2　FANUC - 0i 系统常用的辅助功能指令

M 指令	功　　能	M 指令	功　　能
M00	程序暂停	M08	切削液开
M01	程序计划暂停	M09	切削液关
M02	程序结束	M30	程序结束，光标返回程序首行
M03	主轴正转（顺时针方向）	M98	子程序调用
M04	主轴反转（逆时针方向）	M99	子程序结束
M05	主轴停止		

二、数控车床的基本指令

1. 快速点定位指令 G00

G00 指令可使刀具从当前位置以点位控制方式快速移动到目标位置，其移动速度由机床设定，与程序段中的进给速度无关。被指定的各坐标轴的运动是互不相关的，即刀具运动的轨迹不一定是一条直线。

指令格式：

　　G00 X(U)__　Z(W)__；

其中，X、Z 为终点绝对坐标值，U、W 为终点坐标相对于起点坐标的增量值。绝对坐标和增量坐标可以混用，如 G00X__　W__或 G00U__　Z__；。如果某一轴方向上没有位移，则该轴的坐标值可以省略，如 G00X__或 G00Z__表示只在 X 和 Z 方向运动。

在非切削场合常使用 G00 指令，如由机械原点快速定位至起刀点、切削完成后退刀或定位至换刀点准备换刀等，以节省加工时间。

2. 直线插补指令 G01

G01 指令可使刀具以直线移动到所给出的目标位置，主要应用于工件端面、内外圆柱和圆锥面的加工。

指令格式：

　　G01 X(U)__　Z(W)__　F__；

其中，X(U)、Z(W) 为目标点坐标，与 G00 中的意义相同；F 为进给速度，在默认情况下单位为 mm/r，如果在 G01 程序段中没有 F，则数控机床不运动，有的数控系统还会出现系统报警，若在前面已经指定，则可省略。零件图如图 3 - 6 所示，精加工程序见表 3 - 3。

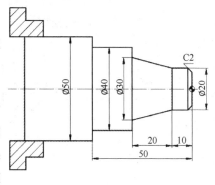

图 3 - 6　零件图

表 3 - 3　精 加 工 程 序

程　序	注　释
O0001；	程序号
G00 X100 Z100；	将刀架（刀塔）退到安全位置
M03 S600；	主轴正转，转数为 600 r/min
T0101；	换取 1 号刀具，调用 1 号刀补
G00 X12 Z2；	快速定位到倒角的延长线上
G01 X20 Z−2 F0.1；	加工 C2 倒角，直线插补运动，进给速度为 0.1 mm/r
Z−10；	加工 φ20 的圆柱，X 轴不发生移动，可省略
X30 Z−30；	加工锥面
X40；	加工 φ40 的圆柱的端面
Z−50；	加工 φ40 的圆柱
X60；	加工 φ50 的圆柱的端面
G00 X100 Z100；	快速退刀
M05；	主轴停转
M30；	程序结束

3. 圆弧插补指令 G02/G03

G02/G03 指令可使刀具在指定平面内按给定的 F 进给速度作圆弧运动，切削出圆弧轮廓。

指令格式：

$$\begin{Bmatrix} G02 \\ G03 \end{Bmatrix} X(U)\_\_ \quad Z(W)\_\_ \quad \begin{Bmatrix} R\_\_ \\ I\_\_ K\_\_ \end{Bmatrix} F\_\_ ;$$

其中，G02 为顺时针圆弧插补，G03 为逆时针圆弧插补。

下面介绍圆弧顺逆方向的判别。

沿着不在圆弧平面内的坐标轴，由正方向向负方向看，顺时针方向为 G02，逆时针方向为 G03。在数控车削编程中，圆弧的顺逆方向根据操作者与车床刀架的位置来判断，如图 3 - 7 所示。

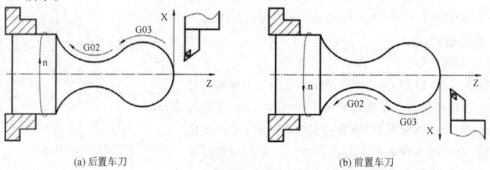

(a) 后置车刀　　　　　　　　　　　(b) 前置车刀

图 3 - 7　圆弧顺逆方向的判断

G02/03 指令格式中,I、K 表示圆心相对于圆弧起点的增量坐标,与绝对值、增量值编程无关。当 I、K 为零时可省略。当分别采用后置刀架和前置刀架加工工件时,刀具从 P_1 点到 P_2 点,圆弧编程如图 3-8 所示。可以看出,无论是采用前置刀架还是后置刀架,程序的书写完全一致。

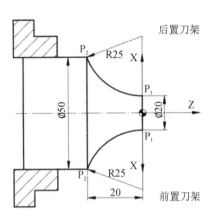

图 3-8 圆弧编程

采用后置刀架加工时:

圆心编程法:

 G02 X50 Z—20 I25(K0)F0.1;(绝对坐标)

 G02 U30 W—20 I25(K0)F0.1;(增量坐标)

半径 R 编程法:

 G02 X50 Z—20 R25 F0.1;(绝对坐标)

 G02 U30 W—20 R25 F0.1;(增量坐标)

采用前置刀架加工时:

圆心编程法:

 G02 X50 Z—20 I25(K0)F0.1;(绝对坐标)

 G02 U30 W—20 I25(K0)F0.1;(增量坐标)

半径 R 编程法:

 G02 X50 Z—20 R25 F0.1;(绝对坐标)

 G02 U30 W—20 R25 F0.1;(增量坐标)

4. 暂停指令 G04

指令格式:

 G04 X__;可以使用小数点表示数值,单位为 s,G04 X2.0;

 G04 P__;不接受小数点表示数值,单位为 ms,G04 P2000;

程序中使用暂停指令 G04 的作用是使程序执行到此处时暂停几秒钟后,再继续执行下一程序段。指令 G04 大多用于以下四种工况,其中(1)和(2)适用于车床。

(1)在横向车槽时,应在主轴转过几转后再退刀,可用暂停指令。

(2)在车床上倒角或车顶尖孔时,为使工件表面平整,使用暂停指令使工件转过一转后再退刀。

（3）在不通孔做深度加工时，当刀具加工到规定深度后，使用暂停指令使刀具做非进给光整切削，然后退刀，以保证孔底平整。

（4）在镗孔完毕后要退刀时，为避免留下螺旋划痕而影响工件表面质量，应使机床主轴停止转动，同时刀具停止进给，待主轴完全停止后再退刀。

三、数控车床的刀具补偿

1. 刀具位置补偿

在编程时，假定刀架上各刀具在工作位置时其刀尖位置是一致的。但由于刀具的几何形状及安装位置不同，其刀尖位置不一致，相对于工件原点的距离也不同，因此需要将各刀具的位置值进行比较或设定，称为刀具位置补偿。刀具位置补偿分为刀具几何位置补偿和刀具磨损补偿。

1）刀具几何位置补偿

（1）刀位点。在数控编程过程中，为使编程工作更加方便，通常将数控刀具的刀尖假想成一个点，该点称为刀位点。在编制程序和加工时，刀位点是用于表示刀具特征的点，也是对刀和加工的基准点。数控车刀的刀位点如图 3-9 所示。尖形车刀的刀位点通常是指刀具的刀尖；圆弧形车刀的刀位点是指圆弧刃的圆心；成形刀具的刀位点通常是指刀尖。

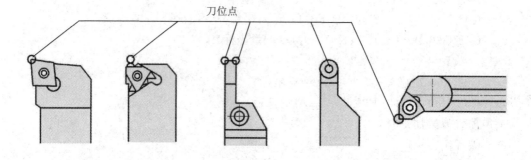

图 3-9　数控车刀的刀位点

（2）对刀的意义。虽然数控车床的刀具各种各样，刀位点也不在同一点上，但通过对刀和刀补，可以使刀具的刀位点都重合在某一理想位置上，这个位置就是理想基准点。在执行加工程序前，调整每把刀具的刀位点，使刀位点尽量重合于某一理想基准点（理想刀尖点），从而确定工件坐标系原点在机床坐标系中的位置，这一过程就称为对刀。

（3）对刀过程。刀具几何位置补偿量可以通过机外对刀仪测量或采用试切对刀方法得到，下面介绍一种最常用的试切对刀法。手动车端面，沿 X 向退刀，此时 Z 坐标不变，在刀补表 01 号中输入 Z0，测量，系统自动计算出第一把刀的 Z 向刀补值 ΔZ_i；然后车外圆，沿 Z 向退刀，此时 X 坐标不变，对刚加工的直径进行测量，在刀补表 01 号中输入 X 直径值，测量，系统自动计算出第一把刀的 X 向刀补值 ΔX_i。

2）刀具磨损补偿

刀具在使用一段时间后会磨损，会使加工尺寸产生误差。磨损量一般是通过对刀采集到的。将刀具磨损量输入刀具磨耗地址中，通过程序中的刀补代码即可提取并执行。

3）刀具位置补偿代码

刀具位置补偿是刀具几何位置补偿与刀具磨损补偿之和，即 $\Delta X = \Delta X_m + \Delta X_i$，$\Delta Z = \Delta Z_m + \Delta Z_i$。刀具位置补偿用 Txxxx 表示，其中前两位表示刀具号，后两位表示刀补地址号。当程序执行到 Txxxx 时，系统自动从刀补地址中提取刀具几何位置补偿及刀具磨损补偿数据。

2. 刀尖圆弧半径补偿

1）刀尖圆弧半径补偿的意义

在编制数控车床加工程序时，车刀刀尖被看作一个点（假想刀尖 A 点），但在实际加工中为了提高刀具的使用寿命和降低工件的表面粗糙度，车刀刀尖被磨成半径不大的圆弧（刀尖 BC 圆弧），这必将产生加工工件的形状误差。另一方面，刀尖圆弧所处位置、车刀的形状对工件加工也将产生影响，而这些可采用刀尖圆弧半径补偿来解决。假想刀尖如图 3-10 所示，当加工与坐标轴平行的圆柱面时，刀尖圆弧并不影响其尺寸和形状，但当加工锥面、圆弧等轮廓时，由于刀具切削点在刀尖圆弧上变动，刀尖圆弧将引起尺寸和形状误差，造成少切或过切，如图 3-11 所示。

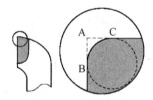

图 3-10　假想的车刀刀尖

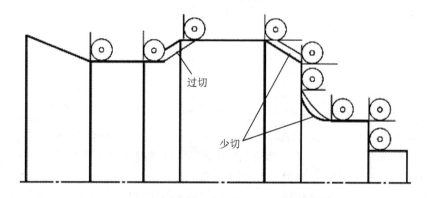

图 3-11　刀尖圆弧引起的过切和少切现象

2）刀尖圆弧半径补偿指令（G40、G41 和 G42）

格式：

$$\begin{Bmatrix} G41 \\ G42 \\ G40 \end{Bmatrix} \begin{Bmatrix} G00 \\ G01 \end{Bmatrix} X\_\_Z\_\_F\_\_;$$

G41 为刀尖圆弧半径左补偿指令；G42 为刀尖圆弧半径右补偿指令；G40 为取消刀尖

圆弧半径补偿指令。左刀补、右刀补的判别方法是：从垂直于加工平面坐标轴的正方向朝负方向看过去，沿着刀具的运动方向向前看（假设工件不动），刀具位于零件左侧的为左刀补，刀具位于零件右侧的为右刀补，如图 3-12 所示。

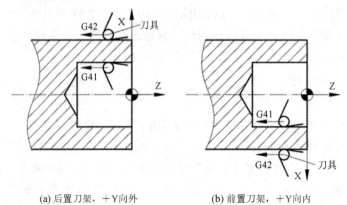

(a) 后置刀架，＋Y向外　　　　　　(b) 前置刀架，＋Y向内

图 3-12　左刀补、右刀补的判别方法

3）圆弧车刀刀尖位置的确定

根据各种车刀刀尖形状及刀尖位置的不同，数控车刀的刀尖位置如图 3-13 所示，共 9 种。

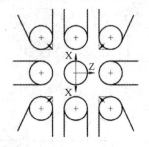

图 3-13　数控车刀的刀尖位置

圆弧车刀刀尖位置的确定需要注意以下几点：

（1）G40、G41、G42 都是模态代码，可相互注销。

（2）刀尖半径补偿的建立与取消只能用 G00 或 G01 指令，不能用 G02 或 G03 指令。

（3）G41、G42 不带参数，其补偿号（代表所用刀具对应的刀尖半径补偿值）由 T 代码指定。刀具刀尖圆弧补偿号与刀具偏置补偿号对应。

（4）为了防止在刀具半径补偿建立与取消过程中刀具产生过切现象，刀具半径补偿的建立必须在切削加工之前完成。同样，要在切削加工之后取消刀具半径补偿。

（5）在选择刀尖圆弧半径补偿方向和刀尖位置时，要特别注意前置刀架和后置刀架的区别。

4）应用实例

编写如图 3-14 所示零件的精加工程序（φ35 外圆已加工好），要求应用刀尖圆弧半径补偿指令，程序见表 3-4。

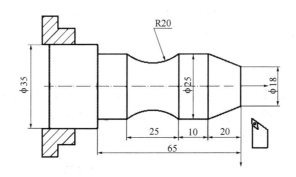

图 3 - 14　刀尖圆弧半径补偿实例

表 3 - 4　刀尖圆弧半径补偿实例的精加工程序

程　　序	注　　释
O0001；	程序号
G00 X100 Z100；	将刀架(刀塔)退到安全位置
M03 S600；	主轴正转，转速为 600 r/min
T0101；	换取 1 号刀具，调用 1 号刀补
G00 X25 Z2；	快速定位到起点
G42 G01 X18 Z0 F0.1；	建立刀具半径右补偿
X25 Z—20；	加工锥面
W—10；	加工 φ25 的圆柱
G02 W—25 R20；	加工 R20 圆弧面
G01 Z—65；	加工 φ25 的圆柱
X40；	加工 φ35 的圆柱的端面
G40 G00 Z2；	取消刀补
X100 Z100；	快速退刀
M30；	程序结束

四、固定循环

在数控车床上加工的工件毛坯常为棒料或铸、锻件，加工余量大，一般需要经过多次循环加工，才能去除全部余量。为简化编程，数控系统提供了不同形式的固定循环功能，以缩短加工程序的长度，减少程序所占内存。FANUC-0i 系列数控车床的固定循环指令分为单一固定循环指令和复合固定循环指令，分别对应不同形状和不同类型毛坯的零件加工。

1. 单一固定循环指令

单一固定循环是指将一系列连续加工动作，如切入→切削→退刀→返回，用一个循环指令完成，以简化程序。使用循环指令时，刀具必须先定位至循环起点。再给循环切削指令，且完成一循环切削后，刀具仍回到此循环起点。循环切削指令皆为模态代码。

1）外径/内径切削循环指令 G90

（1）圆柱面切削循环的编程格式如下：

G90 X(U)__Z(W)__F__；

其中，X、Z 为终点坐标，U、W 为终点相对于起点的坐标增量值。外径/内径切削循环的刀具路径如图 3-15 所示。图中，K 表示快速进给，F 为按指定速度进给。单程序段加工时，按一次循环起动键可进行 1、2、3、4 的轨迹操作。

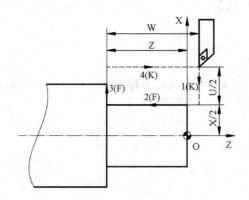

图 3-15　圆柱面切削循环的刀具路径

（2）圆锥面切削循环的编程格式如下：

G90 X(U)__Z(W)__R__F__；

刀具路径如图 3-16 所示，R 为切削起点与切削终点的半径差。锥面起点坐标大于终点坐标时 R 为正，反之为负。

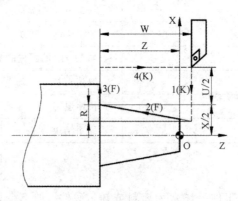

图 3-16　圆锥面切削循环的刀具路径

2）端面切削固定循环指令 G94

（1）平端面切削循环的编程格式如下：

G94 X(U)__Z(W)__F__；

其中，X、Z 为端面切削终点坐标值，U、W 为端面切削终点相对于循环起点的增量值。平端面切削循环的刀具路径如图 3-17 所示。

（2）锥端面切削循环的编程格式如下：

    G94 X(U)__Z(W)__R__F__;

锥端面切削循环的刀具路径如图 3-18 所示，R 为端面切削始点与切削终点在 Z 方向的坐标增量。

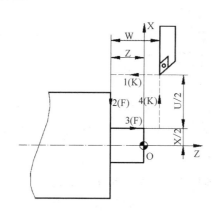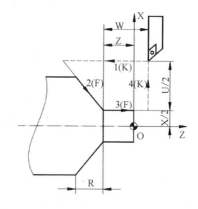

图 3-17　平端面切削循环的刀具路径　　　图 3-18　锥端面切削循环的刀具路径

2. 复合固定循环指令

当零件的形状较复杂，如有阶梯、锥度、圆弧等，若使用基本切削指令或单一固定循环切削指令，粗车坐标点的确定会很繁杂，也不易计算。使用复合固定循环切削指令，只需依据编程格式，设定粗车时控制刀具每次的背吃刀量、精车余量、进给速度等，在程序段中描述粗车车削时的加工路径，数控车床数控系统即可自动计算出粗车的刀具路径，自动进行粗加工，方便程序的编制。

1）轴向粗车复合循环指令 G71

指令 G71 适用于需要多次进给才能够完成外圆柱毛坯粗车或内孔粗车的情形。

编程格式：

    G71 U(Δd)R(e);

    G71 P(ns)Q(nf)U(Δu)W(Δw)F(f)S(s)T(t);

参数说明：

Δd——每次切削深度，半径值，无正负号，该值是模态值；

e——退刀量，半径值，该值为模态值；

ns——指定精加工路线的第一个程序段段号；

nf——指定精加工路线的最后一个程序段段号；

Δu——X 方向上的精加工余量，直径值指定；

Δw——Z 方向上的精加工余量；

F、S、T——粗加工过程中的切削用量及使用刀具。

指令 G71 的刀具轨迹如图 3-19 所示，O 为起始点，O→A_1→A_2→A_3→A_4→B_1→B_2→B_3→B_4→C_1→C_2→C_3→C_4→X_1→X_2→X_3→X_4→X_5→X_6→X_7→X_8→X_9→O。

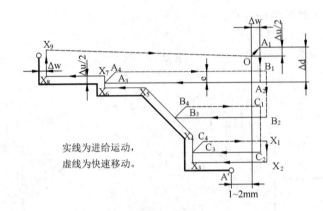

图 3 - 19　指令 G71 的刀具轨迹

指令应用说明：

（1）在 ns～nf 程序段中的 F、S、T 功能，即使被指定也对粗车加工循环无效。

（2）指令 G71 必须带有 P、Q 地址 ns、nf，且与精加工路线起、止顺序号对应，否则不能进行该循环加工。

（3）ns 的程序段必须为 G00/G01 指令，即从 O 到 A′的动作必须是直线或点定位运动，且该程序段中不应编有 Z 向移动指令。例如，"G00X10.0"正确，而"G00X10.0Zl.0"则错误。

（4）在顺序号为 ns 到顺序号为 nf 的程序段中，不能调用子程序，不能使用固定循环指令。

（5）零件轮廓必须符合 X 轴、Z 轴方向，同时单调增大或单调减小，即零件不可有内凹的轮廓形状。

（6）循环起点的确定：指令 G71 粗车循环起点的确定主要考虑毛坯的加工余量、进退刀路线等。一般选择在毛坯轮廓外 1～2 mm、端面 1～2 mm 即可，不宜太远，以减少空行程，提高加工效率，即图中 O 点位置。

（7）在 ns～nf 程序段中不能调用子程序。

2）端面粗车循环指令 G72

指令 G72 适用于圆柱棒料端面粗车，且 Z 方向加工余量小、X 方向加工余量大，需要多次粗加工的情形。

编程格式：

　　　G72 W(Δd)R(e)；

　　　G72 P(ns)Q(nf)U(Δu)W(Δw)F(f)S(s)T(t)；

指令中各项的意义与指令 G71 相同，其刀具轨迹如图 3 - 20 所示，O 为起始点，O→A_1→A_2→A_3→A_4→B_1→B_2→B_3→B_4→C_1→C_2→C_3→C_4→D_1→D_2→D_3→D_4→X_1→X_2→X_3→X_4→X_5→X_6→X_7→X_8→O。

指令应用说明：

（1）应用指令 G72 加工的轮廓外形必须是单调递增或单调递减的形式，且 ns 开始的程序段必须以 G00/G01 方式沿着 Z 方向进刀，不能有 X 方向的运动指令。

（2）其他方面与指令 G71 相同。

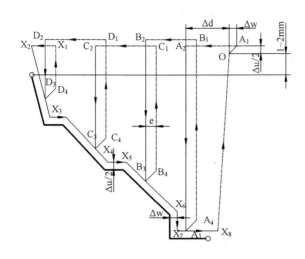

图 3-20 G72 指令的刀具轨迹

3）轮廓粗车复合循环指令 G73

指令 G73 适合于轮廓形状与零件轮廓形状基本接近的铸件、锻件毛坯的粗加工。

编程格式：

　　G73 U(Δi)W(Δk)R(d)；

　　G73 P(ns)Q(nf)U(Δu)W(Δw)F(f)S(s)T(t)；

其中，Δi 为 X 轴方向上多余的材料厚度，以半径值表示；Δk 为 Z 轴方向上多余的材料厚度；d 为粗切削次数。指令中其他各项的意义与 G71 相同，其刀具轨迹如图 3-21 所示，O 为起始点，O→A_1→A_2→A_3→B_1→B_2→B_3→C_1→C_2→C_3→O。

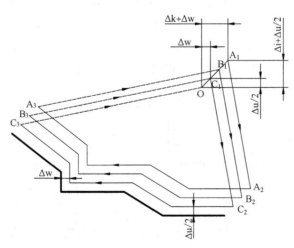

图 3-21 G73 指令的刀具轨迹

指令应用说明：

（1）指令 G73 只适用于对已经初步成形的毛坯工件的粗加工。对于不具备类似成形条件的工件，如果采用指令 G73 编程加工，反而会增加刀具切削时的空行程，而且不便于计算粗加工余量。

（2）ns 程序段允许有 X、Z 方向的移动。

4）精车循环指令 G70

当用指令 G71、G72、G73 粗车工件后，用指令 G70 来指定精加工循环，切除粗加工后留下的精加工余量。

指令格式：

　　G70 P(ns)Q(nf)；

其中，ns 为精加工路线的第一个程序段段号；nf 为精加工路线的最后一个程序段段号。

指令应用说明：

（1）必须先使用指令 G71 或 G72 或 G73 后，才可使用指令 G70。

（2）在精车循环指令 G70 状态下，ns 至 nf 程序中指定的 F、S、T 有效；如果 ns～nf 程序中不指定 F、S、T，则粗车循环中指定的 F、S、T 有效。

五、螺纹编程指令

1. 螺纹加工工艺的设计

1）走刀路线的确定

在数控车床上车削螺纹时，刀具沿螺距方向的进给应和数控车床主轴的旋转保持严格的速比关系。考虑到刀具从停止状态到指定的进给速度或从指定的进给速度降为零，数控车床驱动系统必须有一个过渡的过程，因此刀具沿主轴方向进给的加工路线长度除保证螺纹长度外，还应增加刀具引入距离 δ_1 和超越距离 δ_2，如图 3-22 所示，δ_1 和 δ_2 的数值与数控车床拖动系统的动态特性、螺纹的螺距和精度有关。一般 δ_1 为 2～5 mm，对大螺距和高精度的螺纹取大值；δ_2 一般为退刀槽宽度的一半左右，取 1～3 mm，若螺纹收尾处没有退刀槽，收尾处的形状与数控系统有关，一般按 45°退刀收尾。

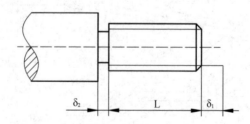

图 3-22　螺纹的引入和超越距离

2）螺纹的进刀方式

（1）直进法指令 G32、G92。

直进法车螺纹容易保证螺纹牙型的正确性，但在车削时，车刀刀尖和两侧切削刃同时进行切削，切削力较大，容易产生扎刀现象，适用于加工螺距 P<3 mm 的普通螺纹及精加工 P≥3 mm 的螺纹直进法如图 3-23 所示。

（2）斜进法指令 G76。

斜进法车削螺纹时，刀具是单侧刃加工，排屑顺利，不易扎刀，这种加工方法适用于粗加工 P≥3 mm 的螺纹，在螺纹精度要求不是很高的情况下加工更为容易，可以做到一次成形。在加工较高精度的螺纹时，可以先采用斜进法粗加工，然后用直进法进行精加工。但要注意刀具起始点的定位要准确，否则会产生"乱牙"现象，造成零件报废。斜进法如图 3-24 所示。

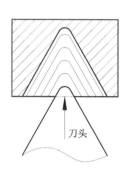

图 3-23　直进法

图 3-24　斜进法

3）切削用量的选用

（1）切削速度。

切削速度是由刀具和工件的材料确定的，为保证加工质量，螺纹的切削速度一般比普通车削低 25%～50%。

（2）进给速度。

在数控车床上车削单线螺纹时，工件每旋转一圈，刀具前进一个螺距，这是根据螺纹线原理进行加工的，据此单线螺纹加工的进给速度一定是螺距的数值，多线螺纹的进给速度一定是导程的数值。

（3）进给次数与背吃刀量。

螺纹切削总余量就是螺纹大径尺寸减去小径尺寸，即牙型高度 h 的 2 倍。螺纹实际牙型高度考虑刀尖圆弧半径等因素的影响，常取 h=0.6495P，数控车削一般采用直径编程，需换算成直径量。需切除的总余量为：

$$2\times0.6495P=1.299P(螺距)$$

外螺纹车削尺寸的确定过程如下：

① 螺纹大径=公称直径-(0.1～0.13)P；

② 螺纹小径=公称直径-1.38P；

③ 内螺纹加工前的内孔直径=公称直径-P；

④ 脆性材料内螺纹加工前的内孔直径=公称直径-1.05P。

常用螺纹切削的进给次数与背吃刀量见表 3-5。这是使用普通螺纹车刀车削螺纹的常用切削用量，有一定的生产指导意义，操作者应该熟记并学会应用。

表 3 - 5　　常用螺纹切削的进给次数与背吃刀量

螺距/mm		1.0	1.5	2.0	2.5	3.0	3.5	4.0
牙型高度/mm		0.649	0.974	1.299	1.624	1.949	2.273	2.598
总切削量/mm		1.30	1.95	2.60	3.25	3.90	4.55	5.20
进给次数及背吃刀量/mm	1 次	0.7	0.8	0.9	1.0	1.2	1.5	1.5
	2 次	0.4	0.6	0.6	0.7	0.7	0.7	0.8
	3 次	0.2	0.4	0.6	0.6	0.6	0.6	0.6
	4 次		0.15	0.4	0.4	0.4	0.6	0.6
	5 次			0.1	0.4	0.4	0.4	0.4
	6 次				0.15	0.4	0.4	0.4
	7 次					0.2	0.2	0.4
	8 次						0.15	0.3
	9 次							0.2

2. 螺纹加工指令 G32、G92 和 G76

数控车床可以加工圆柱螺纹、圆锥螺纹和端面螺纹。加工方法分为单段行程螺纹切削、螺纹单一切削循环和螺纹切削复合循环。

1) 单段行程螺纹切削指令 G32

指令 G32 可实现圆柱螺纹、圆锥螺纹以及端面螺纹（涡形螺纹）的车削加工，只包含切螺纹动作，螺纹车刀的进刀、退刀、返回等均需另外编写程序。因此，编程需使用较多的程序段，实际中较少使用。

编程格式：

　　　　G32 X(U)__Z(W)__F__；

其中，X、Z 值是螺纹终点的绝对坐标值；U、W 是螺纹终点相对螺纹起点的增量值；F 是螺纹导程 L，如果是单线螺纹，则为螺纹的螺距 P。

2) 螺纹单一切削循环指令 G92

指令 G92 可完成圆柱螺纹和圆锥螺纹的循环切削，把指令 G32 螺纹切削的 4 个动作切入→螺纹切削→退刀→返回作为 1 个循环执行。

编程格式：

　　　　G92 X(U)__Z(W)__R__F__；

其中，X、Z 值是指车削到达终点的坐标；U、W 值是指切削终点相对循环起点的增量坐标；F 是螺纹导程；R 值为锥螺纹切削终点半径与切削起点半径的差值，当锥面起点坐标大于终点坐标时，该值为正，反之为负，切削圆柱螺纹时 R 值为 0，可以省略。图 3 - 25 所示为 G92 圆柱螺纹切削循环路径，图 3 - 26 所示为 G92 圆锥螺纹切削循环路径。

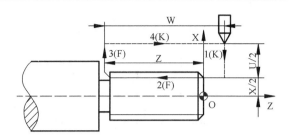

图 3 - 25 G92 圆柱螺纹切削循环路径

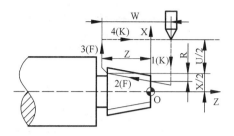

图 3 - 26 G92 圆锥螺纹切削循环路径

3）螺纹切削复合循环指令 G76

螺纹切削复合循环指令 G76 较指令 G32、G92 简洁，在程序中只需指定一次有关参数，螺纹加工过程便可自动进行。指令 G76 的刀具路径如图 3 - 27 所示。编程格式：

G76 P(m)(r)(α)Q(Δdmin)R(d)；

G76 X(U)__Z(W)__R(i)P(k)Q(Δd)F(f)；

其中，m 是精加工重复次数；r 是螺纹尾端倒角量，r 值的大小可设置在 0.01－9.9P，P 为螺距（表达时用 00～99 两位数表示）；α 是刀尖角，可从 80°、60°、55°、30°、29° 和 0° 六个角度中选择；m、r、α 用同地址 P 指定，用两位数表示，例如，m＝2、r＝1.2P、α＝60°，表示为 P021260；Δdmin 是最小背吃刀量，半径值；d 是精加工余量，半径值；X(U)、Z(W) 是螺纹终点坐标；i 是螺纹部分半径之差，即螺纹切削起始点与切削终点的半径差，加工圆柱螺纹时 i＝0，加工圆锥螺纹时，当 X 向切削起始点坐标小于切削终点坐标时，i 为负值，反之为正值；k 是螺纹牙型高度（X 轴方向的半径值）；Δd 是第一次切入量（X 轴方向的半径值）；f 是螺纹导程。

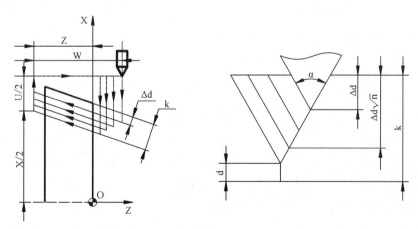

图 3 - 27 G76 螺纹切削复合循环指令的刀具路径

4）应用实例

编写如图 3 - 28 所示零件的加工程序，毛坯尺寸为 ϕ25。该零件形状比较简单，可以用指令 G90 单一固定循环进行外圆的粗加工，单边切深为 1.2 mm、1 mm。所采用的刀具有外圆车刀（T0101）、切槽刀（T0201，刀宽 4 mm）以及 60° 螺纹车刀（T0301）。选定零件右端面中心点为坐标原点，加工程序见表 3 - 6。

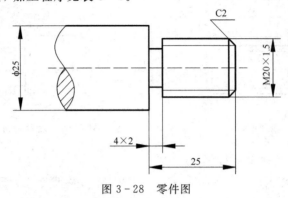

图 3 - 28　零件图

表 3 - 6　加 工 程 序

程　　　序	注　　　释
O0001；	程序号
G00 X100 Z100；	将刀架（刀塔）退到安全位置
M03 S600；	主轴正转，转速为 600 r/min
T0101；	换取 1 号刀具，调用 1 号刀的 1 号刀补
G00 X25 Z2；	快速定位到起点
G90 X22.6 Z−25 F0.2；	第一次外径粗车循环
X20.6；	第二次外径粗车循环
G00 X14 Z1；	快进到倒角延长线上
G01 X20 Z−2 F0.1；	精加工倒角
Z−25；	精加工外圆
X30；	慢速退刀
G00 X100 Z100；	快速退刀到换刀位置
T0201；	换取 2 号刀具，调用 2 号刀的 1 号刀补
M03 S400；	主轴正转，转速为 400 r/min
G00 X28 Z−25；	到达切槽起点
G01 X16 F0.05；	切槽
G04 X1；或 G04 P1000；	暂停 1 s
G01 X28；	慢速退刀
G00 X100 Z100；	快速退刀到换刀位置
T0301；	换取 3 号刀具，调用 3 号刀的 1 号刀补
M03 S400；	主轴正转，转速为 400 r/min

续表

程　　序	注　　释
G00 X24 Z2；	到达切削螺纹起点
G76 P010060 Q100 R300；	切削螺纹
G76 X18.052 Z－23 P974 Q400 F1.5；	
G00 X100 Z100；	快速退刀到换刀位置
M30；	程序结束

对于螺纹部分，精加工次数取 1 次，由于零件有退刀槽，螺纹收尾长度为 0 mm，螺纹车刀刀尖角度为 60°，最小背吃刀量取 0.1 mm，精加工余量取 0.3 mm，螺纹牙型高度为 0.974 mm，第一次背吃刀量半径值取 0.4 mm，通过计算可得螺纹小径为 18.052 mm，把螺纹加工部分换成 G76 编程，程序如下：

　　　　G76 P010060 Q100 R300；

　　　　G76 X18.052 Z－23 P974 Q400 F1.5；

六、子程序编程

为了简化加工程序，可以将多次运行相同的轨迹编成一个独立的加工程序存储在数控机床的存储器中，可以被别的程序调用，这样的程序叫作子程序。

1. 指令

M98：调用子程序。

M99：子程序结束，返回主程序。

2. 格式

主程序格式：

　　　　M98 P△△△xxxx；

子程序格式：

　　　　Oxxxx(子程序号)

　　　　...

　　　　M99；

注意：在编制程序时，主程序中 P 后边跟子程序后的四位数字(xxxx)，而在子程序中的四位数字前，一定要有 O，否则运行主程序时，系统会产生报警。

3. 说明

(1) P 后的前 3 位数(△△△)为子程序被重复调用的次数，当不指定重复次数时，子程序只调用一次，后 4 位数为子程序号。

(2) M99 为子程序结束标识，并返回主程序。

4. 子程序嵌套

子程序的嵌套如图 3-29 所示。当主程序调用子程序时这个子程序被认为是一级子程序，子程序再调用别的子程序就是子程序的嵌套，子程序最多可以嵌套 4 级。

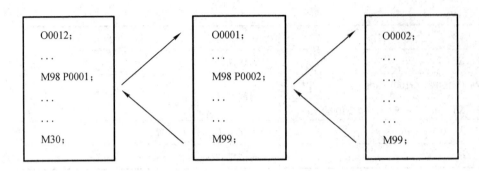

图 3-29　子程序的嵌套

5. 编程实例

子程序调用的实例如图 3-30 所示，φ30 的圆柱已精加工完成，试编制槽的加工程序。

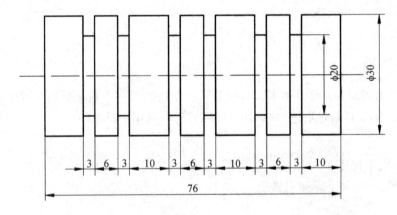

图 3-30　子程序调用实例

分析零件图样，工件坐标系建立在工件右端面的中心处。选择 3 mm 的切槽刀，编制程序时以左刀尖对刀编程，主程序和子程序见表 3-7、表 3-8。

表 3-7　主　程　序

程　　序	注　　释
O1012；	主程序程序号
G00 X100 Z100；	将刀架（刀塔）退到安全位置
M03 S400；	主轴正转，转速为 400 r/min
T0101；	建立工件坐标系，调用切槽刀
G00 X35 Z0；	快给到加工起点
M98 P31001；	调用子程序 01001，调用 3 次
G00 X100 Z100；	快速退刀
M30；	程序结束

表 3 - 8 子 程 序

程 序	注 释
O1001；	子程序程序号
G00 W−13；	增量坐标编程，沿 Z 的负方向移动 13 mm
G01 X20 F0.05；	切槽加工
G04 X1；或 G04 P1000；	暂停 1 s
G00 X35；	沿 X 方向退出
W−9；	沿 Z 的负方向移动 9 mm
G01 X20 F0.05；	切槽加工
G04 X1；或 G04 P1000；	暂停 1 s
G00 X35；	沿 X 方向退出
M99；	子程序结束，返回主程序

第四节　典型零件的数控车床编程

数控车床加工的典型回转体零件有轴和套筒两大类，数控车床的直线和圆弧插补功能，不仅可以方便地进行圆柱面、圆锥面的切削加工，而且还可以加工螺纹。本节着重从加工工艺、加工技巧、编程技巧及方法等方面分析数控车床典型零件的编程，旨在通过真实案例完成对数控车床车削加工编程中外圆、倒角、锥面、端面、圆弧、内外螺纹、孔内槽和退刀槽等特征的程序编制。

一、轴类零件的加工编程

编制如图 3 - 31 所示零件的加工程序，毛坯为 φ50 mm × 120 mm 的棒料，材料 Q235 钢。

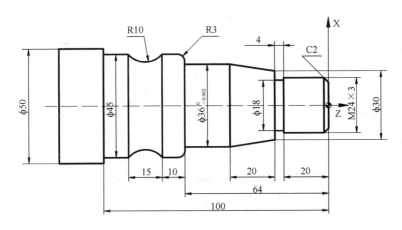

图 3 - 31　加工零件图

1. 工艺分析

根据零件图样要求和毛坯情况，确定零件加工工艺方案及加工路线。对短轴类零件，轴心线为工艺基准，用自定心卡盘夹持 φ50 mm 外圆，一次装夹完成粗精加工。

2. 工艺路线

(1) 自右向左进行零件的外轮廓面加工：倒角→切削螺纹外圆→车 φ30 mm 端面→切削圆锥面→车 φ36 mm 外圆→车 φ45 mm 端面→车 R3 mm 圆角→车 φ45 mm 外圆→车 R10 mm 圆弧→车 φ45 mm 外圆。

(2) 切 4 mm 槽。

(3) 车 M24×3 螺纹。

3. 选择刀具

根据加工要求需选用四把刀：1 号刀粗车外圆；2 号刀精车外圆；3 号刀切槽，切削刃宽 4mm；4 号刀车螺纹。同时把四把刀在自动换刀刀架上安装好，且都对好刀，把它们的刀偏值输入数控车床数控系统相应的刀具参数中。

4. 确定切削用量

切削用量的具体数值应根据数控车床性能、相关的手册并结合实际经验确定，刀具切削用量参数表如表 3-9 所示。

表 3-9　刀具切削用量参数表

零件号	xxxx		零件名称	轴	零件材料		Q235
程序号	O1012		机床型号	CK6140	制表日期		xxxx
工步号	工步内容	夹具	刀具号及类型	主轴转速 /(r/min)	进给速度 /(mm/r)	背吃刀量 /mm	刀补号
1	粗车外轮廓	自定心三爪卡盘	T01 外圆车刀	600	0.2	2	01
2	精车外轮廓		T02 外圆车刀	800	0.1	0.25	01
3	切槽		T03 切槽刀 (刀宽 4 mm)	400	0.05	—	01
4	车螺纹		T04 螺纹车刀	500	3	—	01

5. 确定工件坐标系、对刀点和换刀点

确定以工件右端面与轴心线的交点为工件原点，建立 OXZ 工件坐标系，如图 3-31 所示。采用"手动试切对刀"方法，把原点作为对刀点。换刀点设置在工件坐标系下 X100、

Z100 处。

6. 编制加工程序

加工程序见表 3-10。

表 3-10 加 工 程 序

程　序	注　释
O1012;	程序号
G00 X100 Z100;	将刀架(刀塔)退到换刀位置
T0101;	换取 1 号刀,调用 1 号刀的 1 号刀补
M03 S600;	主轴正转,转速为 600 r/min
G00 X50 Z2;	快进到循环起点
G73 U15 W0 R7;	轮廓粗车复合循环,X 方向总余量 15 mm,7 次加工完成
G73 P10 Q20 U0.5 W0.25 F0.2;	X 方向精加工余量 0.5 mm,Z 方向精加工余量 0.25 mm,进给速度为 0.2 mm/r
N10 G00 X18 Z1;	快进到倒角延长线上
G01 X24 Z—2 F0.1;	加工倒角
Z—24;	切削螺纹外圆
X30;	车 φ30 mm 端面
X35.969 W—20;	切削锥面,有公差的用中值编程
Z—64;	车 φ36 mm 外圆
X39;	车 φ45 mm 端面
G03 X45 W—3 R3;	R3 mm 圆角
G01 W—7;	车 φ45 mm 外圆
G02 W—15 R10;	车 R10 mm 圆弧
G01 Z—100;	车 φ45 mm 外圆
N20 X50;	退刀
G00 X100 Z100;	快进到换刀点
T0201;	换取 2 号刀,调用 2 号刀的 1 号刀补
G00 X50 Z2;	快进到循环起点
G70 P10 Q20 F0.1 S800;	外轮廓精加工,变换主轴转速和进给
G00 X100 Z100;	快进到换刀点

程　　序	注　　释
T0301;	换取 3 号刀，调用 3 号刀的 1 号刀补
M03 S400;	主轴正转，转速为 400 r/min
G00 X35 Z—24;	快进到切槽起点
G01 X22 F0.05;	切槽加工
G04 X1;或 G04 P1000;	暂停 1 s
G01 X35 F0.1;	沿 X 方向退出
G00 X100 Z100;	快进到换刀点
T0401;	换取 4 号刀，调用 4 号刀的 1 号刀补
M03 S500;	主轴正转，转速为 500 r/min
G00 X25 Z5;	快进到循环起点
G92 X22.8 Z—22 F3;	螺纹加工循环指令，第一次切深 1.2 mm（直径值）
X22.1;	第二次 0.7 mm（直径值）
X21.5;	第三次 0.6 mm（直径值）
X21.1;	第四次 0.4 mm（直径值）
X20.7;	第五次 0.4 mm（直径值）
X20.3;	第六次 0.4 mm（直径值）
X20.1;	第七次 0.2 mm（直径值）
G00 X100 Z100;	退到安全位置
M30;	程序结束

二、套筒类零件的加工编程

编制如图 3 - 32 所示轴套零件的加工程序，毛坯尺寸为 $\phi 50 \times 85$ mm，材料 Q235 钢。

1. 零件图分析

此轴套零件由内外圆柱面、端面、内螺纹、孔内槽和退刀槽等表面组成，其中径向尺寸有较高的尺寸精度和表面粗糙度要求，所以编制程序时采用半径补偿指令。有公差的尺寸采用中值编程。

2. 工件坐标系

该零件加工需要调头加工，为了编程方便设置两个工件坐标系。自定心卡盘装夹 $\phi 50$ 外圆、平端面，对刀，设置第一个工件原点（右端面中心处）。此端面做精加工面，以后不再加工。

工件调头，采用 φ40 外圆装夹、平端面，测量总长度，距离精加工的左端面 80 mm 处，设置第二个工件原点，多余的材料用单一固定循环 G94 车削掉。

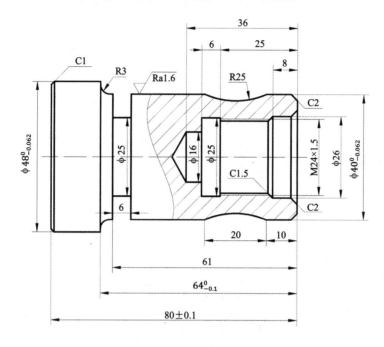

图 3-32　轴套

3. 具体工艺路线

工序一：

自定心卡盘夹持轴套左端毛坯外圆。

（1）车右端面。

（2）粗、精车外圆。

（3）车外表面槽。

（4）钻中心孔、钻孔。

（5）粗、精车内孔。

（6）车孔内槽。

（7）粗、精车内螺纹。

工序二：

工件调头，用自定心卡盘夹持轴套右端中 40mm 外圆。

（1）车端面。

（2）粗、精车 φ48 mm 外圆。

4. 选择刀具及切削用量

刀具切削用量参数见表 3-11。

表 3 - 11　　刀具切削用量参数表

零件号	xxxx		零件名称	轴套	零件材料	Q235
程序号	O1012/3/4		机床型号	CK6140	制表日期	xxxx

工步号	工步内容	夹具	刀具号及类型	主轴转数/(r/min)	进给速度/(mm/r)	背吃刀量/mm	刀补号
1	粗车外轮廓		T01 外圆车刀	600	0.2	—	01
2	精车外轮廓		T02 外圆车刀	800	0.1	0.25	01
3	切外槽		T03 切外槽刀（刃宽 6 mm）	400	0.05	—	01
4	钻中心孔	自定心三爪卡盘	T04 中心钻	400	0.1	—	01
5	钻孔		T05 钻头（D16）	400	0.1	—	01
6	粗车内轮廓		T06 内径刀	600	0.2	—	01
7	精车内轮廓		T07 内径刀	800	0.1	0.25	01
8	车内槽		T08 切内槽刀（刃宽 6mm）	400	0.05	—	01
9	车内螺纹		T09 内螺纹车刀	500	1.5	—	01

5. 数控编程

（1）轴套右端外轮廓加工程序见表 3 - 12。在自动加工前，先进行手动车端面对刀。

表 3 - 12　轴套右端外轮廓加工程序

程　序	注　释
O1012；	程序号
G00 X100 Z100；	将刀架(刀塔)退到换刀位置
T0101；	换取 1 号刀，调用 1 号刀的 1 号刀补
M03 S600；	主轴正转，转速为 600 r/min
G00 X50 Z2；	快进到循环起点
G73 U6 W0 R5；	轮廓粗车复合循环，X 方向总余量 6 mm，5 次加工完成
G73 P10 Q20 U0.5 W0.25 F0.2；	X 方向精加工余量 0.5 mm，Z 方向精加工余量 0.25 mm，进给速度为 0.2 mm/r
N10 G00 X33.969 Z1；	快进到倒角延长线上
G01 G42 X39.969 Z—2 F0.1；	加工倒角，建立半径补偿，采用中值编程

续表

程 序	注 释
Z−10;	车 ϕ40 mm 外圆
G02 W−20 R25;	车 R25 mm 圆弧
G01 Z−61;	车 ϕ40 mm 外圆
G02 X46 W−3 R3;	R3 mm 圆角
N20 G01 X50;	车 ϕ48 mm 端面，慢退刀
G00 X100 Z100;	快进到换刀点
T0201;	换取 2 号刀，调用 2 号刀的 1 号刀补
G00 X50 Z2;	快进到循环起点
G70 P10 Q20 F0.1 S800;	外轮廓精加工，变换主轴转速和进给
G00 X100 Z100;	快进到换刀点
T0301;	换取 3 号刀，调用 3 号刀的 1 号刀补
M03 S400;	主轴正转，转速为 400 r/min
G00 X50 Z−61;	快进到切槽起点
G01 X25 F0.05;	切槽加工
G04 X1；或 G04 P1000;	暂停 1 s
G01 X50 F0.1;	沿 X 方向退出
G00 X100 Z100;	快进到换刀点
M30;	程序结束

（2）轴套右端内轮廓加工程序见表 3－13。

表 3－13　轴套右端内轮廓加工程序

程 序	注 释
O1013;	程序号
G00 X100 Z100;	将刀架（刀塔）退到换刀位置
T0401;	换取 4 号刀，调用 4 号刀的 1 号刀补
M03 S400;	主轴正转，转速为 400 r/min
G00 X0 Z5;	快进到中心孔起点
G01 Z−10 F0.1;	钻中心孔
G04 X1；或 G04 P1000;	暂停 1 s
G00 Z5;	快速退出
G00 X100 Z100;	快进到换刀点

程　序	注　释
T0501;	换取 5 号刀，调用 5 号刀的 1 号刀补
M03 S400;	主轴正转，转速为 400 r/min
G00 X0 Z5;	快进到中心孔起点
G01 Z−40.62 F0.1;	钻中心孔
G04 X1; 或 G04 P1000;	暂停 1 s
G00 Z5;	快速退出
G00 X100 Z100;	快进到换刀点
T0601;	换取 6 号刀，调用 6 号刀的 1 号刀补
M03 S600;	主轴正转，转速为 600 r/min
G00 X15 Z2;	快进到循环起点
G71 U1.5 R0.5;	轴向粗车复合循环，切深 1.5 mm，退刀量 0.5 mm
G71 P10 Q20 U−0.4 W0.25 F0.2;	内孔加工 U 为负值
N10 G00 G41 X34;	快进到倒角延长线上，建立半径补偿
G01 X26 Z−2 F0.1;	加工倒角
Z−8;	车 φ26 mm 内孔
X25.05;	C1.5 倒角的起点
X22.05 W−1.5;	计算得螺纹小径 22.05
Z−31;	车螺纹底孔
X15;	车 φ16 mm 端面
N20 G00 G40 X10;	取消半径补偿
Z2;	退刀
G00 X100 Z100;	快进到换刀点
T0701;	换取 7 号刀，调用 7 号刀的 1 号刀补
G00 X15 Z2;	快进到循环起点
G70 P10 Q20 S800;	精加工内孔
G00 X100 Z100;	快进到换刀点
T0801;	换取 8 号刀，调用 8 号刀的 1 号刀补
M03 S400;	主轴正转，转速为 400 r/min
G00 X15 Z2;	快进到内孔外部
Z−31;	快进到切槽起点
G01 X25 F0.05;	切槽

续表二

程　序	注　释
G01 X15 F0.1；	慢退
G00 Z5；	退出内孔
G00 X100 Z100；	快进到换刀点
T0901；	换取 9 号刀，调用 9 号刀的 1 号刀补
M03 S500；	主轴正转，转速为 500 r/min
G00 X15 Z2；	快进到循环起点
G76 P010060 Q100 R200；	螺纹车刀刀尖角度为 60°，最小背吃刀量 0.1 mm，精加工余量 0.2 mm，螺纹牙型高度 0.974 mm，第一次背吃量 0.4 mm
G76 X24 Z−28 P974 Q400 F1.5；	
G00 X100 Z100；	快进到换刀点
M30；	程序结束

（3）轴套左端轮廓加工程序见表 3 - 14。在自动加工前，需重新对刀。

表 3 - 14　轴套左端轮廓加工程序

程　序	注　释
O1014；	程序号
G00 X100 Z100；	将刀架（刀塔）退到换刀位置
T0101；	换取 1 号刀，调用 1 号刀的 1 号刀补
M03 S600；	主轴正转，转速为 600 r/min
G00 X50 Z2；	快进到循环起点
G94 X−0.5 Z0 F0.2；	端面单一循环加工指令
G71 U1.5 R0.5；	轴向粗车复合循环，切深 1.5 mm，退刀量 0.5 mm
G71 P10 Q20 U0.5 W0.25 F0.2；	
N10 G00 X41.969；	快进到倒角延长线上
G01 X47.969 Z−1；	加工倒角
N20 Z−27；	车 φ48 mm 圆柱面
G00 X100 Z100；	快进到换刀点
T0201；	换取 2 号刀，调用 2 号刀的 1 号刀补
G00 X50 Z2；	精加工循环起点
G70 P10 Q20 S800；	精加工指令
G00 X100 Z100；	快进到换刀点
M30；	程序结束

思考题与习题

1. 简述数控车床的组成。

2. 车削类零件加工过程分为哪几个阶段？

3. 简述快速点定位指令和直线插补指令的格式及区别。

4. 简述圆弧顺/逆方向的判别方法。

5. 刀尖圆弧半径补偿的意义是什么？

6. 如图 3-33 所示零件，要在某数控车床上进行精加工，其中 φ100 mm 的外圆及两端端面不加工，主轴转速选择 S800，进给速度 0.2 mm/r。分别采用绝对编程和增量编程方法进行手工程序编制。

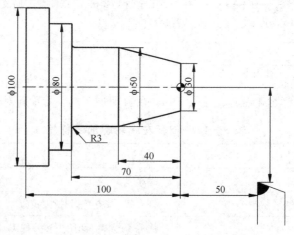

图 3-33

7. 如图 3-34 所示零件，要在某数控车床上进行螺纹孔的加工，其中 φ40 mm 的外圆及两端端面不加工，试编制加工程序。

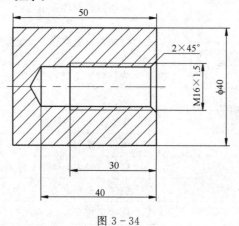

图 3-34

第四章　数控铣床程序编制

数控铣床是在一般铣床的基础上发展起来的一种自动加工设备，具有加工灵活性好、加工精度高、加工质量稳定可靠、生产自动化程度高、生产效率高等特点。在使用数控铣床前应熟悉其加工范围及分类。除此之外，在加工零件前，需要对零件进行工艺分析，掌握数控铣床编程的常用指令、方法以及特点。与数控车床类似，使用数控铣床时需根据编程手册的具体规定进行编程。

第一节　数控铣床概述

数控铣床具有加工灵活性好、加工精度高、加工质量稳定可靠、生产自动化程度高、生产效率高等特点，是最常用的机械加工设备之一。数控铣床可以按照机床主轴的布置形式及机床的布局特点分类，也可按数控系统的功能分类。由于其特有的高技术含量，数控铣床是发展战略性新兴产业的重要着力点。

一、数控铣床的加工范围

铣削加工是机械加工中最常用的加工方法之一，主要用来铣削平面（按加工时工件所处的位置分为水平面、垂直面、斜面），铣削轮廓、台阶面、沟槽（键槽、燕尾槽、T 形槽）等，也可进行钻孔、扩孔、铰孔、镗孔、锪孔及螺纹加工。

适于采用数控铣削加工的零件有平面类零件、变斜角类零件、曲面类零件和孔类零件。

1. 平面类零件

平面类零件的特点是各个加工表面是平面，或可以展开为平面。目前，在数控铣床上加工的绝大多数零件属于平面类零件。平面类零件是数控铣削加工对象中最简单的一类，一般只需要用三轴数控铣床的 2.5 轴联动或三轴联动即可加工，如图 4-1 所示。

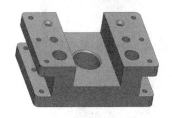
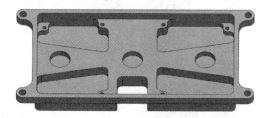

(a) 带台阶平面类零件　　　　　　　　　　(b) 非台阶平面类零件

图 4-1　平面类零件

2. 曲面类零件

加工面为空间曲面的零件称为曲面类零件，这类零件的加工面不能展开为平面。在加工此类零件时，加工面与铣刀始终为点接触。加工曲面类零件一般采用三轴或多轴数控铣床，零件曲面采用球头铣刀进行精加工，如图 4-2 所示。

3. 孔类零件

在数控铣床上加工的孔类零件（见图 4-3），一般是孔的位置要求较高的零件，其加工方法一般为钻孔、扩孔、铰孔、镗孔、锪孔、攻螺纹等。

　　　　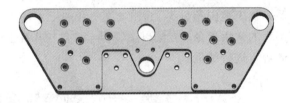

图 4-2　曲面类零件　　　　　　　图 4-3　孔类零件

二、数控铣床的分类

1. 按数控铣床主轴的布置形式及其布局特点分类

1）立式数控铣床

立式数控铣床（如图 4-4 所示）的主轴轴线垂直于水平面，是数控铣床中最常见的一种布局方式，应用范围最广。立式数控铣床一般用于加工盘类、套类、板类零件，在一次装夹工件后可对其上表面进行平面铣削，钻、扩、镗、锪、攻螺纹等孔加工以及侧面的轮廓加工。

2）卧式数控铣床

卧式数控铣床（如图 4-5 所示）的主轴轴线平行于水平面，主要用于箱体类零件的加工。为了扩大加工范围，通常采用增加数控转台的方式来实现四轴和五轴联动加工。在一次装夹工件后可加工其侧面的连续回转轮廓，也可通过转动转台改变工件的加工位置，对工件进行多个位置或工作面的加工。

图 4-4　立式数控铣床　　　　　　图 4-5　卧式数控铣床

3）立卧两用数控铣床

立卧两用数控铣床又称万能数控铣床，如图 4 - 6 所示，其主轴可旋转 90°，或工作台带工件旋转 90°，或自带立式和卧式 2 条主轴，在一次装夹工件后可以完成对其五个表面的加工。立卧两用数控铣床使用范围更广，功能更全，选择加工对象的余地更大。

　　　　(a) 双主轴式　　　　　　　　　　　　(b) 主轴旋转式

图 4 - 6　立卧两用数控铣床

4）龙门数控铣床

如图 4 - 7 所示，采用对称双立柱结构的数控铣床通常称为龙门数控铣床。双立柱结构保证了机床的整体刚度和强度。龙门数控铣床有工作台移动和龙门移动两种形式，适用于加工整体结构件零件、大型箱体零件及大型模具等。

图 4 - 7　龙门数控铣床

2. 按数控系统的功能分类

1）经济型数控铣床

经济型数控铣床通常采用经济型数控系统，采用开环控制，可以实现三坐标联动。

2）全功能数控铣床

全功能数控铣床采用半闭环控制或闭环控制，功能丰富，加工适应性强，应用最广泛。

3）高速数控铣床

高速铣削加工是数控加工的一个发展方向，技术已经比较成熟，已得到了广泛的应用。这种数控铣床采用全新的机床结构、功能部件和功能强大的数控系统，配以加工性能优越的刀具系统，加工时主轴转速一般在 8000～40 000 r/min，切削进给速度为 10～30 m/min，可以对大面积的曲面进行高效率、高质量的加工。但目前高速数控铣床价格昂贵，使用成本比较高。

第二节　数控铣削加工的工艺分析

数控铣削加工的工艺分析包括加工顺序的安排、加工路线的确定、夹具和铣削刀具的选择。一般情况下，首先，确定数控铣削采用工序集中的加工顺序；其次，根据数控铣床的进给机构是否有间隙及被加工工件表面有无硬皮来确定顺铣还是逆铣确定加工路线；最后，综合考虑多因素来确定夹具和铣削刀具。

一、加工顺序的安排

一般数控铣削采用工序集中的加工顺序，即按照从简单到复杂的原则，先加工平面、沟槽、孔，再加工内腔、外形，最后加工曲面，先加工精度要求低的部位，再加工精度要求高的部位等。在安排数控铣削加工工序的顺序时还应注意以下问题：

（1）上道工序的加工不能影响下道工序的定位与夹紧，中间穿插有专用机床加工工序的也要综合考虑。

（2）通常先进行工件内腔加工工序，后进行外形加工工序（特殊精度要求除外）。

（3）以相同定位、夹紧方式或同一把刀具加工的工序，最好连续进行，以减少重复定位次数与换刀次数。

（4）在同一次装夹中进行的多道工序，应先安排对工件刚性破坏较小的工序。

总之，加工顺序的安排应根据零件的结构和毛坯状况以及定位安装与夹紧需要综合考虑。

二、加工路线的确定

在进行铣削加工路线的选择时，首先要确定工件是采用顺铣还是逆铣方式，选择的标准是数控铣床的进给机构是否有间隙及工件表面有无硬皮。当工件表面无硬皮，数控铣床进给机械无间隙时，采用顺铣方式，如图 4-8(a)所示；当工件表面有硬皮，数控铣床进给机构有间隙时，采用逆铣方式，如图 4-8(b)所示。以下是几种不同类型的铣削加工路线的选择。

 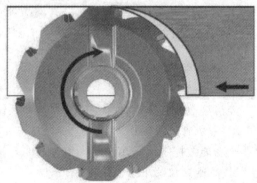

(a) 顺铣　　　　　　　　　　　　　　(b) 逆铣

图 4-8　顺铣与逆铣

1. 孔类零件的加工路线

对于位置精度要求较高的孔类零件，特别要注意孔的加工顺序的安排，如果安排不当，就有可能将坐标轴的反向间隙带入，直接影响孔的位置精度。如图 4-9 所示，若按 1-2-3-4-5-6 的路线加工六个孔，则 X 向间隙会使第 5、6 孔的定位误差增加，因此最佳路线为 1-2-3-4-A-6-5，其中 A 是 4、5、6 孔延长线上的点。

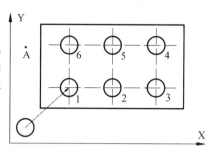

图 4-9 孔加工路线图

现代数控铣床特别是 2010 年后的数控铣床，其数控系统都有对反向间隙的特殊处理方式，以尽量减小反向间隙所引起的加工误差。同时，随着丝杠制造技术的发展，反向间隙越来越小。丝杠反向间隙的处理方式前面章节已介绍，此处不再赘述。

2. 外轮廓的加工路线

1）下刀方式

如图 4-10 所示，加工程序开始时，刀具以 G00 的速度下降到安全高度，此平面又称为安全平面（高于工件及夹具的最高点），然后刀具快速移动至下刀点，再以 G00 的速度接近距离被加工表面 3～5 mm 处。为了防止撞刀，将进给速度转为工作进给速度 G01，一直切削至切削深度。

2）直线切向进、退刀

如图 4-11 所示，刀具沿 Z 轴下刀后，从工件外沿直线切向进刀，退刀时沿切向退刀，这样切削工件时不会产生接刀痕。

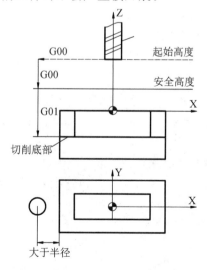

图 4-10 刀具下刀方式

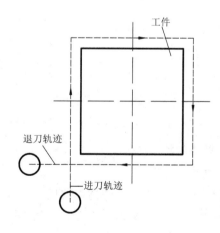

图 4-11 直线切向进、退刀

3）圆弧切向进、退刀

如图 4-12 所示，刀具沿圆弧切向进刀、退刀，工件表面没有接刀痕迹。当零件的外轮廓由圆弧组成时，要注意安排好刀具的进刀、退刀，应尽量避免交界处重复加工，否则工件重复加工处会出现明显的接刀痕迹。为了保证零件的表面质量，减少接刀痕迹，对刀具的进刀、退刀程序要精心设计。刀具切入、切出时的外延如图 4-13 所示，刀具应沿零件轮廓曲线的延长线切入和切出工件表面，而不应沿法向直线切入工件，以避免加工表面产生接刀痕，保证工件轮廓光滑。

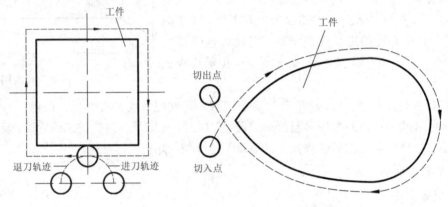

图 4-12　圆弧切向进、退刀　　　　　图 4-13　刀具切入、切出时的外延

当加工整圆时，应安排刀具从切向切入圆周铣削加工。当整圆加工完毕后，不要在切点处直接切出，应让刀具在圆周上多运动一段距离，再沿切线方向切出，以免在取消刀具补偿时，刀具与工件表面相碰撞，造成工件报废。整圆加工切入、切出路径如图 4-14 所示。

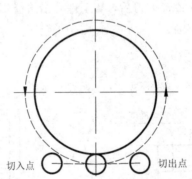

图 4-14　整圆加工切入、切出路径

3. 键槽的加工路线

1）下刀方法

加工键槽时，下刀方法通常有以下两种：

（1）使用立铣刀斜插式下刀。

使用立铣刀时，由于端面刃不过中心，因此一般不宜垂直下刀，可采用斜插式下刀。所谓斜插式下刀，就是在两个切削层之间，刀具从上一层的高度沿斜线以渐近的方式切入工件，直到工件下一层的高度，然后开始正式切削，如图 4-15 所示。采用斜插式下刀时要注意刀具斜向切入的位置和角度的选择应适当，一般进刀角度为 5°~10°。

（2）使用键槽铣刀沿 Z 轴垂直下刀。

使用键槽铣刀时，由于端面刃过中心，因此可以沿 Z 轴直接切入工件，如图 4 - 16 所示。

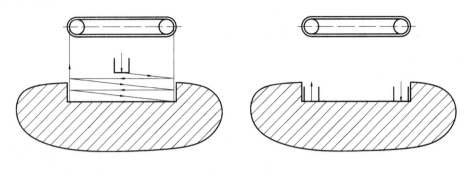

图 4 - 15　立铣刀斜插式下刀　　　　　　　图 4 - 16　键槽铣刀垂直下刀

2）加工刀路设计

铣削键槽时，一般采用与键槽宽度尺寸相同的刀具，工件 Z 向采用层切法逐渐切入工件。Z 向层间采用斜插式下刀或垂直下刀，铣削出键槽长度尺寸和深度尺寸。加工精度较高的键槽时一般分为粗加工和精加工，采用小于键槽宽度尺寸的刀具。粗加工键槽时，其走刀路线如图 4 - 15、图 4 - 16 所示。在精加工键槽时，普遍采用顺铣、切向切入和切向切出的轮廓铣削法来加工键槽侧面，以保证键槽侧面的表面粗糙度和键槽的宽度尺寸。精加工走刀路线如图 4 - 17 所示。

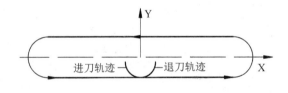

图 4 - 17　键槽精加工走刀路线

4. 型腔的加工路线

型腔铣削时需要在边界线确定的一个封闭区域内去除材料。该区域由侧壁及底面围成，其侧壁和底面可以是斜面、凸台、球面以及其他形状，型腔内部可以全空或有孤岛。型腔加工分为三步：型腔内部去余量，型腔轮廓粗加工，型腔轮廓精加工。

1）下刀方法

把刀具引入型腔有三种方法：

（1）使用键槽铣刀沿 Z 向直接下刀，切入工件。

（2）先用钻头钻孔，立铣刀通过孔垂直进入后再用圆周铣削。

（3）立铣刀的端面刃在加工时不过刀具中心，一般不宜垂直下刀，因此在使用立铣刀时，宜采用螺旋下刀或者斜插式下刀。螺旋下刀，即在两个切削层之间，刀具从上一层的高度沿螺旋线以渐进的方式切入工件，直到下一层的高度，然后开始正式切削加工。

2）加工路线的选择

常见的型腔加工路线有行切、环切和综合切削三种方法，如图 4 - 18 所示。三种加工方法的特点是：

（1）行切法的加工路线如图 4-18（a）所示，比环切法短，但行切法会在两次进给的起点与终点间留下残留面积，因而达不到所要求的表面粗糙度。

（2）环切法的加工路线如图 4-18（b）所示，该法获得的表面质量要好于行切法，但环切法需要逐次向外扩展轮廓线，刀位点计算要复杂一些。

（3）采用图 4-18（c）所示的综合切削法，即先用行切法切去中间部分余量，然后用环切法光整轮廓表面，既能使总的进给路线较短，又能获得较好的表面质量。

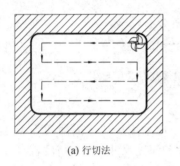 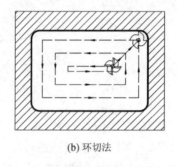 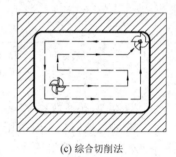

(a) 行切法　　　　　　　　　(b) 环切法　　　　　　　　　(c) 综合切削法

图 4-18　型腔加工路线

3）精加工刀具路径

内轮廓精加工时，切入、切出要和外轮廓一样，也可采用圆弧切入、切出，以保证工件的表面粗糙度。精加工刀具路径如图 4-19 所示。

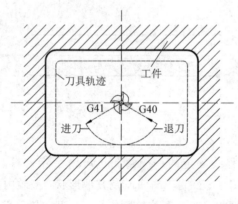

图 4-19　精加工刀具路径

5. 曲面轮廓的加工路线

曲面轮廓通常是用球形刀，采用行切法进行加工，通过控制刀具切削时行间的距离来满足工件加工精度的要求。由于曲面边界没有其表面的限制，所以球形刀从边界处开始切入。

三、夹具的选择

1. 平口钳

在数控铣床加工中，对于较小的零件，在粗加工、半精加工和精度要求不高时，可利用平口钳（见图 4-20）进行装夹。平口钳装夹的最大优点是快捷，但夹持范围不大。

2．卡盘

在数控铣床上应用较多的是自定心卡盘(如图4-21所示)和单动卡盘。由于具有自动定心作用和装夹简单的特点,因此中小型圆柱形工件在数控铣床上加工时,常采用自定心卡盘进行装夹。卡盘的夹紧有机械螺旋式、气动式和液压式等多种形式。

图4-20　平口钳　　　　　　　　图4-21　自定心卡盘

3．压板与平板

对于较大或者四周不规则的零件,当无法采用平口钳或者其他夹具装夹时,可以直接采用压板(包括压板、垫铁、梯形螺母和螺栓等)以及平板(如图4-22所示)进行装夹。

4．分度头

许多机械零件,如花键、齿轮等,在加工时常采用分度头(见图4-23)进行分度,从而加工出合格的零件。

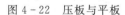

图4-22　压板与平板　　　　　　　图4-23　分度头

5．组合夹具

组合夹具是由一套预制好的标准元件组装而成的,标准元件有不同的形状尺寸和规格,应用时可以根据装夹需要选用某些元件,组装成各种各样的形式,如图4-24所示。组合夹具的主要特点是元件可以长期重复使用,结构灵活多样。

6．专用夹具

在大批量生产中,为了提高零件的生产效率,常采用专用夹具(如图4-25所示)装夹工件。使用此类夹具装夹工件,定位方便、准确,夹紧迅速、可靠,而且可以根据工件形状…

和加工要求实现多件装夹。

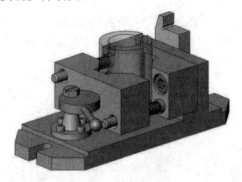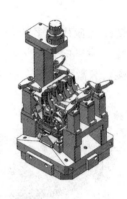

图 4-24　组合夹具　　　　　图 4-25　专用夹具

　　总之，数控铣床上零件加工夹具的选择，要根据零件的标准公差等级、结构特点、产品批量及数控铣床精度等因素来确定。夹具的选择顺序是：首先考虑通用夹具，其次考虑组合夹具，最后考虑专用夹具。

四、铣削刀具的选择

1. 面铣刀

　　面铣刀的主切削刃分布在圆柱或圆锥表面上，端面切削刃为副切削刃，面铣刀的轴线垂直于被加工表面，如图 4-26 所示。面铣刀按刀齿材料可分为高速钢面铣刀和硬质合金面铣刀两大类，多制成套式镶齿结构，刀体材料多为 40Cr。

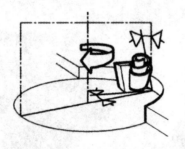

(a) 面铣刀切削过程　　　　　(b) 面铣刀外观图

图 4-26　面铣刀

　　面铣刀主要用来加工台阶面和平面，特别适合较大平面的加工，主偏角为 90° 的面铣刀可铣底部较宽的台阶面。用面铣刀加工平面时，同时参与切削的刀齿较多，又有副切削刃的修光作用，使得加工表面质量较好，因此可以采用较大的切削用量，生产率较高，应用广泛。

2. 立铣刀

　　立铣刀是数控铣削加工中最常用的一种铣刀，其圆柱面上的切削刃是主切削刃，端面上分布着副切削刃，主切削刃一般为螺旋齿，这样可以增加切削的平稳性，提高加工精度，如图 4-27 所示。由于普通立铣刀的端面中心处无切削刃，所以立铣刀工作时不能作轴向进给，端面刃主要用来加工与侧面相垂直的底平面。立铣刀通常分为涂层立铣刀和非涂层立铣刀。其中，涂层立铣刀由于经过钝化及表面硬化处理，因此主要用于加工材质较硬的材料，如铸铁、45♯、Q235、SKD11、DC53 等材质，通常为 4 刃，如图 4 - 27(a)所示；非涂层立铣刀则主要用于加工铝、铜等硬度较低的材料，通常为 3 刃，如图 4 - 27(b)所示。

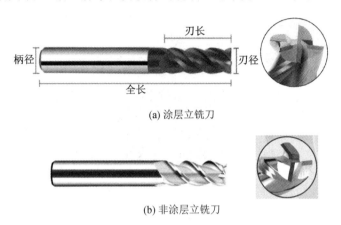

(a) 涂层立铣刀

(b) 非涂层立铣刀

图 4 - 27　立铣刀

　　立铣刀主要用于加工四槽、台阶面以及利用靠模加工成形面。另外，有粗齿大螺旋角立铣刀、玉米铣刀、硬质合金波形刃立铣刀等，它们的直径较大，可以采用大的进给量，生产效率很高。

3. 球头刀、圆鼻刀、键槽铣刀

　　球头刀是刀刃类似球头的铣刀，装配于铣床上，用于铣削加工各种曲面、圆弧沟槽的刀具，圆弧半径为铣刀直径的 1/2，如图 4 - 28 所示。圆鼻刀是指圆弧半径小于铣刀直径的 1/2 的刀具，如图 4 - 29 所示。

　　键槽铣刀的外形与立铣刀相似，不同的是键槽铣刀在圆周上只有两个螺旋刀齿，其端面刀齿的切削刃延伸至刀具中心，既像立铣刀，又像钻头，如图 4 - 30 所示。因此用键槽铣刀铣两端不通的键槽时，可以作适量的轴向进给。键槽铣刀主要用于加工圆头封闭键槽，在进行加工时，要作多次垂直进给和纵向进给才能完成键槽加工。

图 4 - 28　球头刀　　　　　图 4 - 29　圆鼻刀　　　　图 4 - 30　键槽铣刀

4. 三面刃铣刀

三面刃铣刀(见图 4-31)可用于中等硬度强度的金属材料的台阶面和槽形面的铣削加工，也可用于非金属材料的加工。超硬材料三面刃铣刀用于难切削材料的台阶面和槽形面的铣削加工。

图 4-31　三面刃铣刀

其他刀具还有角度铣刀、成形铣刀(按图定制)、T 形槽铣刀、燕尾槽铣刀和鼓形铣刀等。

五、数控铣床编程的特点

数控铣削加工是在实际生产中最常用和最主要的数控加工方法之一，它的特点是能同时控制多个坐标轴运动，并使多个坐标方向的运动之间保持预先确定的关系，从而把工件加工成某一特定形状。数控铣床除了能加工普通铣床所能加工的各种零件表面、槽腔外，还能加工普通铣床不能加工的结构，如需 2~5 轴联动的各种平面轮廓、立体轮廓和曲面零件。

为了方便编程中的数值计算，在数控铣床编程中广泛采用刀具半径补偿和刀具长度补偿。为适应数控铣床的加工需要，对于常见的镗孔、钻孔及攻螺纹等的切削加工，用数控系统自带的孔加工固定循环功能来实现，以简化编程。大多数数控铣床都具备镜像加工、坐标系旋转、极坐标及比例缩放等特殊编程指令，以提高编程效率，简化编程。

第三节　数控铣床的常用指令及编程方法

数控铣床的基本指令包括工件坐标系的选取指令、绝对和增量坐标指令以及平面选取指令等。在使用数控铣床编程时，需要考虑刀具半径补偿和长度补偿；在数控铣床上加工孔时，可以根据孔的特点，调用固定循环指令以简化的程序编制。

一、数控铣床的基本功能

1. 准备功能字(G 代码或 G 指令)

FANUC 0i 数控系统(包括 MD、Mate MD、MF)及 31i 数控系统是目前我国数控机床上采用较多的机床数控系统，主要适用于数控铣床和加工中心，具有一定的代表性。常用准备功能 G 指令见表 4-1。

表 4-1 常用准备功能 G 指令

G 指令	组别	功　能	G 指令	组别	功　能
▲G00	01	快速点定位	G52	00	局部坐标系设定
G01		直线插补(切削进给)	G53		选择机床坐标系
G02		顺时针方向圆弧插补	G54—G59	14	选择工件坐标系 1～6
G03		逆时针方向圆弧插补	G65	00	宏程序调用
G04	00	暂停	G66	12	宏程序模态调用
▲G15	17	极坐标方式取消	▲G67		宏程序模态调用取消
G16		极坐标方式有效	G68	16	坐标旋转有效
▲G17	02	X、Y 平面选择	▲G69		坐标旋转取消
G18		X、Z 平面选择	G73	09	深孔钻循环
G19		Y、Z 平面选择	G74		左旋攻螺纹循环
G20	06	英制输入(英寸)	G76		精镗孔循环
G21		米制输入(毫米)	▲G80		取消固定循环
G27	00	返回参考点校验	G81		钻孔循环
G28		自动返回参考点	G82		锪孔循环
G29		从参考点返回	G83		深孔钻循环
G30		返回第 2、第 3 和第 4 参考点	G84		右旋攻螺纹循环
▲G40	07	刀具半径补偿取消	G85		镗孔循环
G41		刀具半径左补偿	G86		镗孔循环
G42		刀具半径右补偿	G87		背镗孔循环
G43	08	正向刀具长度偏置	G88		镗孔循环
G44		负向刀具长度偏置	G89		镗孔循环
▲G49		刀具长度偏置取消	▲G90	03	绝对坐标编程
▲G50	11	比例缩放取消	G91		增量坐标编程
G51		比例缩放有效	G92	00	设定工件坐标系
▲G50.1	22	编程镜像取消	▲G98	10	固定循环返回初始点
G51.1		编程镜像有效	G99		固定循环返回 R 点

注:(1) 标有▲的 G 指令为电源接通时的状态。

(2) "00"组的 G 指令为非模态指令,其余为模态指令。

(3) 如果同组的 G 指令出现在同一程序段中,则最后一个 G 指令有效。

(4) 在固定循环中(09 组),如果遇到 01 组的 G 指令时,固定循环被自动取消。

2. 辅助功能与其他功能字

（1）辅助功能。数控铣床和加工中心的 M 功能与数控车床基本相同。

（2）刀具功能。由地址功能字 T 和数字组成，格式为 Txx，其中，xx 表示刀具号。数控铣床因无自动换刀系统，必须人工换刀，所以 T 功能只用于加工中心。

（3）主轴转速功能。由地址字 S 与其后面的若干数字组成，其指定的数值为机床主轴转速（r/min）。

（4）进给功能。进给功能表示刀具中心运动时的进给速度，由地址字 F 和后面若干位数字构成，其数值为进给量（mm/r）或进给速度（mm/min），编制程序时可以选用，数控铣床开机默认单位为 mm/min。

二、数控铣床的基本指令

1. 工件坐标系的选取指令（G54～G59）

在数控铣床中，可以预置六个工件坐标系。通过在 CRT-MDI 面板上操作，设置每一个工件坐标系原点相对于机床坐标系原点的偏移量，然后使用指令 G54～G59 来选用工件坐标系，G54～G59 都是模态指令，并且存储在数控铣床存储器内，在数控铣床重新开机时仍然存在，并与刀具的当前位置无关。如图 4 - 32 所示，工件原点相对机床原点的偏移值分别为 −230，−170，−200，若选用 G54 坐标系，则在 G54 存储器中分别输入这三个值。一旦指定了 G54～G59 之一，则该工件坐标系原点即为当前程序点，在后续程序段中的工件绝对坐标均为相对于此程序原点的值。

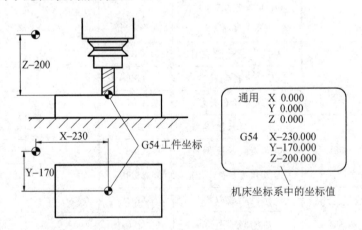

图 4 - 32　G54 设定工件坐标系

2. 绝对坐标和增量坐标指令（G90，G91）

指令 G90 是绝对坐标编程，指令 G91 是增量坐标编程，又称相对坐标编程，用刀具运动的增量值来表示。绝对坐标和相对坐标如图 4 - 33 所示，表示刀具从起点到终点的移动，用以上两种坐标方式的指令格式：

　　G90 G01 X160 Y80 F100；（绝对）

　　G91 G01 X80 Y40 F100；（增量）

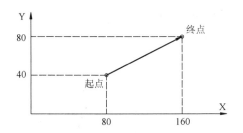

图 4 - 33　绝对坐标和增量坐标

3．快速定位指令（G00）

指令格式：

　　G00 X__Y__Z__；

在执行指令 G00 时，由于数控铣床各轴以各自的速度移动，联动直线轴的合成轨迹不一定是直线。通常，在数控系统中也可以设定指令 G00 在移动过程中是按照直线方式移动，还是按照折线方式移动，现代数控铣床指令 G00 的移动方式通常为直线移动。

4．直线插补指令（G01）

指令格式：

　　G01 X__Y__Z__F__；

其中，X、Y、Z 是直线运动终点，在指令 G90 编程方式下，终点为相对于工件坐标系原点的坐标；在指令 G91 编程方式下，终点为相对于起点的增量。在数控铣床中，F 为进给速度，单位通常为 mm/min。

5．平面选取指令（G17、G18、G19）

在三轴数控铣床上加工时，如进行圆弧插补，要规定加工所在的平面，用 G 代码可以选择加工平面，如图 4 - 34 所示。对于立式数控铣床，G17 为默认值，可以省略。

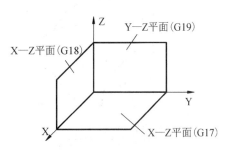

图 4 - 34　坐标平面选取

6．圆弧插补指令（G02、G03）

指令格式：

$$G17 \begin{Bmatrix} G02 \\ G03 \end{Bmatrix} X\_\_ \quad Y\_\_ \quad \begin{Bmatrix} R\_\_ \\ I\_\_J\_\_ \end{Bmatrix} F\_\_ ;$$

$$G18 \begin{Bmatrix} G02 \\ G03 \end{Bmatrix} X\_\_ \quad Z\_\_ \quad \begin{Bmatrix} R\_\_ \\ I\_\_K\_\_ \end{Bmatrix} F\_\_ ;$$

$$G19 \begin{Bmatrix} G02 \\ G03 \end{Bmatrix} Y\_\_ \quad Z\_\_ \quad \begin{Bmatrix} R\_\_ \\ J\_\_K\_\_ \end{Bmatrix} F\_\_ ;$$

其中，X、Y、Z 表示圆弧终点坐标，可以用绝对值，也可以用增量值，由指令 G90 或 G91 指定。I、J、K 分别为圆弧圆心相对于圆弧起点在 X、Y、Z 方向的增量值，带有正负号；R 表示圆弧半径；F 表示圆弧运动的进给速度。

说明：

（1）指令 G02 与 G03 的确定。沿圆弧所在平面（如 XY 平面）外另一坐标轴的正方向向着负方向看，顺时针方向为 G02，逆时针方向为 G03，如图 4-35 所示。

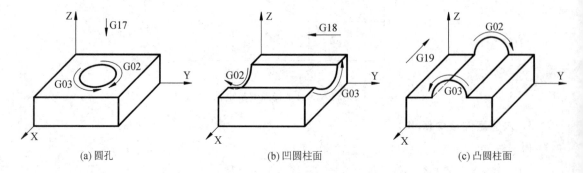

(a) 圆孔　　　　　　　　(b) 凹圆柱面　　　　　　　(c) 凸圆柱面

图 4-35　G02 和 G03 方向的判别

（2）无论是绝对坐标编程还是相对坐标编程，圆心坐标 I、J、K 均是圆心相对于圆弧起点坐标的增量值。

（3）当用半径 R 指定圆心位置时，由于在同一半径 R 的情况下，从圆弧的起点到终点有优弧和劣弧的可能性，优、劣圆弧编程如图 4-36 所示。为区别二者，规定圆心角 $\alpha \leqslant 180°$ 时，用 +R 表示，$a > 180°$ 时，用 -R 表示。

（4）整圆编程如图 4-37 所示，只能用 I、J、K 方式确定圆心，不能用 R 方式。同时终点坐标可以省略不写，如 G02(G03)I__ J__；图 4-37 可写为 G02(G03)I-10 J0；或 G02(G03)I-10。

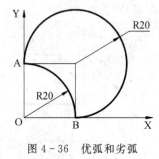

图 4-36　优弧和劣弧

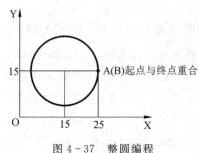

图 4-37　整圆编程

三、刀具半径补偿

在零件轮廓加工中，刀具中心的运动轨迹与所加工零件的实际轮廓并不重合，而是偏移零件轮廓一个刀具半径值。为了使刀具中心轨迹直接按零件轮廓尺寸编制程序，数控系统提供了刀具半径补偿功能。

半径补偿编程格式：

$$\begin{Bmatrix} G00 \\ G01 \end{Bmatrix} \begin{Bmatrix} G41 \\ G42 \end{Bmatrix} X\_\_ \quad Y\_\_ \quad D\_\_ ;$$

指令 G41 为刀具半径左补偿，沿刀具运动方向向前看，刀具位于零件左侧；指令 G42 为刀具半径右补偿，沿刀具运动方向向前看，刀具位于零件右侧，如图 4-38 所示。D 为数控铣床数控系统存放刀具半径补偿量寄存器单元的代码（称为刀补号），寄存器编号为 00～99，其中 D00 为取消半径补偿偏置。

零件轮廓加工完成后，应取消刀具半径补偿，其格式为

$$\begin{cases} G00 \\ G01 \end{cases} G40 \ X\_\_ \quad Y\_\_ ;$$

在实际零件轮廓加工过程中，刀具半径补偿的执行过程一般分为三步，如图 4 - 39 所示。

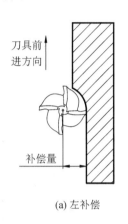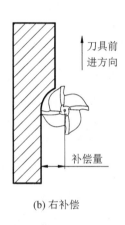

图 4 - 38　刀具半径左补偿和右补偿

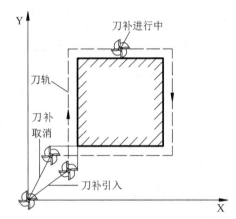

图 4 - 39　刀具半径补偿三个步骤

1. 刀具半径补偿建立

刀具由下刀点（位于零件轮廓及零件毛坯之外，距离加工零件轮廓切入点较近）以进给速度接近工件，刀具半径补偿偏置方向由指令 G41（左补偿）或指令 C42（右补偿）确定。

2. 刀具半径补偿进行

一旦建立了刀具半径补偿状态，则一直维持此状态，直到取消刀具半径补偿为止。在刀具补偿进行期间，刀具中心轨迹始终偏离零件轮廓一个刀具半径值的距离。

3. 刀具半径补偿取消

刀具离开工件，回到退刀点，刀具半径补偿取消。退刀点应位于零件轮廓之外，距离加工零件轮廓退出点较近的点，可与下刀点相同或不相同，指令 G40 为取消刀具补偿指令。

在使用刀具半径补偿功能时需注意以下几点：

（1）指令 G40、G41、G42 一般不能和指令 G02、G03 在一个程序段中，只能和指令 G00、G01 一起使用，且尽量在指令 G01 中使用，否则，数控系统会出现报警。

（2）一般情况下，输入到刀具半径偏置寄存器中的刀具半径值为正值，如果为负值，则指令 G41 与 G42 相互替换。

（3）刀具半径补偿功能为模态代码，因此，若在加工程序中建立了半径补偿，在工件加工完成后必须用指令 G40 将刀具半径补偿状态取消。

使用刀具半径补偿指令编制如图 4 - 40 所示零件的精加工程序，加工程序见表 4 - 2。

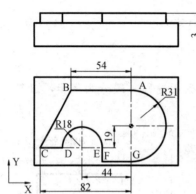

采用刀具右补偿,路径为 A→B→C→D→E→F→G→A选取
工件坐标原点如图所示。

各点坐标如下:

A (0, 31); B (-54, 31); C (-82, -19); D (-62, -19);
E (-26, -19); F (-26, -31); G (0, -31)。

图 4-40　刀具半径补偿举例

表 4-2　加　工　程　序

程　　　序	注　　　释
O1012；	程序号
G54 G90 G40 G80；	建立工件坐标系 G54
M03 S1000；	主轴正转,转速为 1000 r/min
G00 Z50 X50 Y35；	快速定位到指定位置
Z5；	
G01 Z-3 F200；	刀具进给至-3 mm 处
G42 Y31 D01；	建立刀具半径补偿,调用 01 号半径刀补
X0；	直线插补至 A 点,此步可省略
X-54；	直线插补至 B 点
X-82 Y-19；	直线插补至 C 点
X-62；	直线插补至 D 点
G02 X-26 R18；	顺时针圆弧插补至 E 点
G01 Y-31；	直线插补至 F 点
X0；	直线插补至 G 点
G03 Y31 R31；	逆时针圆弧插补至 A 点
G01 G40 X50 Y35；	取消刀具半径补偿
G00 Z100；	刀具沿 Z 向快速退刀
M30；	程序结束

刀具半径补偿功能除方便编制程序外,还可以用改变刀具半径补偿值大小的方法,实现用同一程序进行粗、精加工,即

粗加工刀具半径补偿＝刀具半径＋精加工余量

精加工刀具半径补偿＝刀具半径＋修正量

因刀具磨损、重磨或更换新刀具而引起刀具半径的改变，不必修改加工程序，只需在数控系统刀具参数设置中输入变化后的刀具半径值即可。在现代数控系统中，也带有刀具磨损补偿功能，当刀具半径产生一定的磨损量之后，将磨损的值输入到数控系统中即可，加工程序通过指令 G41 或 G42 进行半径补偿调用时，对应寄存器里的刀具半径补偿值和磨损值同时生效。

四、刀具长度补偿

刀具长度补偿用来补偿刀具长度方向的尺寸变化。使用刀具长度补偿功能，编程人员可以不用考虑实际刀具的长度，而按标准刀具的长度进行加工程序编制。当实际刀具长度与标准刀具长度不一致时，可用刀具长度补偿功能进行补偿；当刀具长度因磨损、重磨、换刀而发生变化时，也不必修改加工程序，只要修改刀具长度补偿值即可。

长度补偿编程格式：

$$\begin{Bmatrix} G00 \\ G01 \end{Bmatrix} \begin{Bmatrix} G43 \\ G44 \end{Bmatrix} Z\_\_ \quad H\_\_ \ ;$$

$$G49 \begin{Bmatrix} G43 \\ G44 \end{Bmatrix} Z\_\_ \ ;$$

其中，指令 G43 为刀具长度正补偿，指令 G44 为刀具长度负补偿，指令 G49 为取消刀长补偿，指令 G43、G44、G49 均为模态指令；Z 为指令终点位置，H 为刀补号地址，用 H00～H99 来指定，并用来调用内存中刀具长度补偿的数值。刀具长度补偿如图 4-41 所示。

执行 G43 时，Z 实际值＝Z 指令值＋（Hxx）；

执行 G44 时，Z 实际值＝Z 指令值－（Hxx）。

其中，（Hxx）是指 xx 寄存器中的补偿量，其值可以是正值或者是负值。当刀具长度补偿量取负值时，指令 G43 和 G44 的功效将互换。在现代数控系统中，除了带有刀具半径磨损补偿功能外，也带有刀具长度磨损自动补偿功能，当加工程序调用长度补偿功能时，刀具长度和刀具长度磨损值同时生效。

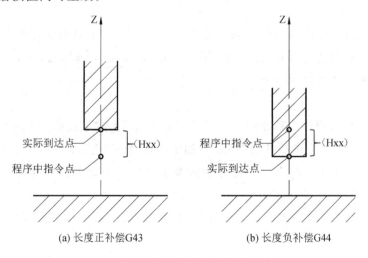

(a) 长度正补偿G43　　　　　(b) 长度负补偿G44

图 4-41　刀具长度补偿

五、孔加工固定循环

1. 孔加工固定循环的五个动作

孔加工固定循环通常由以下五个动作组成，如图 4 - 42 所示（以指令 G98 为例）。

动作 1：以 X 轴和 Y 轴定位，刀具快速定位到要加工孔的中心位置上方；

动作 2：快进到 R 平面，刀具自初始点快速进给到 R 平面（准备切削的位置）；

动作 3：孔加工，以切削进给方式执行孔加工的动作；

动作 4：在孔底的动作，包括暂停、主轴准停、刀具移位等动作；

动作 5：返回到初始平面或 R 平面。

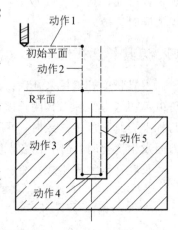

图 4 - 42　固定循环的五个动作

2. 孔加工固定循环中的 Z 向高度位置及选用

在孔加工的过程中，刀具运动涉及 Z 向坐标的三个高度位置：初始平面高度，R 平面高度，孔切削深度。在孔加工工艺设计时，要对这三个高度位置进行适当设置。

1) 初始平面高度

初始平面是为刀具安全点定位及安全下刀而规定的一个平面。安全平面的高度应确保初始平面高于所有障碍物。当使用同一把刀具加工多个孔时，应能保证刀具在初始平面内的任意点定位移动刀具不会与夹具、工件发生干涉，特别要注意防止切削工具在快速运动中与工件、夹具和机床的碰撞。当孔与孔之间存在障碍需要跳跃或全部孔加工完时，使刀具返回初始平面，使用指令 G98。

2) R 平面高度

R 平面为刀具进行切削进给运动的起点高度，即从 R 平面高度开始刀具处于切削状态。由 R 指定 Z 轴的孔切削起点的坐标。R 平面的高度，通常选择在 Z0 平面上方 3～5 mm 处。使刀具返回 R 平面使用指令 G99。

3) 孔切削深度

孔切削深度位置由加工程序中的参数 Z 设定，Z 值决定了孔的加工深度。在加工不通孔时，孔底平面就是孔底部所处的平面；在加工通孔时，刀具要伸出工件底平面，一般要留有一定的超越量，如 3～5 mm，具体超越量要根据钻头的前端尺寸确定，以确保孔的质量为准。

循环过程中，刀具返回点由指令 G98、G99 设定，指令 G98 为返回到初始平面，为缺省方式，指令 G99 为返回到 R 点平面。

3. 常用的固定循环指令及应用

1）钻孔加工循环（G81、G82、G73、G83）

（1）钻孔、点钻循环指令 G81 的格式：

G81 X__Y__Z__R__F__；

在使用指令 G81 时，刀具在 XY 平面快速定位至孔的上方，然后刀具快速运动到安全平面（或 R 平面），在此处速度由快速进给转为切削进给，切削加工到孔底，然后从孔底快速退回到指位置（初始平面或 R 点平面）。指令 G81 循环主要用于钻浅孔、通孔和中心孔。在编制程序时，可以采用绝对坐标指令 G90 和增量坐标指令 G91 编程。指令 G81 循环动作如图 4-43 所示。

（2）带停顿的钻孔循环指令 G82 的格式：

G82 X__Y__Z__R__P__F__；

指令 G82 除了要在孔底暂停外，其他动作与 G81 相同，暂停时间由 P 指定，单位 ms。指令 G82 循环常用于加工锪孔和沉头台阶孔，以提高孔底精度。指令 G82 循环动作如图 4-44 所示。

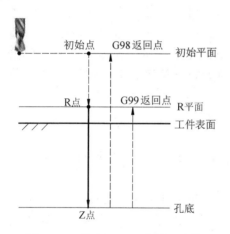

图 4-43 指令 G81 固定循环动作

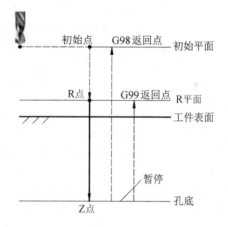

图 4-44 指令 G82 固定循环动作

（3）断屑式深孔加工循环 G73 的格式：

G73 X__Y__Z__R__Q__F__；

刀具每次切削深度为 Q 值，快速后退 d 值，值分别由数控系统内部通过参数设定。指令 G73 是间歇进给，有利于断屑，适用于深孔加工，减少退刀量，可以进行高效率的孔加工。指令 G73 循环动作如图 4-45 所示。

（4）排屑式深孔加工循环 G83 的格式：

G83 X_Y_Z_R_Q_F_；

排屑式深孔加工指令 G83 与指令 G73 的不同之处在于，刀具在每次进刀后都返回安全平面高度处，这样更有利于钻深孔时的排屑。指令 G83 循环动作如图 4-46 所示。

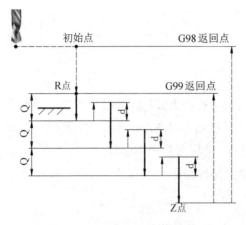

图 4-45　指令 G73 固定循环动作

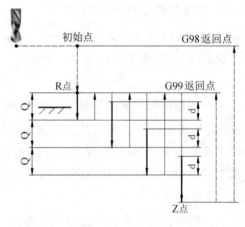

图 4-46　G83 固定循环动作

2）攻螺纹循环（G84、G74）

（1）右旋螺纹加工循环指令 G84 的格式：

　　　G84 X__Y__Z__R__F__；

攻螺纹过程要求主轴转速 S 与进给速度 F 成严格的比例关系，因此，在编制程序时要根据主轴转速计算进给速度，在进给速度 F＝主轴转速×螺纹螺距，其余各参数的意义同指令 G81。使用指令 G84 攻螺纹，在进给时主轴正转，退出时主轴反转。与钻孔加工不同的是，攻螺纹结束后的返回过程不是快速运动，而是以进给速度反转退出。指令 G84 循环动作如图 4-47 所示。

（2）左旋螺纹加工循环指令 G74 的格式：

　　　G74 X__Y__Z__R__F；

指令 G74 与指令 G84 的区别是在进给时主轴反转，退出时主轴正转。各参数的意义与指令 G84 相同。

注意：在指令 G74 之前应使用辅助功能 M04 使主轴逆时针旋转。指令 G74 循环动作如图 4-48 所示。

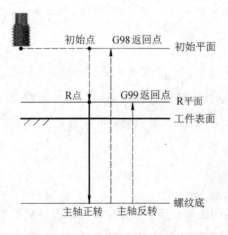

图 4-47　指令 G84 固定循环动作

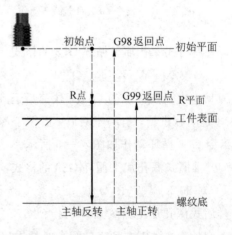

图 4-48　指令 G74 固定循环动作

3）镗孔循环（G85、G89、G86、G76、G87）

（1）粗镗循环指令 G85 的格式：

G85 X__Y__Z__R__F__；

刀具以切削进给的方式加工到孔底，然后以切削进给的方式返到 R 平面或初始平面，指令 G85 可以用于镗孔、铰孔和扩孔等。指令 G85 循环动作如图 4-49 所示。

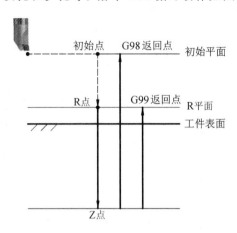

图 4-49　指令 G85 固定循环动作

（2）镗锪孔、阶梯孔循环指令 G89 的格式：

G89 X__Y__Z__R__P__F__；

指令 G89 动作与指令 G85 动作基本相似，不同的是指令 G89 动作在孔底增加了暂停，因此，指令 G89 常用于阶梯孔的加工。指令 G89 循环动作如图 4-50 所示。

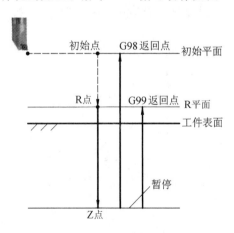

图 4-50　G89 固定循环动作

（3）快速退刀的粗镗循环指令 G86 的格式：

G86 X__Y__Z__R__F__；

指令 G86 与指令 G85 的区别是在到达孔底位置后，主轴停止，并快速退出。

（4）精镗循环指令 G76 的格式：

G76 X__Y__Z__R__P__Q__F__；

指令 G76 与指令 G85 的区别是指令 G76 在孔底有三个动作，进给暂停、主轴准停（定向停止）、刀具沿刀尖的反向偏移 Q 值，然后快速退出。这种带有让刀的退刀刀具不会划伤已加工表面，保证了镗孔精度。指令 G76 循环动作如图 4-51 所示。

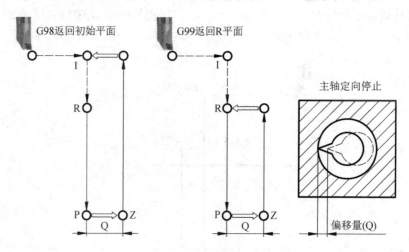

图 4-51　指令 G76 固定循环动作

（5）背镗孔指令 G87 的格式：

G87 X__Y__Z__R__Q__F__；

刀具运动到孔中心位置后，主轴定向停止，然后向刀尖相反方向偏移 Q 值，刀具快速运动到孔底位置，接着返回位移量 Q，回到孔中心，主轴转动，刀具向上进给运动到 Z 点，主轴又定向停止，然后向刀尖相反方向偏移 Q 值，快退。刀具返回到初始平面，再返回一个位移量，回到孔中心，主轴转动，继续执行下一段程序。指令 G87 循环动作如图 4-52 所示。

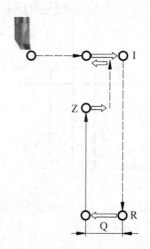

图 4-52　G87 固定循环动作

4）孔循环取消指令 G80

孔循环取消指令 G80 的格式：

G80；

指令 G80 取消所有孔加工固定循环模式。各种孔加工固定循环动作见表 4 - 3。

表 4 - 3　孔加工固定循环动作

G 代码	钻削方式	孔底动作	回退方式	应用
G73	间歇进给		快速移动	高速深孔钻循环
G74	切削进给	停刀→主轴正转	切削进给	左旋攻螺纹循环
G76	切削进给	主轴定向停止	快速移动	精镗循环
G80				取消固定循环
G81	间歇进给		快速移动	钻孔、点钻循环
G82	切削进给	暂停	快速移动	钻孔、锪镗循环
G83	间歇进给		快速移动	深孔钻循环
G84	切削进给	暂停→主轴反转	切削进给	攻螺纹循环
G85	切削进给		切削进给	镗孔循环
G86	切削进给	主轴停止	快速移动	镗孔循环
G87	切削进给	主轴正转	快速移动	背镗循环
G88	切削进给	暂停→主轴停止	手动移动	镗孔循环
G89	切削进给	暂停	切削进给	镗孔循环

第四节　典型零件的数控铣床编程

如图 4 - 53 所示的零件，毛坯外形尺寸为 120 mm×120 mm×25 mm，材质为铝合金，按图样要求制定正确的工艺方案(包括定位夹紧方案和工艺路线)，选择合理的刀具和切削工艺参数，并编制数控加工程序。

1. 工艺分析

零件外形规则，被加工部分的各个尺寸、表面质量等要求一般。图中包含了内外轮廓的粗、精加工及钻孔加工。由于被加工件是方形，所以采用平口虎钳装夹工件，工件原点设定在工件的中心处，工件上表面为 Z0 点表面。

2. 加工路线的确定

(1) 精加工余量为 0.2 mm。

(2) 六边形外轮廓加工，由于加工深度不大，粗加工不再采用分层加工。

(3) 内轮廓的粗精加工采用 φ14 mm 的键槽铣刀，加工路线如图 4 - 54 和图 4 - 55 所示，粗加工采用先行切，后环切，且采用分层加工，其路径依次为 P1→P2→P3→P4→P5→

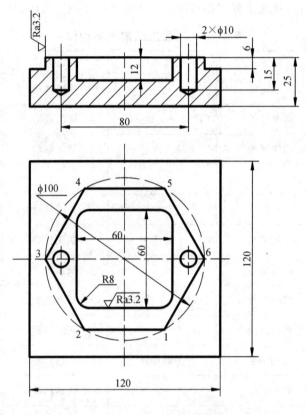

图 4－53　零件图

P6→P7→P8→P9→P10→P2→P1→P9；精加工采用刀具半径补偿，为了得到较好的加工表面而采用圆弧进退刀方式。

（4）孔加工采用中心钻点出加工定位孔，再用钻头加工孔的方式加工孔。

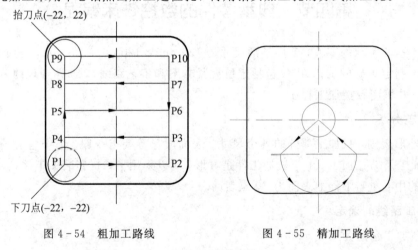

图 4－54　粗加工路线　　　　　　　　　　　图 4－55　精加工路线

3. 刀具的选用及切削参数确定

该零件加工工序、刀具的选用及切削参数见表 4－4。

表 4 - 4 加工工序、刀具的选用及切削参数

加工工序		刀具与切削参数						
		刀具规格			主轴转数 /(r/min)	进给量 /(mm/min)	刀具补偿	
工序	加工内容	刀具	刀具名称	材料			长度	半径
1	粗加工 外轮廓	T01	φ20 mm 立铣刀	硬质 合金	800	600	H01	D01＝10.1
2	精加工 外轮廓	T02	φ16 mm 立铣刀		1000	400	H02	D02＝8
3	粗加工 内轮廓	T03	φ14 mm 键槽铣刀		800	600	H03	
4	精加工 内轮廓	T04	φ14 mm 键槽铣刀		1000	400	H04	D04＝7
5	点钻	T05	φ10 mm 中心钻	高速钢	600	400	H05	
6	钻孔	T06	φ10 mm 麻花钻		400	400	H06	

4. 数值点的计算

六边形六个顶点 1—6 的坐标依次为(25，－43.3)、(－25，－43.3)、(－50，0)、(－25，43.3)、(25，43.3)、(50，0)。

5. 数控程序编制

(1) 外轮廓的粗加工程序和精加工程序见表 4 - 5、表 4 - 6。

表 4 - 5 外轮廓粗加工程序(T01 号刀)

程　　序	注　　释
O1012;	程序号
G54 G90 G40 G80 G49;	建立工件坐标系 G54，取消刀具长度、半径补偿，取消钻孔攻丝循环
G00 G43 Z100 H01;	快速定位到 Z100，并调用 1 号刀具长度补偿
M08;	打开切削液
M03 S800;	主轴正转，转速为 800 r/min
X100 Y－43.3;	快速定位到下刀点位置
Z5;	快速定位到工件上方 5 mm 位置

续表

程　　序	注　　释
G01 Z－5.8 F600；	工进切深至－5.8 mm
G41 X25 Y－43.3 D01；	调用刀具半径左补偿 D01，工进至 1 点
X－25；	工进至 2 点
X－50 Y0；	工进至 3 点
X－25 Y43.3；	工进至 4 点
X25；	工进至 5 点
X50 Y0；	工进至 6 点
X25 Y－43.3；	工进至 1 点
G40 X100；	取消刀具半径补偿
G00 G49 Z100；	刀具沿 Z 向快速退刀，取消刀具长度补偿
M30；	程序结束

表 4 - 6　外轮廓精加工程序（T02 号刀）

程　　序	注　　释
O1013；	程序号
G54 G90 G40 G80 G49；	建立工件坐标系 G54，取消刀具长度、半径补偿，取消钻孔攻丝循环
G00 G43 Z100 H02；	快速定位到 Z100，并调用 2 号刀具长度补偿
M08；	打开切削液
M03 S1000；	主轴正转，转速为 1000 r/min
X100 Y－43.3；	快速定位到下刀点位置
Z5；	快速定位到工件上方 5 mm 位置
G01 Z－6 F400；	工进切深至－6 mm
G41 X25 Y－43.3 D02；	调用刀具半径左补偿 D02，工进至 1 点
X－25；	工进至 2 点
X－50 Y0；	工进至 3 点
X－25 Y43.3；	工进至 4 点
X25；	工进至 5 点
X50 Y0；	工进至 6 点
X25 Y－43.3；	工进至 1 点
G40 X100；	取消刀具半径补偿
G00 G49 Z100；	刀具沿 Z 向快速退刀，取消刀具长度补偿
M30；	程序结束

（2）内轮廓的粗、精加工程序见表 4-7、表 4-8、表 4-9。

表 4-7 内轮廓粗加工程序（T03 号刀）

程 序	注 释
O1014；	程序号
G54 G90 G40 G80 G49；	建立工件坐标系 G54，取消刀具长度、半径补偿，取消钻孔攻丝循环
G00 G43 Z100 H03；	快速定位到 Z100，并调用 3 号刀具长度补偿
M08；	打开切削液
M03 S800；	主轴正转，转速为 800 r/min
X22 Y-22；	快速定位到下刀点位置
Z5；	快速定位到工件上方 5 mm 位置
G01 Z0 F600；	工进切深至 Z0 位置
M98 P41015；	调用子程序 O1015，4 次
G00 G49 Z100；	刀具沿 Z 向快速退刀，取消刀具长度补偿
M30；	程序结束

表 4-8 内轮廓加工子程序

程 序	注 释
O1015；	程序号
G91 Z-3；	采用增量坐标的编程方式，每次切深 3 mm
X44；	直线插补至 P2 点
Y11；	直线插补至 P3 点
X-44；	直线插补至 P4 点
Y11；	直线插补至 P5 点
X44；	直线插补至 P6 点
Y11；	直线插补至 P7 点
X-44；	直线插补至 P8 点
Y11；	直线插补至 P9 点
X44；	直线插补至 P10 点
Y-44；	直线插补至 P2 点
X-44；	直线插补至 P1 点
Y44；	直线插补至 P9 点
G90 X-22 Y-22；	返回下刀点 P1 点
M99；	返回主程序

表 4-9　内轮廓精加工程序(T04 号刀)

程　　序	注　　释
O1016；	程序号
G54 G90 G40 G80 G49；	建立工件坐标系 G54，取消刀具长度、半径补偿，取消钻孔攻丝循环
G00 G43 Z100 H04；	快速定位到 Z100，并调用 4 号刀具长度补偿
M08；	打开切削液
M03 S1000；	主轴正转，转速为 1000 r/min
X0 Y0；	快速定位到下刀点位置
Z5；	快速定位到工件上方 5 mm 位置
G01 Z−12 F400；	工进切深至−12 mm 位置
G41 G01 X−15 Y−15 D04；	建立刀具半径补偿，调用 D04
G03 X0 Y−30 R15；	圆弧进刀
G01 X22；	
G03 X30 Y−22 R8；	逆时针圆弧插补加工 R8 圆角
G01 Y22；	
G03 X22 Y30 R8；	逆时针圆弧插补加工 R8 圆角
G01 X−22；	
G03 X−30 Y22 R8；	逆时针圆弧插补加工 R8 圆角
G01 Y−22；	
G03 X−22 Y−30 R8；	逆时针圆弧插补加工 R8 圆角
G01 X0；	
G03 X15 Y−15 R15；	圆弧退刀
G40 G01 X0 Y0；	取消刀具半径补偿，回到下刀点
G00 G49 Z100；	刀具沿 Z 向快速退刀，取消刀具长度补偿
M30；	程序结束

（3）孔的加工应为先用中心钻进行点孔，再加工孔，程序见表 4-10、表 4-11。

表 4 – 10　点孔加工程序(T05 号刀)

程　　序	注　　释
O1017；	程序号
G54 G90 G40 G80 G49；	建立工件坐标系 G54，取消刀具长度、半径补偿，取消钻孔攻丝循环
G00 G43 Z100 H05；	快速定位到 Z100，并调用 5 号刀具长度补偿
M08；	打开切削液
M03 S600；	主轴正转，转速为 600 r/min
G81 G99 X－40 Y0 Z－5 R3 F400；	开启钻孔循环，点第一个孔
X40；	点第二个孔
G80 M09；	取消钻孔循环，关切削液
G00 G49 Z100；	刀具沿 Z 向快速退刀，取消刀具长度补偿
M30；	程序结束

表 4 – 11　钻孔加工程序(T06 号刀)

程　　序	注　　释
O1018；	程序号
G54 G90 G40 G80 G49；	建立工件坐标系 G54，取消刀具长度、半径补偿，取消钻孔攻丝循环
G00 G43 Z100 H06；	快速定位到 Z100，并调用 6 号刀具长度补偿
M08；	打开切削液
M03 S400；	主轴正转，转速为 400 r/min
G81 G99 X－40 Y0 Z－15 R3 F400；	开启钻孔循环，钻第一个孔
X40；	钻第二个孔
G80 M09；	取消钻孔循环，关切削液
G00 G49 Z100；	刀具沿 Z 向快速退刀，取消刀具长度补偿
M30；	程序结束

思考题与习题

1. 简述数控铣床的分类。

2. 简述顺铣与逆铣的适用范围。

3. 试对行切法和环切法进行比较，并比较其优缺点。

4. 简述数控铣床用夹具和刀具的类型。

5. 简述绝对坐标与增量坐标指令的格式及区别。

6. 简述刀具半径补偿的三个步骤。

7. 如图 4 - 56 所示零件，毛坯外形尺寸为 80 mm×80 mm×26 mm，材质为 AL 铝合金，试编制该零件的加工工艺及程序。

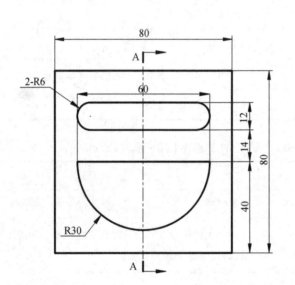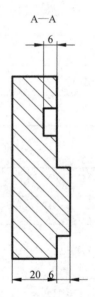

图 4 - 56

第五章　数控加工中心程序编制

数控加工中心是一种带有刀库并能自动更换刀具，对工件能够在一定的加工范围内进行多种加工操作的数控机床。在使用数控加工中心前，应熟悉加工中心的组成、分类、组成功能及特点。除此之外，在加工零件前，需要对零件进行工艺分析，掌握数控加工中心的常用指令、程序编制方法及其特点。数控加工中心与数控车床、铣床类似，使用时需根据编程说明书的具体规定进行编程。

第一节　数控加工中心概述

数控加工中心是带有刀库和自动换刀装置的数控机床。数控加工中心的数控系统能控制机床自动更换刀具，连续对工件各加工面进行自动铣削、钻削、扩孔、铰孔、镗孔、攻螺纹、轮廓及曲面加工等多种工序的加工。数控加工中心简称加工中心。

一、加工中心的组成

1. 基础部件

基础部件是加工中心的基础结构。加工中心的基础部件主要由机床床身、滑座、工作台、立柱、主轴箱五大部分组成。这五部分不仅要承受加工中心的静载荷，还要承受加工中心切削加工时产生的动载荷。所以要求加工中心的基础部件必须有足够的刚度，通常这五大部件都是铸造而成。

2. 主轴部件

主轴部件由主轴箱、主轴电动机、主轴和主轴轴承等零部件组成。主轴是加工中心切削加工的功率输出部件，主轴的起动、停止、变速、变向等动作均由数控系统控制。主轴的旋转精度、定位精度及热伸长特性，是影响加工中心加工精度的重要因素。

3. 数控系统

加工中心的数控系统由数控装置、可编程序控制器、伺服驱动系统以及面板操作系统组成。数控系统是执行顺序控制动作和加工过程的控制中心。数控装置是一种位置控制系统，其控制过程是根据输入的信息进行数据处理、插补运算，获得理想的运动轨迹信息，然后输出到执行部件，加工出所需要的零件。

4. 自动换刀系统

自动换刀系统主要由刀库和机械臂组成。当需要更换刀具时，数控系统发出指令后，机械臂先把主轴上的刀具送回刀库，再抓取相应的刀具至主轴孔内，从而完成整个换刀动作，在一些刀库中，这两个动作也可以同时完成，如机械手刀库。

5. 辅助装置

加工中心的辅助装置包括润滑、冷却、排屑、防护、液压、气动和检测系统等部分。这些装置虽然不直接参与切削加工，但却是加工中心不可缺少的部分，对加工中心的加工效率、加工精度和可靠性起着保障作用。另外，有些加工中心配有数控转台和分度头等辅助。

二、加工中心的分类

1. 按机床布局形态

加工中心按照机床布局形态分为立式加工中心、卧式加工中心、龙门加工中心及多轴联动加工中心。

2. 按联动坐标轴数

加工中心按照联动坐标轴数可分为二轴联动、三轴联动、四轴联动及五轴联动。

3. 按工作台数量分类

加工中心按工作台数量可分为单工作台加工中心、双工作台加工中心和多工作台加工中心。

三、加工中心的主要功能及特点

加工中心在数控铣床或数控镗床的基础上增加了自动换刀装置，一次装夹可完成多道工序的加工。加工中心如果带有自动分度回转工作台或能自动摆角的主轴箱，则可使工件在一次装夹后，自动完成多个平面和多个角度位置的多工序加工。如果加工中心带有自动交换工作台，则一个工件在工作位置的工作台上进行加工的同时，另外的工件在装卸位置的工作台上进行装卸，大大缩短了辅助时间，提高了生产率。

第二节　数控加工中心加工工艺

数控加工中心自动化程度高，价格昂贵。为了充分发挥其优势，在编程之前需要对数控加工中心的加工工艺进行细致分析。首先，需要明确数控加工中心的主要加工对象及工艺特点；其次，在设计数控加工中心的工艺路线时，需要考虑是单台数控加工中心还是多台数控加工中心构成的 FMC 或 FMS；最后，要遵循数控加工中心的夹具选择原则。

一、加工中心的主要加工对象

加工中心适用于形状复杂，工序多，精度要求高，需用多种类型普通机床和多种刀具、工装，经过多次装夹和调整才能完成加工的零件。加工中心的主要加工对象有以下五类。

1. 箱体类零件

箱体类零件是指箱体上具有一个以上孔系，内部有一定型腔，在长、宽、高方向有一定比例的零件。箱体类零件主要应用在机械、汽车、飞机等行业，如汽车的发动机缸体、变速箱体、机床的主轴箱、柴油机缸体、齿轮泵壳体等。图 5-1 所示为汽车发动机缸体。

箱体类零件一般都需要进行多工位孔系及平面加工，几何公差要求较为严格，通常要经过钻、扩、铰、锪、镗、攻螺纹、铣等加工工序，加工过程中不仅需要的刀具多，而且需多次装夹和找正，手工测量次数多，因此工艺复杂，加工周期长，成本高，重要的是精度难以保证。箱体类零件在加工中心加工时，一次装夹可以完成普通机床 60% 的加工内容，箱体的各项精度一致性好，质量稳定，同时可缩短生产周期，降低成本。

对于加工工位较多、工作台需多次旋转角度才能加工完成的零件，一般选用卧式加工中心；当加工的工位较少且跨距不大时，可选立式加工中心，从一端进行加工。

图 5-1　发动机缸体

2. 复杂曲面

在航空航天、汽车、船舶、国防等领域，复杂曲面类零件占有较大的比重，如叶轮、螺旋桨、各种曲面成形的模具等。复杂曲面采用普通机械加工方法是难以甚至是无法完成的，此类零件适宜采用加工中心加工，如图 5-2 所示。

(a) 叶片　　　　　　　　　　　　(b) 螺旋桨

图 5-2　复杂曲面零件

就加工的可能性而言，在不出现加工干涉区或加工盲区时，复杂曲面一般可以用球头铣刀进行三轴联动加工。这种方法加工精度较高，但效率较低。如果工件存在加工干涉区或加工盲区，就必须考虑采用四轴或五轴联动的机床。仅加工复杂曲面并不能发挥加工中心自动换刀的优势，因为复杂曲面的加工一般经过粗铣→半精铣→精铣→清根等步骤，所用的刀具较少，特别是像模具这样的单件加工。

3. 异形件

异形件是外形不规则的零件，大多需要点、线、面多工位混合加工，如支架、基座、样板、靠模等，如图 5-3 所示。异形件的刚性一般较差，夹压及切削变形难以控制，加工精度也难以保证，这时可充分发挥加工中

图 5-3　异形件

心工序集中的特点，采用合理的工艺措施，一次或两次装夹，完成多道工序或全部的加工内容。实践证明，加工中心加工异形件时，形状越复杂，精度要求越高，越能显示加工中心的优越性。

4. 盘、套、板类零件

带有键槽、径向孔或端面有分布孔系和曲面的盘套或轴类零件，以及具有较多孔加工的板类零件，如图 5-4 所示，适宜采用加工中心加工。端面有分布孔系、曲面的零件宜选用立式加工中心，有径向孔的可选卧式加工中心。

 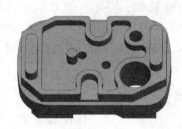

(a) 盘类零件　　　　　　　　　　　　　　　(b) 板类零件

图 5-4　盘、板类零件

5. 特殊加工

特殊加工的工艺内容包括在金属零件表面上制字、制线、刻图案等。在加工中心的主轴上装上高频电火花电源，可对金属表面进行线扫描表面淬火；在加工中心装上高速磨头，可进行各种曲线、曲面的磨削等。

二、加工中心的工艺特点

(1) 可减少工件的装夹次数，消除因多次装夹带来的定位误差，提高加工精度。

(2) 可减少机床数量，并相应减少操作工人，节省车间面积。

(3) 可减少工件周转次数和运输工作量，缩短生产周期。

(4) 工件在制品数量少，简化了生产调度和管理。

(5) 使用各种刀具进行多工序集中加工，在进行工艺设计时要处理好刀具在换刀及加工时与工件、夹具甚至机床相关部位的干涉问题。

(6) 当在加工中心上连续进行粗加工和精加工时，夹具既要能适应粗加工时切削力大、夹紧力大的要求，又必须适应精加工时定位精度高、零件夹紧变形尽可能小的要求。

(7) 由于采用自动换刀和自动回转工作台进行多工位加工，因此卧式加工中心只能进行悬臂加工。

(8) 进行多工序的集中加工时，要及时处理切屑。

(9) 在将毛坯加工为成品的过程中，工件不能进行时效处理，内应力难以消除。

(10) 技术复杂，对使用、维修、管理的要求较高。

(11) 加工中心一次性投资大，还需配置其他辅助装置，如刀具预调设备、数控工具系统或三坐标测量机等。

三、加工中心的工艺路线设计

单台加工中心或多台加工中心构成的柔性制造单元 FMC 或柔性制造系统 FMS，在工艺设计上有较大的差别。

1. 单台加工中心

（1）安排加工顺序时，要根据工件的毛坯种类，现有加工中心的种类、构成和应用习惯，确定零件是否要进行加工中心工序前的预加工以及后续加工。

（2）要考虑工件各个方向的尺寸，留给加工中心的余量要充分且均匀。

（3）最好在加工中心上一次定位装夹中完成预加工面在内的所有内容。

（4）加工质量要求较高的零件时，应尽量将粗、精加工分开进行。

（5）可在具有良好冷却系统的加工中心上一次或两次装夹完成全部粗、精加工工序。

一般情况下，加工箱体类零件时可参考的加工方案为：铣大平面→粗镗孔→半精镗孔→立铣刀加工→打中心孔→钻孔、铰孔→攻螺纹→精镗、精铣等。

2. 多台加工中心构成的 FMC 或 FMS

当加工中心处在 FMC 或 FMS 中时，其工艺设计应着重考虑每台加工中心的加工负荷、生产节拍、加工要求以及工件的流动路线等问题。

四、加工中心的夹具选择

（1）一般夹具的选择原则是：在单件生产中尽可能采用通用夹具；在批量生产时优先考虑组合夹具，其次考虑可调夹具，最后考虑成组夹具和专用夹具。

（2）尽量采用气动、液压夹紧装置。

（3）夹具要尽量敞开，夹紧元件的位置应尽量低，给刀具运动轨迹留出空间。

（4）夹具在加工中心工作台上的安装位置应确保在主轴的行程范围内，能使工件的加工内容全部完成。

第三节　数控加工中心编程

数控加工中心编程与数控铣床编程有相同之处，也有不同之处。数控铣床的工件坐标系的选取指令、绝对和增量坐标指令以及平面选取指令等均适用于数控加工中心。不同之处在于：一方面，数控加工中心有参考点控制指令；另一方面，数控加工中心换刀指令和数控铣床也略有不同。

一、加工中心的编程特点

（1）对零件进行合理的工艺分析和工艺设计。合理地安排各工序的加工顺序，能为程序编制提供有利条件。

（2）根据加工批量等情况，确定采用自动换刀方式或手动换刀方式。

（3）为提高加工中心的利用率，尽量采用刀具机外预调，并将测量尺寸填写到刀具卡片中，以便操作者在运行程序前确定刀具补偿参数。

（4）尽量把不同工序内容的程序分别安排到不同的子程序中。这种安排便于按每一工步独立地调试程序，也便于加工顺序的调整。

（5）除换刀指令外，加工中心的编程方法与数控铣床的基本相同。

二、参考点控制指令

1. 自动原点复归 G28

格式：

　　　G28 X__Y__

其中，X、Y 为指定的中间点位置。

说明：

（1）执行 G28 指令时，各轴先以 G00 的速度快速移动到程序指令的中间点位置，然后自动返回原点，系统对中间点有记忆功能。

（2）在 G90 指令下，X、Y 为指定点在工件坐标系中的坐标；在 G91 指令下，X、Y 为中间点相对于原点的增量坐标。

（3）执行 G28 指令前要求加工中心在通电后必须（手动）返回过一次参考点。

（4）使用 G28 指令时，必须预先取消刀补量。

（5）G28 指令为非模态指令。

（6）在自动换刀（M06）之前，必须使用 G28 指令。

2. 由原点（经中间点）自动返回指定点 G29

格式：

　　　G29 X__Y__

其中，X、Y 为指令的定位终点位置。

说明：

（1）执行 G29 指令时，各轴先以 G00 的速度快速移动到由前段 G28 指令定义的中间点位置，然后向程序指令的目标点快速定位。通常该指令紧跟在一个 G28 指令之后。

（2）在 G90 指令下，X、Y 为终点在工件坐标系中的坐标；在 G91 指令下，X、Y 为指定点在工件坐标系中的增量坐标。

（3）G29 指令为非模态指令，只在指令的程序段有效。

三、换刀程序的编制

不同的加工中心其换刀程序是不同的，通常选刀和换刀分开进行。换刀完毕启动主轴后，方可执行后面的程序段。一般立式加工中心规定的换刀点位置在加工中心 Z 轴第二参考点处，卧式加工中心规定的换刀点位置在加工中心 Y 轴第二参考点处。

编制换刀程序一般有两种方法。

方法一：

  N10 G91 G28 Z0

  N11 M06 T02

即一把刀具加工结束，主轴返回加工中心第二参考点后准停，然后刀库旋转，将需要更换的刀具停在换刀位置，接着进行换刀，再开始加工。

方法二：

  N10 G01 X_Y_Z_T02

  N17 G91 G28 Z0 M06

  N18 G01 X_Y_Z_T03

这种方法的找刀时间和加工中心的切削时间重合，当主轴返回换刀点后立刻换刀，因此整个换刀过程所用的时间比第一种方法要短些。

第四节　典型零件的加工编程

本节着重从零件的工艺分析、加工路线的确定、刀具的选用及切削参数的确定等方面分析数控加工中心典型零件的编程，旨在通过真实案例完成对数控加工中心编程中孔、凹圆弧槽、键槽等的程序编制。

一、孔类零件的加工编程

如图 5-5 所示的支撑座零件，上下表面、外轮廓已在前面的工序加工完成，本工序完成零件上所有孔的加工。试编制其加工程序，零件材料为 HT200。

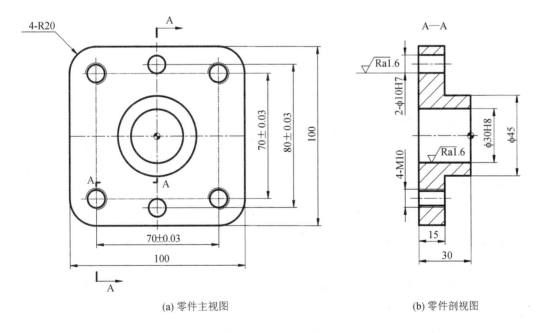

(a) 零件主视图　　　　　　　　　(b) 零件剖视图

图 5-5　支撑座零件图

1. 零件的工艺分析

本例中的零件较为规则，采用平口钳装夹即可。零件上包括：2 个销钉孔，精度要求比较高，可采用点→钻→铰的方式；4 个螺纹孔，可采用点→钻→攻螺纹的方式；1 个 φ30 的通孔，根据精度要求，采用点→钻→扩→粗镗→精镗的加工方式。

2. 加工路线的确定

按照先小孔加工后大孔加工的原则，确定走刀路线如下：

(1) 用中心钻点 7 个孔的位置。

(2) 对于 φ10H7 的销钉孔，先用 φ9.8 钻头钻，然后用 φ10 铰刀铰孔。

(3) 对于 M10 的螺纹孔，先用 φ8.5 钻头打螺纹底孔，然后用 M10 丝锥攻螺纹。

(4) φ30H8 的通孔采用 φ15 钻头钻→φ28 钻头扩孔→φ29.8 镗刀粗镗→φ30 镗刀精镗。

3. 刀具的选用及切削参数的确定

该零件各加工工序刀具的选用及切削参数的确定见表 5 - 1。

表 5 - 1　刀具的选用及切削参数的确定

加工工序		刀具与切削参数					
工序	加工内容	刀具规格			主轴转数 /(r/min)	进给量/ (mm/min)	刀具长度补偿
		刀号	刀具名称	材料			
1	点 7 个孔位置	T01	φ4mm 中心钻	高速钢	1200	80	H01
2	钻 2 个销钉孔	T02	φ9.8mm 麻花钻		800	60	H02
3	铰 2 个销钉孔	T03	φ10 铰刀		500	50	H03
4	钻 4 个螺纹孔	T04	φ8.5mm 麻花钻		900	60	H04
5	攻螺纹	T05	M10mm 丝锥		500	750	H05
6	钻 φ30 孔	T06	φ15mm 麻花钻		600	50	H06
7	扩 φ30 孔	T07	φ28mm 麻花钻		500	50	H07
8	粗镗 φ30 孔	T08	φ29.8mm 镗刀		300	50	H08
9	精镗 φ30 孔	T09	φ30mm 镗刀		300	50	H09

4. 编程坐标系的确定

因为零件为对称图形，所以 X、Y 轴原点设在工件对称中心处，为了编程方便，Z0 设在工件上表面处。为了简化程序，采用固定循环指令。

5. 加工程序的编制

加工程序如表 5 - 2 所示。

表 5-2　加工程序

程　　序	注　　释
O8001	程序号
G54 G90 G40 G49 G80；	建立坐标系，取消半径、长度补偿、固定循环
M03 S1200 M08；	主轴正转，切削液开
G00 Z100；	
G99 G81 X35 Y35 Z-18 R-10 F80；	中心钻点孔
X0 Y40；	
X-35 Y35；	
Y-35；	
X0 Y-40；	
X35 Y-35 R5；	抬高 R 平面
G98 X0 Y0 Z-3；	切深至-3 mm
G80；	取消固定循环
M05 M09；	主轴停转，切削液关
G91 G28 Z0；	回换刀点
M06 T02；	换 φ9.8 mm 麻花钻
M03 S800 M08；	主轴正转，切削液开
G43 G00 Z100 H02；	建立长度补偿，补偿号为 H02
G83 X0 Y40 Z-32 R-10 Q3 F60；	深孔钻固定循环
Y-40；	
G80 G49；	取消固定循环、长度补偿
M05 M09；	
G91 G28 Z0；	
M06 T03；	换 φ10 mm 铰刀
M03 S500 M08；	
G43 G00 Z100 H03；	建立长度补偿，补偿号为 H03
G85 X0 Y40 Z-32 R-10 F50；	
Y-40；	
G80 G49；	
M05 M09；	
G91 G28 Z0；	
M06 T04；	换 φ8.5 mm 麻花钻

续表一

程　　　序	注　　释
M03 S900 M08；	
G43 G00 Z100 H04；	建立长度补偿，补偿号为 H04
G99 G83 X35 Y35 Z－32 R－10 Q3 F60；	深孔钻固定循环
X－35；	
Y－35；	
G98 X35；	回到初始平面
G80 G49；	
M05 M09；	
G91 G28 Z0；	
M06 T05；	换 M10 mm 丝锥
M03 S500 M08；	
G43 G00 Z100 H05；	建立长度补偿，补偿号为 H05
G99 G84 X35 Y35 Z－32 R－10 F750；	
X－35；	
Y－35；	
G98 X35；	
G80 G49；	
M05 M09；	
G91 G28 Z0；	
M06 T06；	换 φ15 mm 麻花钻
M03 S600 M08；	
G43 G00 Z100 H06；	建立长度补偿，补偿号为 H06
G83 X0 Y0 Z－32 R5 Q3 F50；	
G80 G49；	
M05 M09；	
G91 G28 Z0；	
M06 T07；	换 φ28 mm 麻花钻
M03 S500 M08；	
G43 G00 Z100 H07；	建立长度补偿，补偿号为 H07
G81 X0 Y0 Z－32 R5 F50；	
G80 G49；	
M05 M09；	
G91 G28 Z0；	
M06 T08；	换 φ29.8mm 镗刀
M03 S300 M08；	

续表二

程　　　序	注　　　释
G43 G00 Z100 H08；	建立长度补偿，补偿号为 H08
G85 X0 Y0 Z－32 R5 F50；	粗镗孔固定循环
G80 G49；	
M05 M09；	
G91 G28 Z0；	
M06 T09；	换 φ30mm 镗刀
M03 S300 M08；	
G43 G00 Z100 H09；	建立长度补偿，补偿号为 H09
G76 X0 Y0 Z－32 R5 Q5 F50；	精镗孔固定循环
G80 G49；	
M30；	程序结束

二、板类零件的加工编程

如图 5－6 所示的支撑板零件，毛坯外形尺寸为 160 mm×120 mm×30 mm，材料为 45 钢，按图样要求制订正确的工艺方案，选择合理的刀具和切削工艺参数，并编制其数控加工程序。

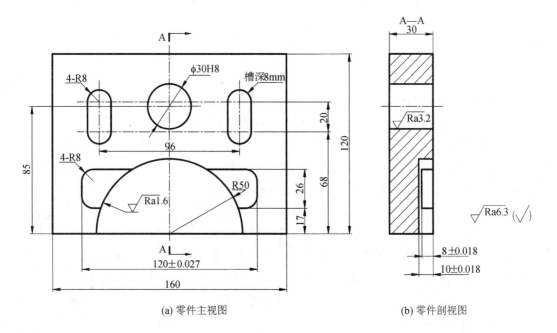

(a) 零件主视图　　　　　　　　　　　(b) 零件剖视图

图 5－6　支撑板零件图

1. 编制数控加工工艺

1）零件图样分析

该零件尺寸标注完整，轮廓描述清楚。加工内容有 R50 凹圆弧槽、宽 26 mm 的凹槽和宽 16 mm 的两个键槽。零件的加工部分的各尺寸、几何位置公差、表面粗糙度值等要求较高，所以在径向上要经过粗加工和精加工，在深度方向上要分层加工。

2）确定加工方案

（1）铣 R50 凹圆弧槽。选用 φ25 mm 的立铣刀多次走刀进行加工，结合工艺安排内容，槽侧壁留 0.5 mm 的精加工余量。在加工时，尽可能选择进刀点在工件外，加工完毕后刀具退至工件外。图 5-7 所示为刀具中心点的轨迹。

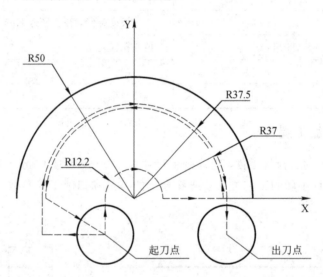

图 5-7　刀具中心点的轨迹图

（2）铣宽 26 mm 的凹槽。粗加工宽 26 mm 的凹槽时选用 φ14 的粗齿立铣刀，精加工时选用 φ10 的细齿立铣刀，采用左补偿（G41 指令），用同一个加工程序。结合工艺安排内容，槽侧壁、槽底分别留 0.2 mm、0.5 mm 的精加工余量。同时根据零件的特点，决定采用直线方式进、退刀。

（3）铣宽 16 mm 的键槽。宽 16 mm 的键槽粗、精加工采用同一个加工程序。根据零件的特点，决定采用"圆弧-圆弧"的方式进、退刀，刀具切削轨迹如图 5-8 所示。

（4）加工 φ30 的通孔。采用点钻→φ15 钻头钻→φ28 扩孔→φ29.8 粗镗→φ30 精镗。

3）刀具的选用及切削参数的确定

刀具卡见表 5-3，数控加工工艺工序卡见表 5-4。

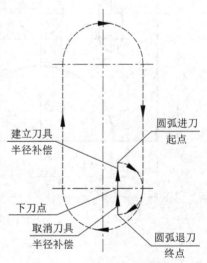

图 5-8　键槽刀具切削轨迹

表 5-3 刀 具 卡

刀具清单							
序号	刀具号	刀具规格			刀具补偿		备注
		名称	直径/mm	材料	长度	半径/mm	
1	T01	立铣刀	25	高速钢	H01		
2	T02	立铣刀	14		H02	D2(7.2)	
3	T03	键槽铣刀	10		H03	D3(5.2)	
4	T04	立铣刀	10		H04	D4(5)	
5	T05	麻花钻	15		H05		
6	T06	麻花钻	28		H06		
7	T07	镗刀	29.8		H07		
8	T08	镗刀	30		H08		

表 5-4 数控加工工艺工序卡

加工工序		刀具与切削参数					
工序	加工内容	刀具规格			主轴转数 /(r/min)	进给量 /(mm/min)	被吃刀量 /mm
		刀号	刀具名称	材料			
1	R50 mm 凹槽	T01	立铣刀	高速钢	800	70	
2	粗加工宽 26 mm 的凹槽	T02	立铣刀		900	80	11.8
3	粗加工宽 16 mm 的凹槽	T03	键槽铣刀		1100	100	7.8
4	精加工凹槽和键槽	T04	立铣刀		1200	80	0.2
5	点钻 φ30 孔	T05	φ4 mm 中心钻		2000	50	
6	钻 φ30 孔	T06	φ15 mm 麻花钻		600	50	
7	扩 φ30 孔	T07	φ28 mm 麻花钻		500	50	
8	粗镗 φ30 孔	T08	φ29.8 mm 镗刀		300	50	
9	精镗 φ30 孔	T09	φ30 mm 镗刀		300	50	

2. 编写数控加工程序

1) 确定工件坐标系

在 R50 圆弧中心建立工件坐标系，Z 轴原点设在顶面上。

2) 根据加工工艺编写加工程序

(1) 型腔加工主程序见表 5-5。

(2) 加工 R50 凹圆弧子程序见表 5-6。

(3) 宽 26 mm 凹槽子程序见表 5-7。

(4) 宽 16 mm 键槽子程序见表 5-8。

表 5-5　型腔加工主程序

程　序	注　释
O8002；	程序号
G54 G90 G40 G49 G80；	建立坐标系，取消半径、长度补偿，固定循环
T01 M06；	调 φ25 立铣刀
M03 S800；	主轴正转
G00 G43 Z100 H01；	Z 轴快速定位，调用 1 号长度补偿
X-12.2 Y-15 M08；	X，Y 轴快速定位，切削液开
Z0；	
M98 P20001；	连续调用子程序 2 次，程序号为 0001
G01 X37.5 F70；	X 向进给加工
Y0；	Y 向进给加工
G02 X37.5 R37.5；	铣削 R50 圆弧
G01 Y-30；	Y 向退刀
G00 G49 Z100 M09；	取消刀补，切削液关
M05；	主轴暂停
G91 G28 Z0；	回换刀点
M06 T02；	换 φ14 立铣刀
M03 S900；	
G43 G90 G00 Z100 H02；	
X0 Y20 M08；	
Z-7.5；	
G41 G01 Y43 F80 D2；	
M98 P0002；	调用子程序 0002
G40 Y20；	取消半径补偿
G00 G49 Z100 M09；	取消长度补偿，切削液关
M05；	

续表一

程　　序	注　　释
G91 G28 Z0；	
M06 T03；	换 φ10 键槽铣刀
M03 S1000；	
G43 G90 G00 Z100 H03；	
M98 P0003 F100；	
G51 X0 Y0 I－1000 J1000；	以 X 轴为镜像轴
M98 P0003；	
G50；	取消镜像
G00 G49 Z100 M09；	
M05；	
G91 G28 Z0；	
M06 T04；	换 φ10 立铣刀
M03 S1200；	
G43 G90 G00 Z100 H04；	
X0 Y20 M08；	
Z－5；	
G01 Z－8 F80；	
G41 Y43 D4；	
M98 P0002；	
G40 Y20；	
G00 Z15；	
M98 P0003；	
G51 X0 Y0 I－1000 J1000；	
M98 P0003；	
G50；	
G00 G49 Z100 M09；	
M05；	
G91 G28 Z0；	
M06 T05；	换 φ4 mm 中心钻
M03 S2000；	
G43 G90 G00 Z100 H05；	

程　　序	注　　释
G98 G81 X0 Y85 Z－3 R5 F50；	
G80；	取消固定循环
G00 G49 Z100 M09；	
M05；	
G91 G28 Z0；	
M06 T06；	换 φ15mm 麻花钻
M03 S600 M08；	
G43 G90 G00 Z100 H06；	
G83 X0 Y85 Z－32 R5 Q3 F50；	深孔钻固定循环
G80 G49；	取消固定循环、长度补偿
M05 M09；	
G91 G28 Z0；	
M06 T07；	换 φ28mm 麻花钻
M03 S500 M08；	
G43 G90 G00 Z100 H07；	
G81 X0 Y85 Z－32 R5 F50；	钻孔固定循环
G80 G49；	
M05 M09；	
G91 G28 Z0；	
M06 T08；	换 φ29.8 mm 镗刀
M03 S300 M08；	
G43 G90 G00 Z100 H08；	
G85 X0 Y85 Z－32 R5 F50；	粗镗孔固定循环
G80 G49；	
M05 M09；	
G91 G28 Z0；	
M06 T09；	换 φ30 mm 镗刀
M03 S300 M08；	
G43 G90 G00 Z100 H09；	
G76 X0 Y85 Z－32 R5 Q5 F50；	精镗孔固定循环
G80 G49；	
M30；	程序结束

表 5 - 6　　R50 凹圆弧子程序

程　　序	注　　释
O0001；	子程序号
G91 G01 Z－5 F70；	增量编程，Z 向进给－5 mm
G90 Y0；	绝对编程，Y 向进给
G02 X12.2 R12.2；	圆弧铣削
G01 X37；	X 向进给
G03 X－37 R37；	圆弧铣削
G01 X－12.2 Y－30 F200；	退刀
M99；	子程序结束，返回主程序

表 5 - 7　　宽 26 mm 凹槽子程序

程　　序	注　　释
O0002；	子程序号
G01 X－52；	X 向进给
G03 X－60 Y35 R8；	圆弧加工
G01 Y25；	Y 向进给
G03 X－52 Y17 R8；	圆弧加工
G01 X52；	
G03 X60 Y25 R8；	
G01 Y35；	
G03 X52 Y43 R8；	
G01 X0；	
M99；	

表 5 - 8　　宽 16 mm 键槽子程序

程　　序	注　　释
O0003；	子程序号
G00 X50 Y68；	快速定位
Z5；	
G01 Z－8；	Z 向进给－8 mm
G42 Y74 D3；	建立半径补偿
G02 X56 Y68 R6；	R6 圆弧切进
X40 R8；	加工 R8 圆弧

程　　序	注　　释
G01 Y88；	Y 向进给
G02 X56 R8；	
G01 Y68；	
G02 X50 Y62 R6；	
G01 G40 Y68；	
Z5；	
M99；	子程序结束，返回主程序

思考题与习题

1. 数控加工中心主要由哪几部分组成？

2. 简述数控加工中心的主要功能及特点。

3. 数控加工中心的加工范围有哪些？

4. 数控加工中心的工艺特点有哪些？

5. 简述参考点控制指令 G28 和 G29 的区别。

6. 简述对 G54G90G40G49G80 语句的理解及该语句的应用场合。

7. 如图 5 - 9 所示，毛坯材质为铝合金，大小为 100 mm×100 mm×24 mm，选用合适的数控机床及刀具，试编制加工工艺及程序。

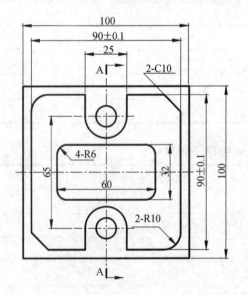
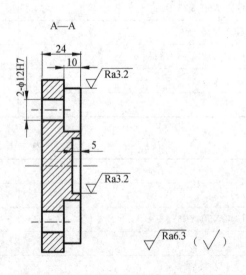

图 5 - 9

第六章　数控系统插补原理

　　本章主要介绍数控系统中的各种轮廓插补原理。首先介绍基准脉冲插补法和数据采样插补法的概念、分类和特点，然后重点介绍逐点比较法、数字积分法和数据采样插补的基本原理与实现方法。

第一节　插补原理概述

　　数控编程人员根据零件图样编制出数控加工程序后，通过输入设备将程序传送到数控装置，然后通过数控系统控制软件的译码和预处理，开始对刀具补偿计算后的刀具中心轨迹进行插补运算。数控系统要解决的关键问题之一就是控制刀具与工件的运动轨迹，就是如何根据数控机床控制指令和数据进行脉冲数目的分配运算，即插补运算。插补技术是机床数控系统的核心，插补算法直接影响到数控机床的加工精度、加工速度和加工能力。本节主要介绍插补的基本概念和分类。

一、插补的基本概念

　　在数控机床中，刀具或工件的基本位移量是数控机床坐标轴运动的一个脉冲当量或最小设定单位，因此刀具的运动轨迹是由小线段构成的，而不是严格沿着零件轮廓形状（如直线、圆弧或其他类型曲线）运动，只能用小线段来逼近（或称为拟合）所要求的轮廓曲线。数控机床数控系统依据一定算法确定刀具或工件的运动轨迹，进而产生基本轮廓拟合曲线的过程称为插补（Interpolation），其实质是数控系统根据零件轮廓曲线的有限资料（如直线的起点、终点，圆弧的起点、终点和圆心等），计算出刀具的一系列加工点，完成所谓的数据"密化"工作，满足实时控制刀具运动的要求。插补的任务就是根据进给速度的要求，完成零件轮廓起点和终点之间点的坐标值计算。插补运算具有实时性，其运算速度和精度会直接影响数控系统的性能指标。

二、插补方法的分类

　　数控系统完成插补运算的装置或程序称为插补器。根据插补器的结构可将插补分为硬件插补，软件插补和软、硬件结合插补三种类型。早期的数控系统的插补运算是由数字电路装置来完成的，称为硬件插补，其结构复杂，成本较高。在计算机数控系统中插补功能一般是由计算机程序来完成的，称为软件插补。由于软件插补具有速度高的特点，因此为了满足插补速度和精度越来越高的要求，现代计算机数控系统采用软件与硬件相结合的方法，由软件完成粗插补，由硬件完成精插补。

由于直线和圆弧是构成零件轮廓的基本曲线，因此计算机数控系统一般都具有直线插补(一次插补)和圆弧插补(二次插补)两种基本类型。在三坐标以上联动的计算机数控系统中，一般还具有螺旋线插补(高次插补)。为了方便对各种曲线、曲面进行直接加工，人们一直研究各种曲线的插补功能，在一些高档计算机数控系统中，已经出现了抛物线插补、渐开线插补、正弦线插补以及样条曲线插补和球面螺旋线插补等功能。插补算法所采用的原理和方法很多，一般可归纳为两大类，即基准脉冲插补和数据采样插补。

1. 基准脉冲插补

基准脉冲插补又称为脉冲增量插补或行程标量插补，其特点是在每次插补结束后，数控装置向各运动坐标轴输出一个控制脉冲，因此各坐标轴仅产生一个脉冲当量或行程增量。脉冲序列的频率代表坐标运动的速度，而脉冲的数量代表运动位移的大小。基准脉冲插补运算简单，容易用硬件电路来实现，早期的硬件插补都采用这类方法，而且运算速度很快。在目前的计算机数控系统中可用软件来实现，但由于基准脉冲插补输出的速率受插补程序所用时间限制，因此仅适用于一些中等速度和中等精度要求的数控系统，主要用于步进电动机驱动的开环系统和数据采样插补中的精插补。

基准脉冲插补的方法很多，目前应用较广泛的是逐点比较法和数字积分法。

2. 数据采样插补

数据采样插补又称数字增量插补、时间分割插补或时间标量插补，其运算一般分为两步进行。第一步为粗插补，采用时间分割思想，根据编程的进给速度将轮廓曲线分割为每个插补周期的进给直线段(又称轮廓步长)，以此来逼近轮廓曲线；第二步为精插补，即根据位移检测采样周期的大小，采用基准脉冲插补，在轮廓步长内再插入若干点，进一步进行数据密化。粗插补一般由软件完成，而精插补既可由软件实现，也可由硬件实现。闭环或半闭环系统都采用数据采样插补方法，能满足控制速度和精度的要求。

数据采样插补方法很多，如直线函数法、扩展数字积分法、二阶递归算法等。

第二节　基准脉冲插补

基准脉冲插补适用于以步进电动机驱动的开环数控系统，闭环系统中粗、精两级插补的精插补以及特定的经济型数控系统。基准脉冲插补在插补计算过程中不断向各坐标轴发出相互协调的进给脉冲，驱动各坐标轴的电动机运转。在此类数控系统中，将脉冲当量 δ 作为脉冲分配的基本单位，精度按数控机床设计的加工精度选定，普通机床取 $\delta=0.01$ mm，较精密的机床取 $\delta=1$ μm 或 $\delta=0.5$ μm。

本节将介绍广泛应用的三种基准脉冲插补的方法，既四方向逐点比较法、八方向逐点比较法和数字积分法的插补原理。

一、四方向逐点比较法

1. 插补原理及特点

逐点比较法是我国数控机床中广泛采用的一种插补方法，又称代数运算法或醉步法。

其基本原理是每次仅向一个坐标轴输出一个进给脉冲，而每走一步都要通过偏差函数计算，判断偏差点的瞬时坐标与零件轮廓之间的偏差，然后决定下一步的进给方向。每个插补循环要完成四个工作节拍，其流程图如图 6-1 所示。

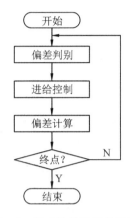

图 6-1　逐点比较法插补流程图

1）偏差判别

偏差判别是指判别刀具当前位置相对于零件轮廓的偏差情况，以决定刀具的进给方向。

2）进给控制

进给控制是指根据偏差判别的结果，控制刀具相对于零件轮廓进给一步，即向零件轮廓靠拢，减小偏差。

3）偏差计算

由于刀具在进给后已改变了位置，因此要计算出刀具当前位置与零件轮廓的新偏差，为下一次偏差判别做准备。

4）终点判别

终点判别是指判断刀具是否已到达加工轮廓的终点，若已到达终点，则停止插补，若还未到达终点，再继续进行插补。如此循环进行这四个节拍就可以加工出所要求的轮廓。

逐点比较法每进给一步，则判定一下加工点的位置，根据判别式的符号，确定下一步向 X 坐标轴方向还是 Y 坐标轴方向进给，进给方向有 +X、-X、+Y、-Y 四个方向，因此可称之为四方向逐点比较法。四方向逐点比较法的插补结果以相互垂直的折线逼近给定轨迹，插补误差小于或等于一个脉冲当量，脉冲输出均匀，调节方便。四方向逐点比较法可进行直线插补、圆弧插补，也可用于其他曲线的插补。

2. 四方向逐点比较法的直线插补

1）偏差函数构造

在直线插补时，通常将坐标原点设在直线的起点上。对于第一象限内的直线 OA，如图 6-2 所示，其方程可表示为

$$\frac{X}{Y} - \frac{X_e}{Y_e} = 0$$

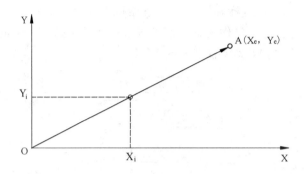

图 6-2　逐点比较法的直线插补

改写为

$$YX_e - XY_e = 0$$

若刀具加工点为 $P_i(X_i, Y_i)$，则该点的偏差函数 F 可表示为

$$F_i = Y_i X_e - X_i Y_e \qquad (6-1)$$

$F_i = 0$，表示加工点位于直线上；$F_i > 0$，表示加工点位于直线上方；$F_i < 0$，表示加工点位于直线下方。

2）偏差函数的递推计算

为了简化式(6-1)的计算，通常采用偏差函数的递推式。

若 $F_i \geqslant 0$，为减小误差值，规定向 +X 方向走一步，即 $X_{i+1} = X_i + 1$，坐标单位用脉冲当量表示，有

$$F_{i+1} = Y_i X_e - X_{i+1} Y_e = Y_i X_e - (X_i + 1) Y_e = Y_i X_e - X_i Y_e - Y_e = F_i - Y_e$$

即

$$F_{i+1} = F_i - Y_e \qquad (6-2)$$

若 $F_i < 0$，为减小误差值，规定向 +Y 方向走一步，即 $Y_{i+1} = Y_i + 1$，坐标单位用脉冲当量表示，有

$$F_{i+1} = Y_{i+1} X_e - X_i Y_e = (Y_i + 1) X_e - X_i Y_e = Y_i X_e - X_i Y_e + X_e = F_i + X_e$$

即

$$F_{i+1} = F_i + X_e \qquad (6-3)$$

在插补过程中用式(6-2)或式(6-3)代替式(6-1)进行偏差计算，可使计算大为简化。

3）终点判别

直线插补的终点判别可采用以下三种方法：

(1) 判断插补或进给的总步数 $N = X_e + Y_e$。

(2) 分别判断各坐标轴的进给步数。

(3) 仅判断进给步数较多的坐标轴的进给步数。

4）逐点比较法的直线插补举例

对于第一象限内的直线 OA，终点坐标为 $(X_e = 8, Y_e = 4)$，逐点比较法的直线插补运算过程如表 6-1 所示，插补轨迹如图 6-3 所示。插补从直线起点 O 开始，故 $F_0 = 0$。终点判别是判断进给总步数 $N = 8 + 4 = 12$，将其存入终点判别计数器中，每进给一步减 1，若

N＝0，则停止插补。

表 6-1 逐点比较法的直线插补运算过程

步数	偏差判别	坐标进给	偏差计算	终点判断
0			$F_0=0$	N＝12
1	$F_0=0$	＋X	$F_1=F_0-Y_e=0-4=-4$	N＝11
2	$F_1<0$	＋Y	$F_2=F_1+X_e=-4+8=4$	N＝10
3	$F_2>0$	＋X	$F_3=F_2-Y_e=4-4=0$	N＝9
4	$F_3=0$	＋X	$F_4=F_3-Y_e=0-4=-4$	N＝8
5	$F_4<0$	＋Y	$F_5=F_4+X_e=-4+8=4$	N＝7
6	$F_5>0$	＋X	$F_6=F_5-Y_e=4-4=0$	N＝6
7	$F_6=0$	＋X	$F_7=F_6-Y_e=0-4=-4$	N＝5
8	$F_7<0$	＋Y	$F_8=F_7+X_e=-4+8=4$	N＝4
9	$F_8>0$	＋X	$F_9=F_8-Y_e=4-4=0$	N＝3
10	$F_9=0$	＋X	$F_{10}=F_9-Y_e=0-4=-4$	N＝2
11	$F_{10}<0$	＋Y	$F_{11}=F_{10}+X_e=-4+8=4$	N＝1
12	$F_{11}>0$	＋X	$F_{12}=F_{11}-Y_e=4-4=0$	N＝0

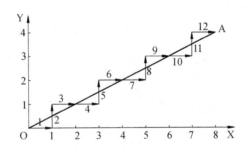

图 6-3 逐点比较法的直线插补轨迹

5）其他象限的直线插补

以上介绍了直线在第一象限的直线插补轨迹，其他象限的直线插补方法和第一象限类似。在插补运算时，取｜X｜和｜Y｜代替 X、Y。进给方向规定：直线在第二象限时，若 F≥0，向－X 方向步进，若 F＜0，向＋Y 方向步进；直线在第三象限时，若 F≥0，向－X 方向步进，若 F＜0，向－Y 方向步进；直线在第四象限时，若 F≥0，向＋X 方向步进，若 F＜0，向－Y 方向进给。可以看出，当 F≥0 时，进给方向都是沿 X 轴方向，并沿 X 轴的｜X｜增大方向步进；当 F＜0 时，进给方向都是沿 Y 轴方向，并沿 Y 轴的｜Y｜增大方向步进。四个象限的插补方向和偏差计算见表 6-2。不管直线在哪个象限，都用与第一象限相同的偏差计算公式，只是式中的终点坐标值 (X_e, Y_e) 均取绝对值。

表 6 - 2　四个象限的插补方向和偏差计算

偏差判别		$F \geqslant 0$	$F < 0$
进给	第一象限	$+X$	$+Y$
	第二象限	$-X$	$+Y$
	第三象限	$-X$	$-Y$
	第四象限	$+X$	$-Y$
偏差计算		$F_{i+1} = F_i - \mid Y_e \mid$	$F_{i+1} = F_i + \mid X_e \mid$

3. 四方向逐点比较法的圆弧插补

1）偏差函数构造

若加工半径为 R 的圆弧 $\overset{\frown}{AB}$，则将坐标原点定在圆心上，如图 6 - 4 所示。对于任意加工点 $P_i(X_i，Y_i)$，其偏差函数 F，可表示为

$$F_i = X_i^2 + Y_i^2 - R^2 \qquad (6-4)$$

显然，$F_i = 0$，表示加工点位于圆上；$F_i > 0$，表示加工点位于圆外；$F_i < 0$，表示加工点位于圆内。

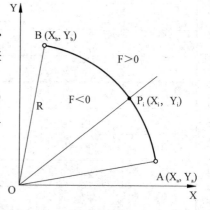

图 6 - 4　逐点比较法圆弧插补

2）偏差函数的递推计算

为了简化式（6 - 4）的计算，要采用递推式。圆弧加工可分为顺时针加工和逆时针加工，与此相对应的则有顺圆插补和逆圆插补两种方式，下面就对第一象限内的圆弧采用递推公式加以推导。

（1）顺圆插补。

若 $F_i \geqslant 0$，为减小误差值，规定向 $-Y$ 方向走一步，即 $Y_{i+1} = Y_i - 1$，坐标单位用脉冲当量表示，有

$$F_{i+1} = X_i^2 + Y_{i+1}^2 - R^2 = X_i^2 + (Y_i - 1)^2 - R^2 = F_i - 2Y_i + 1$$

即

$$F_{i+1} = F_i - 2Y_i + 1 \qquad (6-5)$$

若 $F_i < 0$，为减小误差值，规定向 $+X$ 方向走一步，即 $X_{i+1} = X_i + 1$，坐标单位用脉冲当量表示，有

$$F_{i+1} = X_{i+1}^2 + Y_i^2 - R^2 = (X_i + 1)^2 + Y_i^2 - R^2 = F_i + 2X_i + 1$$

即

$$F_{i+1} = F_i + 2X_i + 1 \qquad (6-6)$$

（2）逆圆插补。

若 $F_i \geqslant 0$，为减小误差值，规定向 $-X$ 方向走一步，即 $X_{i+1} = X_i - 1$，坐标单位用脉冲当量表示，有

$$F_{i+1} = X_{i+1}^2 + Y_i^2 - R^2 = (X_i - 1)^2 + Y_i^2 - R^2 = F_i - 2X_i + 1$$

即

$$F_{i+1} = F_i - 2X_i + 1 \tag{6-7}$$

若$F_i < 0$，为减小误差值，规定向$+Y$方向走一步，即$Y_{i+1} = Y_i + 1$，坐标单位用脉冲当量表示，有

$$F_{i+1} = X_i^2 + Y_{i+1}^2 - R^2 = X_i^2 + (Y_i + 1)^2 - R^2 = F_i + 2Y_i + 1$$

即

$$F_{i+1} = F_i + 2Y_i + 1 \tag{6-8}$$

第一象限顺、逆圆弧插补偏差计算方法如表6-3所示。

表6-3 顺、逆圆弧插补偏差计算方法

偏差判别	顺圆弧			逆圆弧		
	进给方向	偏差计算	坐标计算	进给方向	偏差计算	坐标计算
$F_i \geqslant 0$	$-Y$	$F_{i+1} = F_i - 2Y_i + 1$	$X_{i+1} = X_i$，$Y_{i+1} = Y_i - 1$	$-X$	$F_{i+1} = F_i - 2X_i + 1$	$X_{i+1} = X_i - 1$，$Y_{i+1} = Y_i$
$F_i < 0$	$+X$	$F_{i+1} = F_i + 2X_i + 1$	$X_{i+1} = X_i + 1$，$Y_{i+1} = Y_i$	$+Y$	$F_{i+1} = F_i + 2Y_i + 1$	$X_{i+1} = X_i$，$Y_{i+1} = Y_i + 1$

3）终点判别

圆弧插补终点判别与直线插补的终点判别类似。

（1）判断插补或进给的总步数：$N = |X_a - X_b| + |Y_a - Y_b|$。

（2）分别判断各坐标轴的进给步数：$N_x = |X_a - X_b|$，$N_y = |Y_a - Y_b|$。

4）逐点比较法的圆弧插补举例

对于第一象限内的圆弧$\overset{\frown}{AB}$，起点为$A(0,5)$，终点为$B(5,0)$，采用顺圆插补方法，逐点比较法的圆弧插补运算过程如表6-4所示，插补轨迹如图6-5所示。

表6-4 逐点比较法的圆弧插补运算过程

步数	偏差判别	坐标进给	偏差计算	坐标计算	终点判断
0			$F_0 = 0$	$X_0 = 0$，$Y_0 = 5$	$N = 10$
1	$F_0 = 0$	$-Y$	$F_1 = F_0 - 2Y_0 + 1 = -9$	$X_1 = 0$，$Y_1 = 4$	$N = 9$
2	$F_1 < 0$	$+X$	$F_2 = F_1 + 2X_1 + 1 = -8$	$X_2 = 1$，$Y_2 = 4$	$N = 8$
3	$F_2 < 0$	$+X$	$F_3 = F_2 + 2X_2 + 1 = -5$	$X_3 = 2$，$Y_3 = 4$	$N = 7$
4	$F_3 < 0$	$+X$	$F_4 = F_3 + 2X_3 + 1 = 0$	$X_4 = 3$，$Y_4 = 4$	$N = 6$
5	$F_4 = 0$	$-Y$	$F_5 = F_4 - 2Y_4 + 1 = -7$	$X_5 = 3$，$Y_5 = 3$	$N = 5$
6	$F_5 < 0$	$+X$	$F_6 = F_5 + 2X_5 + 1 = 0$	$X_6 = 4$，$Y_6 = 3$	$N = 4$
7	$F_6 = 0$	$-Y$	$F_7 = F_6 - 2Y_6 + 1 = -5$	$X_7 = 4$，$Y_7 = 2$	$N = 3$
8	$F_7 < 0$	$+X$	$F_8 = F_7 + 2X_7 + 1 = 4$	$X_8 = 5$，$Y_8 = 2$	$N = 2$
9	$F_8 > 0$	$-Y$	$F_9 = F_8 - 2Y_8 + 1 = 1$	$X_9 = 5$，$Y_9 = 1$	$N = 1$
10	$F_9 > 0$	$-Y$	$F_{10} = F_9 - 2Y_9 + 1 = 0$	$X_{10} = 5$，$Y_{10} = 0$	$N = 0$

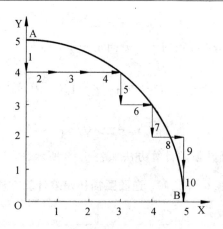

图 6-5　逐点比较法的圆弧插补轨迹

5）其他象限的圆弧插补

上面讨论的是第一象限的圆弧插补方法。实际上，圆弧所在象限不同，进给方向不同。将圆弧插补分为八种形式，用 SR_1、SR_2、SR_3、SR_4 分别代表第一、二、三、四象限的顺圆弧，NR_1、NR_2、NR_3、NR_4 分别代表四个象限的逆圆弧，一共八种形式，归纳成两组。

（1）NR_1、NR_3、SR_2、SR_4 为一组。设圆弧都从起点开始插补，则刀具的进给方向如图 6-6 所示。其共同特点是：当 $F \geqslant 0$ 时，向 X 方向进给，NR_1、SR_4 走 $-X$ 方向，NR_3、SR_2 走 $+X$ 方向；当 $F < 0$ 时，向 Y 方向进给，NR_1、SR_2 走 $+Y$ 方向，NR_3、SR_4 走 $-Y$ 方向。偏差计算与第一象限逆圆插补相同，只是 X、Y 值都采用绝对值。这组圆弧的偏差计算如表 6-4 所示。

（2）SR_1、SR_3、NR_2、NR_4 为一组。设圆弧都从起点开始插补，则刀具的进给方向如图 6-7 所示。其共同点是：当 $F \geqslant 0$ 时，向 Y 方向进给，SR_1、NR_2 走 $-Y$ 方向，SR_3、NR_4 走 $+Y$ 方向；当 $F < 0$ 时，向 X 方向进给，SR_1、NR_4 走 $+X$ 方向，SR_3、NR_2 走 $-X$ 方向。偏差计算与第一象限顺圆弧插补相同，只是 X、Y 值都采用绝对值。这组圆弧的偏差计算如表 6-5 所示。

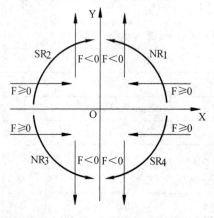

图 6-6　NR_1、NR_3、SR_2、SR_4 进给方向

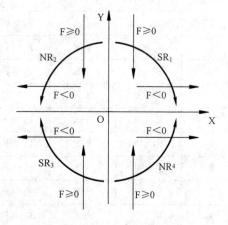

图 6-7　SR_1、SR_3、NR_2、NR_4 进给方向

表 6 - 5　八种圆弧插补偏差计算方法

第一种偏差判别			第二种偏差判别		
圆弧	F≥0	F＜0	圆弧	F≥0	F＜0
NR_1	$-X$	$+Y$	SR_1	$-Y$	$+X$
NR_3	$+X$	$-Y$	SR_3	$+Y$	$-X$
SR_2	$+X$	$+Y$	NR_2	$-Y$	$-X$
SR_4	$-X$	$-Y$	NR_4	$+Y$	$+X$
偏差计算	$F_{i+1}=F_i-2\|X_i\|+1$ $X_{i+1}=\|X_i\|-1,$ $Y_{i+1}=Y_i$	$F_{i+1}=F_i+2\|Y_i\|+1$ $X_{i+1}=X_i,$ $Y_{i+1}=\|Y_i\|+1$	偏差计算	$F_{i+1}=F_i-2\|Y_i\|+1$ $X_{i+1}=X_i,$ $Y_{i+1}=\|Y_i\|-1$	$F_{i+1}=F_i+2\|X_i\|+1$ $X_{i+1}=\|X_i\|+1,$ $Y_{i+1}=Y_i$

4. 四方向逐点比较法的速度分析

刀具进给速度是插补方法的重要性能指标，也是选择插补方法的重要依据。

1）直线插补的速度分析

直线加工时，有

$$\frac{L}{V}=\frac{N}{f}$$

式中：L 为运动直线长度；V 为刀具进给速度；N 为插补循环数；f 为插补脉冲频率。上式计算得到的是直线插补运动时间。

$$N=X_e+Y_e=L\cos\alpha+L\sin\alpha$$

式中：α 为直线与 X 轴的夹角，其取值范围是$(0,\pi/2)$。

由上两式可导出

$$V=\frac{f}{\cos\alpha+\sin\alpha}=\frac{f}{\sqrt{2}\sin(\alpha+\pi/4)} \tag{6-9}$$

式（6-9）说明刀具进给速度与插补时钟频率 f 和直线与 X 轴的夹角 α 有关。若保持 f 不变，则加工 0° 和 90° 倾角的直线（即水平和竖直）时，刀具进给速度最大，其值为 f，加工 45° 倾角直线时，速度最小，其值为 0.707f。进给速度或脉冲源速度与 α 的关系如图 6-8 所示。

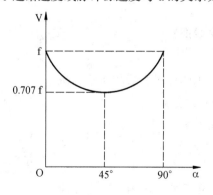

图 6 - 8　四向逐点比较法直线插补速度分析

2）圆弧插补的速度分析

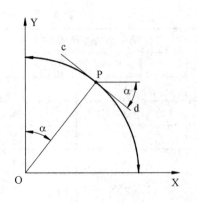

如图 6-9 所示，P 是圆弧 $\overset{\frown}{AB}$ 上任意一点，cd 是圆弧在 P 点的切线，切线与 X 轴的夹角为 α。显然，刀具在 P 点的速度可认为与插补切线 cd 的速度基本相等，因此，由式（6-8）可知加工圆弧 $\overset{\frown}{AB}$ 时刀具的进给速度是变化的，除了与插补时钟的频率成正比外，还与切削点的切线同 X 轴的夹角 α 有关，在 0° 和 90° 附近，速度最大，其值为 f，在 45° 附近，速度最小，其值为 0.707f，进给速度在 0.707f~f 间变化。

图 6-9　四向逐点比较法圆弧插补速度分析

二、八方向逐点比较法

1. 插补原理和特点

八方向逐点比较法也称为最小偏差法，是在四方向逐点比较法的基础上发展的新的插补方法。八方向逐点比较法与四方向逐点比较法相比，不仅以 +X、-X、+Y、-Y 作为进给方向，而且两个坐标可以同时进给，即四个合成方向 +X+Y、-X+Y、-X-Y、+X-Y 也作为进给方向，如图 6-10 所示。

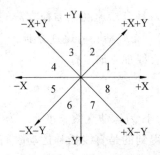

图 6-10　八方向逐点比较法的进给方向

根据八个进给方向，坐标系也相应地划分为八个区间。八方向逐点比较法以垂直的折线或 45° 折线逼近给定轨迹，逼近误差小于半个脉冲当量，加工出来的工件量比四方向逐点比较法加工的质量高。以四方向逐点比较法为基础可以推导出八方向逐点比较法的插补算法。这里首先讨论第一象限内（即第 1 区和第 2 区）八方向逐点比较法直线插补的情况。八方向逐点比较法是在进给之前，先判定一下向 X 坐标轴方向或 Y 坐标轴方向进给一步的偏差和向对角线（X 轴和 Y 轴同时进给）进给一步的偏差，选择偏差小的方向进给。

2. 八方向逐点比较法直线插补

1）进给方式

如图 6-11 所示，设欲加工的一段直线位于第一象限，终点为 $Z(X_e，Y_e)$，直线的方程为

$$Y_i X_e - X_i Y_e = 0$$

式中，X_i、Y_i 是直线 OZ 上动点坐标值。

进给方式如下：

（1）当 $X_e \geqslant Y_e$ 时，直线位于第 1 区内，进给方向为 +X 方向或对角线方向（+X+Y 方向），如图 6-11

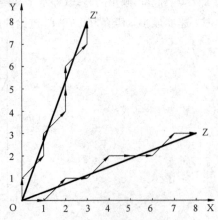

图 6-11　八方向逐点比较法直线插补

中直线 OZ 的插补。

（2）当$X_e < Y_e$时，直线位于第 2 区内，进给方向为＋Y 方向或对角线方向（＋X＋Y 方向），如图 6-11 中直线 OZ′ 的插补。

2）偏差函数的递推计算

若刀具加工点为 $P_i(X_i, Y_i)$，则该点的偏差函数 F_i 同式（6-1），为

$$F_i = Y_i X_e - X_i Y_e$$

在第一象限内，假定有直线 OZ，且$X_e \geqslant Y_e$，向＋X 方向进给一步，偏差函数为 $F_i(\Delta X)$，向对角线方向（＋X＋Y 方向）进给一步，偏差函数为 $F_i(\Delta X, \Delta Y)$。下面给出偏差函数的递推式或迭代式。

若向＋X 方向进给一步，则坐标单位用脉冲当量表示，有

$$\begin{cases} X_{i+1} = X_i + 1 \\ F_i(\Delta X) = Y_i X_e - (X_i + 1) Y_e = F_i - Y_e \end{cases} \quad (6-10)$$

若向对角线方向（＋X＋Y 方向）进给一步，有

$$\begin{cases} X_{i+1} = X_i + 1 \\ Y_{i+1} = Y_i + 1 \\ F_i(\Delta X, \Delta Y) = (Y_i + 1) X_e - (X_i + 1) Y_e = F_i + X_e - Y_e \end{cases} \quad (6-11)$$

为获得最小偏差，在进给前要先比较$|F_i(\Delta X)|$和$|F_i(\Delta X, \Delta Y)|$的大小，然后选择偏差小的方向进给。

如$|F_i(\Delta X)| \leqslant |F_i(\Delta X, \Delta Y)|$，则向＋X 方向进给；

如$|F_i(\Delta X)| > |F_i(\Delta X, \Delta Y)|$，则向＋X＋Y 方向同时进给。

同理，在第一象限内，假定有直线 OZ′，且$X_e' < Y_e'$。在进给前要先比较$|F_i(\Delta Y)|$和$|F_i(\Delta X, \Delta Y)|$的大小，然后选择偏差小的方向进给。

若向＋Y 方向进给一步，坐标单位用脉冲当量表示，有

$$\begin{cases} Y_{i+1} = Y_i + 1 \\ F_i(\Delta X) = (Y_i + 1) X_e' - X_i Y_e' = F_i + X_e' \end{cases} \quad (6-12)$$

如$|F_i(\Delta Y)| \leqslant |F_i(\Delta X, \Delta Y)|$，则向＋Y 方向进给；

如$|F_i(\Delta Y)| > |F_i(\Delta X, \Delta Y)|$，则向＋X＋Y 方向同时进给。

3）终点判别

在八方向逐点比较法直线插补算法中，对插补的终点判别作了不同于四方向逐点比较法的处理。因为八方向逐点比较法直线插补算法中会有两个坐标轴的同时进给，即斜向进给，如果按照四方向逐点比较法的处理方法，直接比较 X 轴和 Y 轴的坐标是否一起到达了终点、X 轴的坐标是否到达（X 轴方向步数多时）、Y 轴的坐标是否到达（Y 轴方向步数多时）等，会出现终点的误判断，或在判断过程中无法满足判断条件。为了防止这种情况发生，首先分别计算向 X 方向和 Y 方向进给的点步数，当遇到向 X 方向或 Y 方向进给一步的时候，则从总步数里减去一步，当向 X 方向和 Y 方向同时进给时就减去两步，这样当步数为 0 的时候就证明到达了终点，停止插补运算。八方向逐点比较法对第一象限内的直线插补流程图如图 6-12 所示。

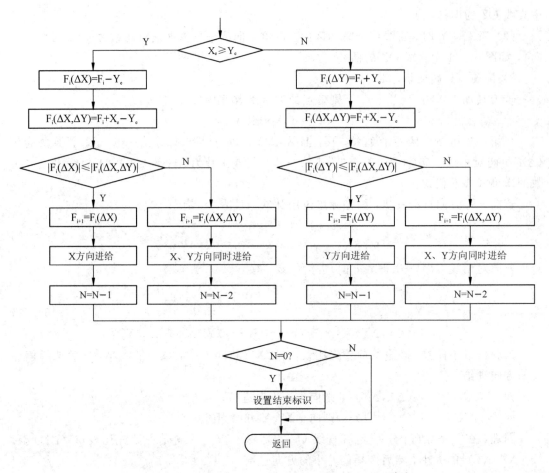

图 6 - 12　八方向逐点比较法第一象限直线插补流程图

4）实例说明

现欲加工一直线 OE，起点 O(0，0)，终点 E(8，4)，八方向逐点比较法直线插补运算过程如表 6 - 6 所示，八方向逐点比较法的直线插补轨迹如图 6 - 13 所示。

表 6 - 6　八方向逐点比较法直线插补运算过程

步数	偏差计算与比较	坐标进给	偏差结果	坐标计算	终点判断
0			$F_0 = 0$	$X_0 = 0，Y_0 = 0$	$N = 12$
1	$F_1(\Delta X) = 0 - 4 = -4$ $F_1(\Delta X，\Delta Y) = 0 + 8 - 4 = 4$	$+X$	$F_1 = -4$	$X_1 = 1，Y_1 = 0$	$N = 12 - 1 = 11$
2	$F_2(\Delta X) = -4 - 4 = -8$ $F_2(\Delta X，\Delta Y) = -4 + 8 - 4 = 0$	$+X+Y$	$F_2 = 0$	$X_2 = 2，Y_2 = 1$	$N = 11 - 2 = 9$
3	$F_3(\Delta X) = 0 - 4 = -4$ $F_3(\Delta X，\Delta Y) = 0 + 8 - 4 = 4$	$+X$	$F_3 = -4$	$X_3 = 3，Y_3 = 1$	$N = 9 - 1 = 8$

续表

步数	偏差计算与比较	坐标进给	偏差结果	坐标计算	终点判断
4	$F_4(\Delta X) = -4 - 4 = -8$ $F_4(\Delta X, \Delta Y) = -4 + 8 - 4 = 0$	$+X+Y$	$F_4 = 0$	$X_4 = 4$，$Y_4 = 2$	$N = 8 - 2 = 6$
5	$F_5(\Delta X) = 0 - 4 = -4$ $F_5(\Delta X, \Delta Y) = 0 + 8 - 4 = 4$	$+X$	$F_5 = -4$	$X_5 = 5$，$Y_5 = 2$	$N = 6 - 1 = 5$
6	$F_6(\Delta X) = -4 - 4 = -8$ $F_6(\Delta X, \Delta Y) = -4 + 8 - 4 = 0$	$+X+Y$	$F_6 = 0$	$X_6 = 6$，$Y_6 = 3$	$N = 5 - 2 = 3$
7	$F_7(\Delta X) = 0 - 4 = -4$ $F_7(\Delta X, \Delta Y) = 0 + 8 - 4 = 4$	$+X$	$F_7 = -4$	$X_7 = 7$，$Y_7 = 3$	$N = 3 - 1 = 2$
8	$F_8(\Delta X) = -4 - 4 = -8$ $F_8(\Delta X, \Delta Y) = -4 + 8 - 4 = 0$	$+X+Y$	$F_8 = 0$	$X_8 = 8$，$Y_8 = 4$	$N = 2 - 2 = 0$

通过对图 6-3 与图 6-13 的比较可以看出，对于同一段直线，四方向逐点比较法直插补的最大偏差 F＝4，总步长为 12，八向逐点比较法直线插补的最大偏差 F＝-4，总步长为 8。对于该段直线虽然最大偏差一样，但在多数情况下，八方向逐点比较法更为准确，其最大偏差值小于四方向逐点比较法，因此，八方向的逐点比较法直线插补的误差小，插补运动总步数少，即具有插补精度高、运算速度快的优点。

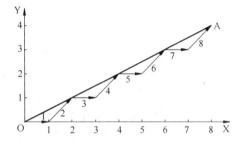

图 6-13 八方向逐点比较法直线插补轨迹

5）偏差估算

下面估算一下八方向逐点比较法的偏差值。以第一象限为例，见图 6-14，设 $M(X_M，Y_M)$，为已知加工点，M_1 点是向 X 方向进给一步的新加工点，M_2 点是向对角线方向进给一步的新加工点。点 M_1 对于直线的偏差为 M_1D_1，点 M_2 对于直线的偏差为 M_2D_2。由图中看出，在直角三角形里可得

$$M_1D_1 < M_1P$$
$$M_2D_2 < PM_2$$

即

$$M_1D_1 + M_2D_2 < M_1P + PM_2 = M_1M_2 = 1$$

因此，M_1D_1 和 M_2D_2 中较小者必定小于 1/2 个脉冲当量。而进给规则规定下一步的进给方向是偏差较小的加工点，所以在八方向逐点比较法的直线插补中，每个加工点对于直线的偏差小于 1/2 个脉冲当量。

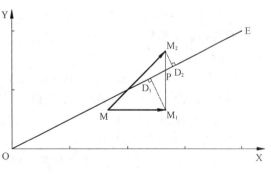

图 6-14 偏差估算示意图

3. 八方向逐点比较法圆弧插补

对应八方向逐点比较法直线插补的八个进给方向以及划分的八个区间，顺时针圆弧插

补（SR）和逆时针圆弧插补（NR）可以划分为 16 种圆弧，如图 6-15 所示。下面讨论第一象限中逆时针圆弧插补的情况（即 NR1 和 NR2）。

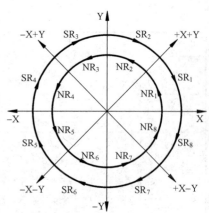

图 6-15　八方向逐点比较法 16 种圆弧与进给方向

1）进给方式

对于圆弧而言，与四方向逐点比较法一样，仍把圆弧中心作为坐标原点。设加工一段位于第一象限的逆时针圆弧，半径为 R。圆的方程为

$$X_i^2 + Y_i^2 - R^2 = 0$$

式中，X_i、Y_i 是圆弧上动点坐标值，进给方式如下：

（1）当 $X_i \geqslant Y_i$ 时，动点位于第 NR1 区内，进给方向为 +Y 方向或对角线方向（-X+Y 方向）。

（2）当 $X_i < Y_i$ 时，动点位于第 NR2 区内，进给方向为 -X 方向或对角线方向（-X+Y 方向）。

2）偏差函数的递推计算

设任意时刻加工点 M 的坐标为 (X_i, Y_i)，相应的偏差函数为 $F_i = F(X_i, Y_i)$，即

$$F_i = X_i^2 + Y_i^2 - R^2$$

式中，X_i、Y_i 是圆弧上动点的坐标值。

在第一象限内的逆时针圆弧上，设加工点 M 的坐标 $X_i \geqslant Y_i$，即动点在第 NR1 区。向 +Y 方向进给一步，偏差函数为 $F_i(\Delta Y)$；向对角线方向（-X+Y 方向）进给一步，偏差函数为 $F_i(\Delta X, \Delta Y)$，偏差函数的递推式或选代式如下。

若向 +Y 方向进给一步，若坐标单位用脉冲当量表示，有

$$\begin{cases} Y_{i+1} = Y_i + 1 \\ F_i(\Delta Y) = X_i^2 + (Y_i+1)^2 - R^2 = F_i + 2Y_i + 1 \end{cases} \quad (6-13)$$

若向 -X+Y 方向同时进给一步，有

$$\begin{cases} X_{i+1} = X_i - 1 \\ Y_{i+1} = Y_i + 1 \\ F_i(\Delta X, \Delta Y) = (X_i-1)^2 + (Y_i+1)^2 - R^2 = F_i - 2X_i + 2Y_i + 2 \end{cases} \quad (6-14)$$

为获得最小偏差，在进给前要先比较 $|F_i(\Delta Y)|$ 和 $|F_i(\Delta X, \Delta Y)|$ 的大小，然后选择偏差小的方向进给。

如 $|F_i(\Delta Y)| \leqslant |F_i(\Delta X, \Delta Y)|$，则向 +Y 方向进给；

如 $|F_i(\Delta Y)| > |F_i(\Delta X, \Delta Y)|$，则向 -X+Y 方向同时进给。

同理，假设加工点 M 的坐标 $X_i < Y_i$，即动点在 NR2 区。向 -X 方向进给一步，偏差函数为 $F_i(\Delta X)$；向对角线方向（-X+Y 方向同时）进给一步，偏差函数为 $F_i(\Delta X, \Delta Y)$。

若向 -X 方向进给一步，若坐标单位用脉冲当量表示，有

$$\begin{cases} X_{i+1} = X_i - 1 \\ F_i(\Delta X) = (X_i-1)^2 + Y_i^2 - R^2 = F_i - 2X_i + 1 \end{cases} \quad (6-15)$$

若向 -X+Y 方向同时进给一步，则与式 6-14 相同。

在进给前要先比较$|F_i(\Delta X)|$和$|F_i(\Delta X,\Delta Y)|$的大小，然后选择较小的方向进给。

如$|F_i(\Delta X)|\leqslant|F_i(\Delta X,\Delta Y)|$，则向$-X$方向进给；

如$|F_i(\Delta X)|>|F_i(\Delta X,\Delta Y)|$，则向$-X+Y$方向同时进给。

3）终点判别

八方向圆弧插补算法的终点判别方法与直线插补算法的终点判别方法相同，首先分别计算向X向和Y向进给的步数，当遇到向X向或Y向进给一步的时候，则从总步数里减去一步，当向X向和Y向同时进给时就减去两步，这样当步数为0的时候就证明到达了终点，停止插补运算。

4）实例说明

加工一圆弧$\overset{\frown}{AB}$，起点$A(5,0)$，终点$B(0,5)$，应用八方向逐点比较法圆弧插补运算过程如表6-7所示，八方向逐点比较法圆弧插补轨迹如图6-16所示。

表6-7　八方向逐点比较法圆弧插补运算过程

步数	偏差计算与比较	坐标进给	偏差结果	坐标计算	终点判断
0			$F_0=0$	$X_0=5$，$Y_0=0$	$N=10$
1	$F_1(\Delta Y)=0+0+1=1$ $F_1(\Delta X,\Delta Y)=0-10+0+2=-8$	$+Y$	$F_1=1$	$X_1=5$，$Y_1=1$	$N=10-1=9$
2	$F_2(\Delta Y)=1+2+1=4$ $F_2(\Delta X,\Delta Y)=1-10+2+2=-5$	$+Y$	$F_2=4$	$X_2=5$，$Y_2=2$	$N=9-1=8$
3	$F_3(\Delta Y)=4+4+1=9$ $F_3(\Delta X,\Delta Y)=4-10+4+2=0$	$-X+Y$	$F_3=0$	$X_3=4$，$Y_3=3$	$N=8-2=6$
4	$F_4(\Delta Y)=0+6+1=7$ $F_4(\Delta X,\Delta Y)=0-8+6+2=0$	$-X+Y$	$F_4=0$	$X_4=3$，$Y_4=4$	$N=6-2=4$
5	$F_5(\Delta X)=0-6+1=-5$ $F_5(\Delta X,\Delta Y)=0-6+8+2=4$	$-X+Y$	$F_5=4$	$X_5=2$，$Y_5=5$	$N=4-2=2$
6	$F_6(\Delta X)=4-4+1=1$ $F_6(\Delta X,\Delta Y)=4-4+10+2=12$	$-X$	$F_6=1$	$X_6=1$，$Y_6=5$	$N=2-1=1$
7	$F_7(\Delta X)=1-2+1=0$ $F_7(\Delta X,\Delta Y)=1-2+10+2=11$	$-X$	$F_7=0$	$X_7=0$，$Y_7=5$	$N=1-1=0$

以上分析了第一象限内逆时针圆弧的插补，其他象限的顺、逆圆弧的插补原理与第一象限相似。通过图6-5与图6-16的比较可以看出，四方向逐点比较法圆弧插补的最大偏差$F=-9$，总步长为10；八方向逐点比较法圆弧插补的最大偏差$F=4$，总步长为7。因此，八方向的逐点比较法圆弧插补的误差小，插补运动总步数少，即具有插补精度高、运算速度快的优点。同时，八方向的插补算法的偏差函数递推公式简单直观，也容易用软件来实现。

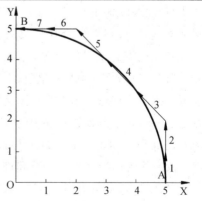

图6-16　八方向逐点比较法圆弧插补轨迹

4. 八方向逐点比较法的象限处理

如图 6-15 中，八方向逐点比较法的 16 种圆弧的插补计算可以划分为 4 种算法（SR 为顺圆弧，NR 为逆圆弧），进给方式如下所述。

（1）圆弧 NR_1、SR_4、NR_5、SR_8，Y 坐标单独进给或 X、Y 两坐标同时进给，且动点的 Y 坐标绝对值呈增加趋势。算法如下：

$$F_i(\Delta Y) = F_i + 2Y_i + 1$$
$$F_i(\Delta X, \Delta Y) = F_i - 2X_i + 2Y_i + 2$$

当 $|F_i(\Delta Y)| \leqslant |F_i(\Delta X, \Delta Y)|$，则向 Y 方向进给，即 $|Y_i| + 1$；

当 $|F_i(\Delta Y)| > |F_i(\Delta X, \Delta Y)|$，则向 X、Y 方向同时进给，即 $|X_i| - 1$、$|Y_i| + 1$。

（2）圆弧 NR_2、SR_3、NR_6、SR_7，X 坐标单独进给或 X、Y 两坐标轴同时进给，且动点的 X 坐标绝对值呈减小趋势。算法如下：

$$F_i(\Delta X) = F_i - 2X_i + 1$$
$$F_i(\Delta X, \Delta Y) = F_i - 2X_i + 2Y_i + 2$$

当 $|F_i(\Delta X)| \leqslant |F_i(\Delta X, \Delta Y)|$，则向 X 方向进给，即 $|X_i| - 1$；

当 $|F_i(\Delta X)| > |F_i(\Delta X, \Delta Y)|$，则向 X、Y 方向同时进给，即 $|X_i| - 1$、$|Y_i| + 1$。

（3）圆弧 SR_1、NR_4、SR_5、NR_8，Y 坐标单独进给或 X、Y 两坐标同时进给，且动点的 Y 坐标绝对值呈减小趋势。算法如下：

$$F_i(\Delta Y) = F_i - 2Y_i + 1$$
$$F_i(\Delta X, \Delta Y) = F_i + 2X_i - 2Y_i + 2$$

当 $|F_i(\Delta Y)| \leqslant |F_i(\Delta X, \Delta Y)|$，则向 Y 方向进给，即 $|Y_i| - 1$；

当 $|F_i(\Delta Y)| > |F_i(\Delta X, \Delta Y)|$，则向 X、Y 方向同时进给，即 $|X_i| + 1$、$|Y_i| - 1$。

（4）圆弧 SR_2、NR_3、SR_6、NR_7，X 坐标单独进给或 X、Y 两坐标同时进给，且动点的 X 坐标绝对值呈增加趋势。算法如下：

$$F_i(\Delta X) = F_i + 2X_i + 1$$
$$F_i(\Delta X, \Delta Y) = F_i + 2X_i - 2Y_i + 2$$

当 $|F_i(\Delta X)| \leqslant |F_i(\Delta X, \Delta Y)|$，则向 X 方向进给，即 $|X_i| + 1$；

当 $|F_i(\Delta X)| > |F_i(\Delta X, \Delta Y)|$，则向 X、Y 方向同时进给，即 $|X_i| + 1$、$|Y_i| - 1$。

四方向插补有过象限问题，相邻的象限插补算法不同，进给方向也不同。同样，八方向逐点比较法也有过象限的问题。过象限或过区域的处理，首先应该进行过象限或过区域的判断。当 X=0 或 Y=0 时过象限；当 $|X| = |Y|$ 时过区域。每走一步，除进行终点判断外，还要进行过象限或过区域判断，到达象限或区域点时进行相应处理。过象限或过区域处理，可用查表的方法。由数学模块中的译码程序对用户程序段译码后生成插补数据和标志字。过象限的处理实际就是用旧的标志字通过查表获取新的标志字，替换旧的。当再次进行插补时，根据新的标志字进行插补和进给。

设加工点 M 沿单坐标方向进给时的偏差为 F_{m1}，两坐标同时进给时的偏差为 F_{m2}，进给完成的偏差为 F_{i+1}，则八方向圆弧插补流程图如图 6-17 所示。

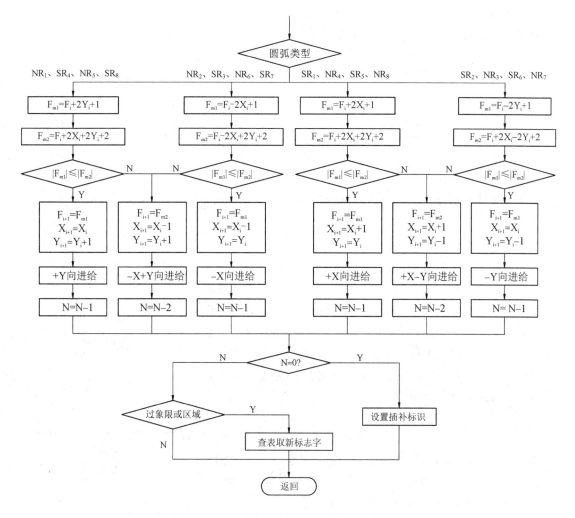

图 6-17 八方向逐点比较法圆弧插补流程图

三、数字积分法

数字积分法又称数字微分分析(DDA)法。数字积分法不仅可以实现平面直线、圆弧以及高次函数曲线的插补,而且由于数字积分法的各轴插补运算的独立性,还可以实现多个坐标轴间的联动控制,特别适用于复杂的连续空间曲线加工,因此被广泛应用于数字控制系统的插补运算中。

1. 求和运算代替求积分运算

从几何概念上讲,函数 $y=f(t)$ 的积分值就是该函数曲线与 t 轴之间所包围的面积,如图 6-18 所示,其面积为

$$S=\int_a^b ydt=\lim_{n\to\infty}\sum_{i=0}^{n-1}y_i(t_{i+1}-t_i)$$

若把自变量的积分区间[a，b]等分成许多有限的小区间 $\Delta t(\Delta t=t_{i+1}-t_i)$，这样求面积 S 可以转化为求有限个小区间面积之和，即累加 n 次的单位间隔矩形面积，取 $\Delta t=1$ 个脉冲当量，有

$$S=\sum_{i=0}^{n} y_i$$

由此可见，函数的积分运算变成了变量的求和运算。当选取的积分间隔 Δ 足够小时，则用求和运算代替求积分运算所引起的误差不会超过允许值。

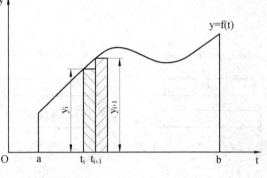

图 6-18　函数积分示意图

2. 数字积分法的基本原理

用微积分对变量问题的分析可以知道，用曲线每一微小线段的切线来代替小段曲线最为合理。要求刀具在每一微小曲线段上以切线方向切削，也就是说对每一小段切削时，要求刀具向 X 轴方向的运动速度分量 Δv_x 与 Y 轴方向的运动速度分量 Δv_y 的比例关系等于该小线段的切线斜率，即等于该曲线的导数 dy/dx。若加工图 6-19 所示的圆弧 $\overset{\frown}{AB}$，刀具在 X、Y 轴方向的速度满足以下条件

$$v_x=v\cos\alpha$$

$$v_y=v\sin\alpha$$

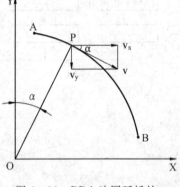

图 6-19　DDA 法圆弧插补

式中，v_x、v_y 为刀具在 X、Y 轴方向的进给速度；v 为刀具沿圆弧运动的切线速度；α 为圆弧上任一点处切线同 X 轴的夹角。

用积分法可以求得刀具在 X、Y 方向的位移，即

$$x=\int v_x\,dt=\int v\cos\alpha dt$$

$$y=\int v_y\,dt=\int v\sin\alpha dt$$

其数字积分表达式为

$$\begin{cases} x=\sum v_x\Delta t=\sum v\cos\alpha\Delta t \\ y=\sum v_y\Delta t=\sum v\sin\alpha\Delta t \end{cases}$$

(6-16)

式中，Δt 为插补循环周期。

3. DDA 法直线插补

1) DDA 法直线插补的积分表达式

对于图 6-20 所示的直线 OE，有

$$\frac{v}{L}=\frac{v_x}{X_e}=\frac{v_y}{Y_e}=K$$

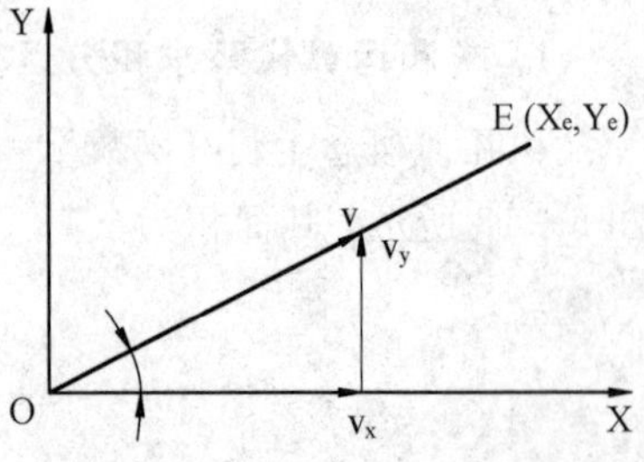

图 6-20　DDA 法直线插补原理

式中：L 为直线长度，单位为 mm；K 为比例系数，则 $v_x = KX_e$，$v_y = KY_e$，代入式（6 - 16），有

$$\begin{cases} x = K \sum_{i=1}^{m} X_e \Delta t \\ y = K \sum_{i=1}^{m} Y_e \Delta t \end{cases} \qquad (6-17)$$

在式（6 - 17）中，令 $\Delta t = 1$，$K = 1/2^n$，有

$$\begin{cases} X = \sum_{i=1}^{m} \dfrac{X_e}{2^n} \\ Y = \sum_{i=1}^{m} \dfrac{Y_e}{2^n} \end{cases} \qquad (6-18)$$

式中，n 为积分累加器的位数。

式（6 - 18）便是 DDA 法直线插补的积分表达式。因为 n 位累加器的最大存数为 $2^n - 1$，当累加数等于或大于 2^n 时，发生溢出，而余数仍存放在累加器中。这种关系式还可以表示为：

$$\text{积分值} = \text{溢出脉冲数} + \text{余数}$$

当两个积分累加器根据插补时钟同步累加时，溢出脉冲数必然符合式（6 - 17），用这些溢出脉冲数分别控制相应坐标轴的运动，便能加工出所要求的直线。X_e、Y_e 又称作积分函数，而积分累加器又称为余数寄存器。

2）终点判别

若累加次数 $m = 2^n$，由式（6 - 18）可得：

$$X = \frac{1}{2^n} \sum_{i=1}^{2^n} X_e = X_e$$

$$Y = \frac{1}{2^n} \sum_{i=1}^{2^n} Y_e = Y_e$$

因此，累加次数即插补循环数是否等于 2^n，可作为 DDA 法直线插补终点判别的依据。

3）DDA 法直线插补举例

插补运算第一象限直线 OE，起点为 O(0，0)，终点为 E(8，4)。取被积函数寄存器分别为 J_{VX}、J_{VY}，余数寄存器分别为 J_{RX}、J_{RY}，终点计数器为 J_E，均为四位二进制寄存器。DDA 法直线插补过程如表 6 - 8 所示，插补轨迹如图 6 - 21 所示。从图 6 - 21 中可以看出，DDA 法允许向两个坐标轴同时发出进给脉冲，这一点与四方向逐点比较法不同。DDA 法运行方式

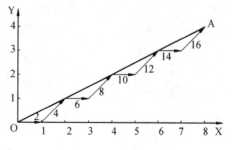

图 6 - 21　DDA 法直线插补轨迹

与八方向逐点比较法类似，但 DDA 法每个坐标值是一个模块，易于在软件中编程实现，所以运算速度快，应用广泛。

表 6-8　DDA 直线插补运算过程

累加次数	X积分器			Y积分器			终点计数器 J_E	备　注
	J_{VX}	J_{RX}	溢出 ΔX	J_{VY}	J_{RY}	溢出 ΔY		
0	1000	0000		0100	0000		0000	初始状态
1	1000	1000		0100	0100		0001	第一次迭代
2	1000	0000	1	0100	1000		0010	J_{RX} 有进位，ΔX 溢出
3	1000	1000		0100	1100		0011	无溢出
4	1000	0000	1	0100	0000	1	0100	ΔX、ΔY 均溢出
5	1000	1000		0100	0100		0101	无溢出
6	1000	0000	1	0100	1000		0110	ΔX 溢出
7	1000	1000		0100	1100		0111	无溢出
8	1000	0000	1	0100	0000	1	1000	ΔX、ΔY 均溢出
9	1000	1000		0100	0100		1001	无溢出
10	1000	0000	1	0100	1000		1010	ΔX 溢出
11	1000	1000		0100	1100		1011	无溢出
12	1000	0000	1	0100	0000	1	1100	ΔX、ΔY 均溢出
13	1000	1000		0100	0100		1101	无溢出
14	1000	0000	1	0100	1000		1110	ΔX 溢出
15	1000	1000		0100	1100		1111	无溢出
16	1000	0000	1	0100	0000	1	0000	$J_E=0$，插补结束

4）四象限域处理

在四个象限区域中，DDA 直线插补运算，X、Y 轴的被积寄存器累加值一般取为 $c|X_e|$ 和 $c|Y_e|$，插补运算过程也都相同，只是进给伺服电动机的走向应根据输入的终点坐标值在不同象限域内的正、负号来决定，直线插补的进给方向如表 6-9 所示。

表 6-9　直线插补的进给方向

电机	一象限	二象限	三象限	四象限
X轴电机	正	负	负	正
Y轴电机	正	正	负	负

4. DDA 法圆弧插补

1）DDA 法圆弧插补的积分表达式

DDA 法圆弧插补的积分表达式对图 6-19 所示的第一象限圆弧，圆心 O 位于坐标原点，两端点为 $A(X_A，Y_A)$、$B(X_B，Y_B)$，刀具位置为 $P(X_i，Y_i)$，若采用顺时针加工，有

$$\frac{v}{R} = \frac{v_x}{Y_i} = \frac{v_y}{X_i} = K$$

$$v_x = KY_i, \quad v_y = KX_i$$

根据式(6-16)，令 $\Delta = 1$，$K = 1/2^n$（n 为累加器的位数），有

$$\begin{cases} X = \displaystyle\sum_{i=1}^{m} \frac{Y_i}{2^n} = \frac{1}{2^n} \sum_{i=1}^{m} Y_i \\ Y = \displaystyle\sum_{i=1}^{m} \frac{X_i}{2^n} = \frac{1}{2^n} \sum_{i=1}^{m} X_i \end{cases} \qquad (6-19)$$

显然用 DDA 法进行圆弧插补时，是对切削点的即时坐标 X_i、Y_i 的数值分别进行累加，若累加器 $J_{vx}(Y_i)$、$J_{vy}(X_i)$ 产生溢出，则在相应的坐标方向进给一步，进给方向取决于圆弧所在象限以及顺圆或逆圆插补的情况。而相应被积函数的修正也可由此确定。

2）终点判别

DDA 法圆弧插补的终点判别不能通过插补运算的次数来判别，而必须根据进给次数来判别。利用两个坐标方向同时进给的总步数进行终点判别时，会引起圆弧终点坐标出现大于 1 个脉冲当量，但小于 2 个脉冲当量的偏差，所以，一般采用分别判断各个坐标方向进给步数的方法，即 $N_x = |X_A - X_B|$，$N_y = |Y_A - Y_B|$。

与直线插补相比，DDA 法圆弧插补时的 X、Y 轴的被积函数寄存器中分别存放了当前工作点的坐标变量 Y_i、X_i，由于 Y_i、X_i 值是随着加工点的移动而改变的，所以它们必须用相应的 Y_i、X_i 坐标的累加寄存器的溢出脉冲来进行增 1 或减 1 的修改。

3）DDA 法圆弧插补举例

对于第一象限内圆弧，两端端点为 A(5,0) 和 B(0,5)，采用逆圆插补，DDA 圆弧插补运算过程如表 6-10 所示，插补轨迹如图 6-22 所示。因为在插补过程中要对刀具位置的坐标值进行累加，因此一旦累加器发生溢出，即说明刀具在相应坐标方向走了一步，此时必须对其坐标值，即被积函数进行修改。在该例中，两坐标的进给步数均为 5。在插补中，一旦某坐标进给步数达到了要求，则停止该坐标方向的插补运算。

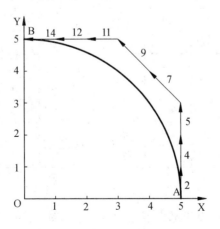

图 6-22　DDA 法圆弧插补轨迹

表 6-10　DDA 圆弧插补运算过程

累加次数	X积分器			X终点判别	Y积分器			Y终点判别	备注
	$J_{VX}(Y_i)$	J_{RX} ($\sum Y_i$)	ΔX		$J_{VY}(X_i)$	J_{RY} ($\sum X_i$)	ΔY		
0	000	000	0	101	101	000	0	101	初始状态
1	000	000	0	101	101	101	0	101	第一次迭代
2	000	000	0	101	101	010	1	100	产生 ΔY
	001								修正 $J_{VX}(Y_i)$
3	001	001	0	101	101	111	0	100	
4	001	010	0	101	101	100	1	011	产生 ΔY
	010								修正 $J_{VX}(Y_i)$
5	010	100	0	101	101	001	1	010	产生 ΔY
	011								修正 $J_{VX}(Y_i)$
6	011	111	0	101	101	110	0	010	
7	011	010	1	100	101	011	1	001	同时产生 ΔX、ΔY
	100				100				修正 $J_{VY}(X_i)J_{VX}(Y_i)$
8	100	110	0	100	100	111	0	001	
9	100	010	1	011	100	011	1	000	同时产生 ΔX、ΔY
	101					011			修正 $J_{VY}(X_i)J_{VX}(Y_i)$
10	101	111	0	011	011				
11	101	100	1	010	011				产生 ΔX
					010				修正 $J_{VY}(X_i)$
12	101	001	1	001	010				产生 ΔX
					001				修正 $J_{VY}(X_i)$
13	101	110	0	001	001				
14	101	011	1	000	001				产生 ΔX
					000				修正 $J_{VY}(X_i)$(结束)

4）四象限域处理

在 DDA 法圆弧插补中，对于顺向或逆向圆的轨迹线，其四象限域工作的插补原理是相同的，只是控制各坐标轴 ΔS_X、ΔS_Y 的进给方向不同。被积函数修改值是增 1 还是减 1，应由 X、Y 轴向的增减来定。DDA 圆弧插补进给方向如表 6-11 所示。

表 6 - 11　DDA 圆弧插补进给方向

类　别		逆圆/顺圆			
		第一象限	第二象限	第三象限	第四象限
进给轴方向	ΔS_X	负/正	负/正	正/负	正/负
	ΔS_Y	正/负	负/正	负/正	正/负
被积寄存器	$R(\Delta S_X)$	正/负	负/正	正/负	负/正
	$R(\Delta S_Y)$	负/正	正/负	负/正	正/负

5. 合成进给速度与改善方法

1）合成进给速度

由 DDA 法直线插补原理分析可知，当累加寄存器容量 $N=2^n$ 时，脉冲源每发出 1 个脉冲，累加寄存器就进行 1 次累加计算，这样 X 方向的平均进给速率是 $X_e/2^n$，Y 方向平均进给速率是 $Y_e/2^n$，故 X、Y 方向的脉冲频率分别为

$$f_x = \frac{X_e}{2^n} \cdot f_g$$

$$f_y = \frac{Y_e}{2^n} \cdot f_g$$

式中，f_g 为脉冲源频率。

若脉冲当量为 δ，则可求得 X 和 Y 方向的进给速度为

$$v_x = 60f_x\delta = 60 \frac{X_e}{2^n} \cdot f_g\delta = \frac{X_e}{2^n} \cdot v_g$$

$$v_y = 60f_y\delta = 60 \frac{Y_e}{2^n} \cdot f_g\delta = \frac{Y_e}{2^n} \cdot v_g$$

式中，v_g 为脉冲源在当量为 δ 时的脉冲进给速度。

合成速度为

$$v = \sqrt{v_x^2 + v_y^2} = \frac{\sqrt{X_e^2 + Y_e^2}}{2^n} \cdot v_g = \frac{L}{2^n} \cdot v_g$$

式中，L 为直线长度。同理对于圆弧插补时可以得出合成速度公式为

$$v = \frac{R}{2^n} \cdot v_g$$

通过上面两个合成速度公式可知，当数控加工程序中 F 代码一旦给定进给速度后，v_g 基本维持不变，这样合成进给速度 v 就与插补直线的长度或圆弧半径成正比。也就是说，当 L 或 R 很小时，v 也很小，脉冲溢出速度很慢；反之，脉冲溢出速度加快。可见脉冲溢出速度与插补直线长度或圆弧半径的大小成正比。

2）进给速度的均化措施

DDA 法插补的特点是进给脉冲源每发一个脉冲就代表一个单位的时间增量 Δt，而且不论行程长短，任何一个轴都必须作 m 次累加，完成时间也都是相同的，因此，行程越长的轴其进给速度越快，这必然影响加工质量和短行程的生产率。因此有必要使 Δ_{SX} 和 Δ_{SY} 的溢出速度均化，进给速度均化的常用方法是"规格化"。寄存器中所存的数，若其最高位为

0，称为非规格化数，为 1 称为规格化数。将一个非规格化的数通过向左移位操作，变成规格化数的过程称为规格化。所谓左移规格化就是将被积函数寄存器中所存放的坐标数据的前零移去使之成为规格化数，然后再进行累加，从而达到稳定进给速度的目的。由于直线插补和圆弧插补的情况有些不同，下面对此分别进行介绍。

（1）直线插补的左移规格化处理。

直线插补时，规格化数累加 2 次必然有 1 次溢出，而非规格化数必须做 2 次以上或更多次累加后才有 1 次溢出。

直线插补时的左移规格化处理方法是将被积函数寄存器 J_{VX} 和 J_{VY} 中的 X_e 和 Y_e（非规格化数）同时左移（最低位补入 0），并记下左移位数，直到 J_{VX} 和 J_{VY} 中任一个成为规格化数为止。也就是说，直线插补的左移规格化处理就是使坐标值最大（指绝对值）的被积函数寄存器的最高有效位为 1。同时左移意味着把 X 和 Y 两个坐标轴方向的脉冲分配速度扩大同样的倍数，而两者数值之比并没有改变，故斜率也不变，保持了原有直线的特性。

对于同一个零件的加工段，左移规格化前后，各坐标轴分配脉冲数应该等于 X_e 和 Y_e，但由于被积函数左移 i 位使其数值扩大为原来的 2^i 倍，故为了保持溢出的总脉冲数不变，就要相应地减少累加次数。当被积函数寄存器数值左移 1 位，数值就扩大 1 倍，这时 KX_e 和 KY_e 中的比例系数 K 必须修改为 $K=1/2^{n-1}$，而累加次数相应修改为 $m=2^{n-1}$。依次类推，当左移 i 位后，$K=1/2^{n-i}$，$m=2^{n-i}$。也就是说，当被积函数扩大 1 倍，则累加次数就减少为原来的 1/2。在具体实现时，当 J_{VX} 和 J_{VY} 左移（最低位补入 0）的同时，终点判别计数器把"1"从最高位输入，进行右移即可。图 6-23 为左移规格化及修改终点判别计数长度的实例。

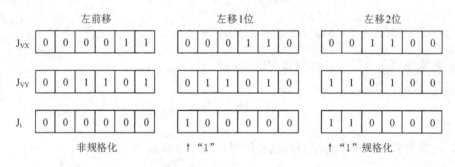

左前移　　　　　　左移1位　　　　　　左移2位

J_{VX} | 0 0 0 0 0 1 1 | 0 0 0 0 1 1 0 | 0 0 1 1 0 0

J_{VY} | 0 0 1 1 0 1 | 0 1 1 0 1 0 | 1 1 0 1 0 0

J_i | 0 0 0 0 0 0 | 1 0 0 0 0 0 | 1 1 0 0 0 0

非规格化　　　　　　↑"1"　　　　　　↑"1"规格化

图 6-23　直线插补左移规格化及终点判别长度修改

（2）圆弧插补的左移规格化处理。

圆弧插补的左移规格化处理与直线插补基本相同，唯一的区别是圆弧插补的左移规格化是使坐标值最大的被积函数寄存器的次高位为 1（即保持 1 个左 0），也就是说，在圆弧插补中将 J_{VX} 和 J_{VY} 寄存器中次高位为"1"的数称为规格化数。这是由于在圆弧插补过程中将 J_{VX} 和 J_{VY} 寄存器中的数 x 和 y，随着加工过程的进行不断地被修改（加 1 修正），数值可能不断增加，若仍取最高位为"1"作规格化数，则有可能在加"1"修正后就溢出。规格化提前后，就避免了动点坐标修正时造成的溢出现象。另外，由于规格化数的定义提前了 1 位，则要求寄存器的容量必须大于被加工圆弧半径的 2 倍。圆弧插补左移规格化后，又带来一个新问题，左移 i 位，相当于坐标值扩大为原来的 2^i 倍，即 J_{VX} 和 J_{VY} 中存放的数值分别变为 $2^i y$

和 $2^i x$。这样假设 Y 轴有溢出脉冲时，则 J_{VX} 中寄存的坐标值应被修正为

$$2^i y \rightarrow 2^i (y \pm 1) = 2^i y \pm 2^i$$

可见，若圆弧插补前左移规格化处理过程中左移了 1 位，则当 J_{RY} 溢出 1 个脉冲时，J_{VX} 的动点坐标修正应该是 ± 2，而不是 ± 1，即相当于在 J_{VX} 的第 i 位 ± 1；同理，当 J_{RX} 有溢出脉冲时，J_{VY} 中存放的数据应作 $\pm 2^i$ 修正，即在第 i 位进行 ± 1 修正。

综上所述，直线插补和圆弧插补时左移规格化处理方法虽然不同，但均能提高溢出脉冲的速度，并且还能使溢出脉冲变得比较均匀。

（3）提高插补精度的措施（余数寄存器预置数法）。

前已述及，DDA 法直线插补的误差小于 1 个脉冲当量，但是 DDA 法圆弧插补的误差有可能大于 1 个脉冲当量，这是因为由于数字积分器溢出脉冲的频率与被积函数寄存器的存数成正比。在坐标轴附近进行插补时，一个积分器的被积函数值接近于 0，而另一个积分器的被积函数值却接近最大值（圆弧半径），这样后者可能连续溢出，而前者几乎没有溢出，两个积分器的溢出脉冲速率相差很大，致使插补轨迹偏离给定圆弧轨迹较远。为了减小上述原因带来的误差，可以采取以下两种措施：一是增加寄存器的位数，即相当于减小了积分区间的宽度 Δt，但这样会造成累加次数增加，降低了进给速度，并且这种改变是很有限的，不可能无限制地增加寄存器位数；二是采用余数寄存器预置数的方法，也就是在插补之前，余数寄存器 J_{RX} 和 J_{RY} 预置的初始值不是 0，而是最大容量 $2^n - 1$，或者是小于最大容量的某一个数，如 $2^n / 2$。常用的措施是预置最大容量值 $2^n - 1$（称全加载）和预置 $2^n / 2$（称半加载）两种方法。

所谓半加载，是指在 DDA 法插补之前，余数寄存器 J_{RX} 和 J_{RY} 的初值不是置 0，而是置 $1000 \cdots 000$（即 $2^n / 2$），也就是把余数寄存器 J_{RX} 和 J_{RY} 的最高有效位置为"1"，其余各位均置为"0"，这样只要再叠加 $2^n / 2$，余数寄存器就可以产生第 1 个溢出脉冲，使溢出脉冲提前，改变了溢出脉冲的时间分布，减小了插补误差。半加载可以使直线插补的误差减小到 1/2 个脉冲当量以内，圆弧插补的径向误差在 1 个脉冲当量以内。

所谓全加载，是指在插补运算前将余数寄存器 J_{RX} 和 J_{RY} 的初值设置成该寄存器的最大容量值（寄存器为 n 位），即置入 $2^n - 1$，这会使被积函数值很小的坐标积分器提早产生溢出，插补精度得到明显改善。

当然，DDA 法也很容易实现其他函数的插补，如抛物线插补、双曲线插补和椭圆插补等。另外，DDA 法还可以实现多坐标联动插补，如空间直线和螺旋线等，因此，DDA 法被广泛采用。

第三节　数据采样插补

在数控系统中引用计算机，大大缓解了插补运算时间和计算复杂性之间的矛盾，特别是高性能直流伺服电动机和交流伺服电动机为执行元件的计算机闭环、半闭环控制系统的研制成功，为提高现代数控系统的综合性能创造了必要的条件。相应地，基准脉冲插补法已经无法满足这些系统的要求，需要采用结合了计算机采样思想的数据采样法。本节将具体介绍数据采样插补法。

一、数据采样插补简介

1. 数据采样插补的基本原理

对于闭环和半闭环控制的数控系统，其脉冲当量较小（小于等于 0.001 mm），运行速度较快，加工速度可高达 15 m/min，甚至更快。若采用基准脉冲插补，计算机要执行 20 多条指令，约用时 40 μs，而产生的仅是一个控制脉冲，坐标轴仅移动 1 个脉冲当量，以这样的速度，计算机根本无法执行其他任务，因此必须采用数据采样插补。

数据采样插补由粗插补和精插补两个步骤组成。在粗插补阶段（一般数据采样插补都是指粗插补），是采用时间分割思想，根据编程规定的进给速度 F 和插补周期 T，将零件轮廓曲线分割成一段一段的轮廓步长 l，l＝FT，然后计算出每个插补周期的坐标增量 ΔX 和 ΔY，进而计算出插补点（即动点）的位置坐标。在精插补阶段，要根据位置反馈采样周期的大小，对零件轮廓步长采用基准脉冲插补（常用 DDA 法）进行直线插补。

2. 插补周期

插补周期 T 的合理选择是数据采样插补的一个重要问题。在一个插补周期 T 内，计算机除了要完成插补运算外，还要执行显示、监控和精插补等实时任务，所以插补周期 T 必须大于插补运算时间与完成其他实时任务时间之和，一般为 8～10 ms，现代数控系统已经缩短到 2～4 ms。此外，插补周期 T 还会对圆弧插补的误差产生影响。插补周期 T 应是位置反馈采样周期的整数倍，该倍数应等于零件轮廓步长实时精插补时的插补点数。

3. 插补精度分析

（1）直线插补时，由于坐标轴的脉冲当量很小，再加上位置检测反馈的补偿，可以认为轮廓步长 l 与被加工直线重合，不会造成轨迹误差。

（2）圆弧插补时，一般将轮廓步长 l 作为弦线或割线对圆弧进行逼近，因此存在最大半径误差 e_r，如图 6-24 所示。

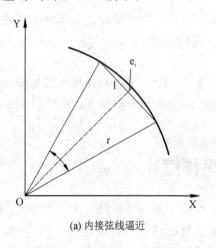
(a) 内接弦线逼近

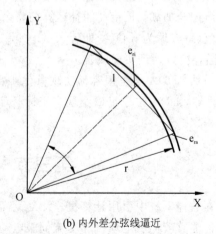
(b) 内外差分弦线逼近

图 6-24　圆弧的径向误差

采用弦线对圆弧进行逼近时，根据图 6-24(a)可知

$$r^2 - (r - e_r)^2 = \left(\frac{1}{2}\right)^2$$

$$2re_r - e_r^2 = l^2/4$$

舍去高阶无穷小 e_r^2，则有

$$e_r = \frac{l^2}{8r} = \frac{(FT)^2}{8r}$$

若采用理想割线(又称内外差分弦)对圆弧进行逼近，因为内外差分弦使内外半径的误差 e_r 相等，如图 6 - 24(b)所示，$e_r = e_{ra} = e_{ri}$，有

$$(r + e_r)^2 - (r - e_r)^2 = \left(\frac{1}{2}\right)^2$$

$$4e_r = l^2/4$$

$$e_r = \frac{l^2}{16r} = \frac{(FT)^2}{16r}$$

显然，当轮廓步长相等时，内外差分弦的半径误差是内接弦的一半；若令半径误差相等，则内外差分弦的轮廓步长 l 或角步距 δ 可以是内接弦的 $\sqrt{2}$ 倍。由于内外差分弦线逼近法计算复杂，所以很少应用。

由以上分析可知，圆弧插补时的半径误差 e_r 与圆弧半径 r 成反比，而与插补周期 T 和进给速度 F 的平方成正比。当 e_r 给定时，可根据圆弧半径 r 选择插补周期 T 和进给速度 F。

二、直线插补

1. 插补计算过程

由图 6 - 25 所示的直线可以看出，在直线插补过程中，轮廓步长 l 及其对应的坐标增量 ΔX_i、ΔY_i 是固定的，因此直线插补的计算过程可分为插补准备和插补计算两个步骤。

1)插补准备

主要是计算轮廓步长 l=FT 及其相应的坐标增量，可以采用不同的方法计算。

2)插补计算

实时计算出各插补周期中的插补点(动点)的坐标值。

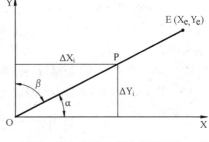

图 6 - 25　数据采样法直线插补

2. 实用插补算法

1)一次计算法

插补准备：$\Delta X_i = \frac{1}{L} X_e$，$\Delta Y_i = \frac{1}{L} Y_e$；

插补计算：$X_i = X_{i-1} + \Delta X_i$，$Y_i = Y_{i-1} + \Delta Y_i$。

2)直接函数法

插补准备：$\Delta X_i = \frac{1}{L} X_e$，$\Delta Y_i = \frac{1}{L} Y_e$；

插补计算：$\Delta Y_i = \Delta X_i \dfrac{Y_e}{X_e}$。

$$X_i = X_{i-1} + \Delta X_i, \quad Y_i = Y_{i-1} + \Delta Y_i$$

3）**进给速率法（扩展 DDA 法）**

插补准备：

$$K = \frac{1}{L} = \frac{FT}{L} = T \cdot FRN$$

插补计算：

$$\Delta X_i = KX_e, \quad \Delta Y_i = KY_e;$$
$$X_i = X_{i-1} + \Delta X_i, \quad Y_i = Y_{i-1} + \Delta Y_i。$$

4）**方向余弦法**

插补准备：

$$\cos\alpha = \frac{X_e}{L}, \quad \cos\beta = \frac{Y_e}{L}$$

插补计算：

$$\Delta X_i = l\cos\alpha, \quad \Delta Y_i = l\cos\beta$$
$$X_i = X_{i-1} + \Delta X_i, \quad Y_i = Y_{i-1} + \Delta Y_i$$

三、圆弧插补

由于圆弧是二次曲线，是用弦线或割线进行逼近，因此其插补计算要比直线插补复杂。用直线逼近圆弧的插补算法有很多，而且还在发展。研究插补算法遵循的原则一是算法简单，计算速度快；二是插补误差小，精度高。下面简要介绍直线函数法、扩展 DDA 法以及递归函数法。

1. 直线函数法（弦线法）

在图 6 - 26 中，顺圆上 B 点是继 A 点之后的瞬时插补点，坐标值分别为 $A(X_i, Y_i)$、$B(X_{i+1}, Y_{i+1})$，为了求出 B 点的坐标值，过 A 点作圆弧的切线 AP，M 是弦线 AB 的中点，AF 平行于 X 轴，而 ME、BF 平行于 Y 轴。δ 是轮廓步长 AB 弦对应的角步距。OM⊥AB，ME ⊥AF，E 为 AF 的中点。因 OM⊥AB，ME⊥AF，可得

$$\alpha = \angle MOD = \varphi_i + \frac{\delta}{2}$$

在△MOD 中，有

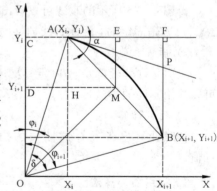

图 6 - 26　直线函数法圆弧插补

$$\tan\left(\varphi_i + \frac{\delta}{2}\right) = \frac{DH + HM}{OC - CD}$$

将 $DH = X_i$，$OC = Y_i$，$HM = \frac{1}{2}l\cos\alpha = \frac{1}{2}\Delta X$，$CD = \frac{1}{2}l\sin\alpha = \frac{1}{2}\Delta Y$ 代入上式，有

$$\tan\alpha = \frac{X_i + \frac{1}{2}l\cos\alpha}{Y_i - \frac{1}{2}l\sin\alpha} = \frac{\Delta X}{\Delta Y} = \frac{X_i + \frac{1}{2}\Delta X}{Y_i - \frac{1}{2}\Delta Y} \qquad (6 - 20)$$

在式（6 - 20）中，$\sin\alpha$ 和 $\cos\alpha$ 都是未知数，难以用简单方法求解，因此采用近似计算求

解 tanα，此时，用 sin45° 和 cos45° 来取代，有

$$\tan\alpha \approx \frac{X_i + \frac{\sqrt{2}}{4}1}{Y_i - \frac{\sqrt{2}}{4}1}$$

上面近似求解的式子，造成了 tanα 的偏差，使角 α 变为 α′（在 0～45° 时，α′＜α），使 cosα 变大，因为影响 ΔX 的值，使其成为 ΔX′，即

$$\Delta X' = 1\cos\alpha' = AF'$$

α 角的偏差会造成进给速度的偏差，而在 α 为 0° 和 90° 附近时，偏差较大。为使这种偏差不会使插补点离开圆弧轨迹，ΔY′ 不能采用 lsinα′ 计算，而应采用式（6-21）计算

$$\Delta Y' = \frac{\left(X_i + \frac{1}{2}\Delta X'\right)\Delta X'}{Y_i - \frac{1}{2}\Delta Y'} \tag{6-21}$$

则 B 点一定在圆弧上，其坐标为

$$X_{i+1} = X_i + \Delta X', \quad Y_{i+1} = Y_i + \Delta Y'$$

采用近似计算引起的偏差仅是 ΔX→ΔX′，ΔY→ΔY′，Δl→Δl′。这种算法能够保证圆弧插补的每一插补点位于圆弧轨迹上，它仅造成每次插补的轮廓步长即合成进给量 l 的微小变化，所造成的进给速度误差小于指令速度的 1%，这种变化在加工中是允许的，完全可以认为插补的速度仍然是均匀的。

2. 扩展 DDA 法数据采样插补

扩展 DDA 法是在 DDA 积分法的基础上发展起来的，它是将 DDA 法切线逼近圆弧的方法改变为割线逼近，从而提高圆弧插补的精度。

如图 6-27 所示，若加工半径为 R 的第一象限顺时针圆弧 $\overset{\frown}{AD}$，圆心为 O 点，设刀具处在现加工点 $A_{i-1}(X_{i-1}, Y_{i-1})$ 位置，线段 $A_{i-1}A_i$ 是沿被加工圆弧的切线方向的轮廓进给步长，$A_{i-1}A_i = 1$。显然，刀具在进给一个步长后，点 A_i 偏离所要求的圆弧轨迹较远，径向误差较大。若通过 $A_{i-1}A_i$ 线段的中点 B，作以 OB 为半径的圆弧的切线 BC，作 $A_{i-1}H$ 平行于 BC，并在 $A_{i-1}H$ 上截取直线段 $A_{i-1}A_i'$，使 $A_{i-1}A_i' = A_{i-1}A_i = 1 = FT$，此时，可以证明 A_i' 点必定在所要求圆弧 AD 之外。如果用直线段 $A_{i-1}A_i'$ 替代切线 $A_{i-1}A_i$ 进给，会使径向误差大大减小。这种用割线进给代替切线进给的插补法称为扩展 DDA 法。

下面推导在一个插补周期 T 内，轮廓步长 l 的坐标分量 ΔX_i 和 ΔY_i，因为据此可以很容易求出本次插补后新加工点 A_i' 的坐标值 (X_i, Y_i)。

由图 6-27 可知，在直角 △OPA$_{i-1}$ 中，有

$$\sin\alpha = \frac{OP}{OA_{i-1}} = \frac{X_{i-1}}{R}$$

$$\cos\alpha = \frac{A_{i-1}P}{OA_{i-1}} = \frac{Y_{i-1}}{R}$$

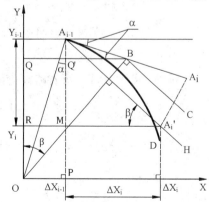

图 6-27　扩展 DDA 法圆弧插补

过 B 点作 X 轴的平行线 BQ 交 Y 轴于 Q，并交 PA_{i-1} 于 Q' 点。由图 6-27 可知，直角 $\triangle BQO$ 与直角 $\triangle A_{i-1}MA_i'$ 相似，有

$$\frac{MA_i'}{A_{i-1}A_i'}=\frac{OQ}{OB} \tag{6-22}$$

在图 6-27 中，$MA_i'=\Delta X_i$，$A_{i-1}A_i'=1$，在直角 $\triangle A_{i-1}Q'B$ 中，有

$$A_{i-1}Q'=A_{i-1}B\cdot\sin\alpha=\frac{1}{2}1\cdot\sin\alpha$$

则

$$OQ=A_{i-1}P-A_{i-1}Q'=Y_{i-1}-\frac{1}{2}1\cdot\sin\alpha$$

由于 $A_{i-1}A_i$ 是 A_{i-1} 点的切线，所以 $A_{i-1}A_i\perp OA_{i-1}$，在直角 $\triangle OA_{i-1}B$ 中，有

$$OB=\sqrt{(A_{i-1}B)^2+(OA_{i-1})^2}=\sqrt{\left(\frac{1}{2}1\right)^2+R^2}$$

将 OQ 和 OB 代入式(6-22)中，可得

$$\frac{\Delta X_i}{1}=\frac{Y_{i-1}-\frac{1}{2}1\cdot\sin\alpha}{\sqrt{\left(\frac{1}{2}1\right)^2+R^2}}$$

式中，由于 $1\ll R$，可省略高阶无穷小 $[1/(21)]^2$，可得

$$\Delta X_i\approx\frac{1}{R}\left(Y_{i-1}-\frac{1}{2}1\cdot\sin\alpha\right)=\frac{1}{R}\left(Y_{i-1}-\frac{1}{2}1\frac{X_{i-1}}{R}\right)=\frac{FT}{R}\left(Y_{i-1}-\frac{1}{2}\cdot\frac{FT}{R}X_{i-1}\right) \tag{6-23}$$

在相似直角 $\triangle BQO$ 与直角 $\triangle A_{i-1}MA_i'$，也有

$$\frac{A_{i-1}M}{A_{i-1}A_i'}=\frac{BQ}{BO}=\frac{QQ'+Q'B}{BO} \tag{6-24}$$

在直角 $\triangle A_{i-1}Q'B$ 中，有

$$Q'B=A_{i-1}B\cdot\cos\alpha=\frac{1}{2}\cdot\frac{Y_{i-1}}{R}$$

又 $Q'Q=X_{i-1}$，代入式(6-24)，可得

$$\Delta Y_i=A_{i-1}M=\frac{A_{i-1}A_i'(QQ'+Q'B)}{BO}=\frac{1\left(X_{i-1}+\frac{1}{2}\cdot\frac{Y_{i-1}}{R}\right)}{\sqrt{\left(\frac{1}{2}1\right)^2+R^2}}$$

同样，由于 $1\ll R$，可省略高阶无穷小 $(1/21)^2$，可得

$$\Delta Y_i\approx\frac{1}{R}\left(X_{i-1}+\frac{1}{2}\cdot\frac{Y_{i-1}}{R}\right)=\frac{FT}{R}\left(X_{i-1}+\frac{1}{2}\cdot\frac{FT}{R}Y_{i-1}\right) \tag{6-25}$$

若令 $K=\dfrac{FT}{R}=T\cdot FRN$，代入式(6-23)和式(6-25)，有

$$\begin{cases}\Delta X_i=K\left(Y_{i-1}+\frac{1}{2}KX_{i-1}\right)\\[2mm]\Delta Y_i=K(X_{i-1}+\frac{1}{2}KY_{i-1})\end{cases} \tag{6-26}$$

则 $A_i{}'$ 点的坐标值为

$$\begin{cases} X_i = X_{i-1} + \Delta X_i \\ Y_i = Y_{i-1} + \Delta Y_i \end{cases} \quad (6-27)$$

式(6-26)和式(6-27)为第一象限内顺圆插补计算公式,依照此原理,不难得出其他象限及其不同走向的扩展 DDA 法圆弧插补的计算公式。由上述扩展 DDA 法圆弧插补公式可知,采用该方法只需进行加法、减法及有限次的乘法运算,因而计算较方便、速度较高。此外,该法用割线逼近圆弧,其精度较弦线法高。因此扩展 DDA 法是比较适合于计算机数控系统的一种插补算法。

3. 递归函数计算法

递归函数采样插补是通过对轨迹曲线参数方程的递归计算实现插补的。由于递归函数计算法是根据前一个或前两个已知插补点来计算本次插补点,故称为一阶递归插补或二阶递归插补。

1) 一阶递归插补

图 6-28 为要插补的圆弧,起点为 $P_0(X_0, Y_0)$,终点为 $P_E(X_E, Y_E)$,圆弧半径为 R,圆心位于坐标原点,编程速度为 F。设刀具现实位置为 $P_i(X_i, Y_i)$,经过一个插补周期 T 后到达 $P_{i+1}(X_{i+1}, Y_{i+1})$,刀具运动轨迹为 P_iP_{i+1},每次插补所转过的圆心角为 θ,称为步距角,$\theta \approx \dfrac{FT}{R} = K$,有

$$X_i = R\cos\varphi_i, \quad Y_i = R\sin\varphi_i$$

式中,φ_i 是 $OP_i(X_i, Y_i)$ 与 X 轴的夹角。

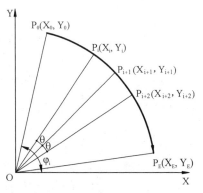

图 6-28 函数递归法圆弧插补

在插补一步后,有 $\varphi_{i+1} = \varphi_i - \theta$,可得插补点 P_{i+1} 的坐标为

$$X_{i+1} = R\cos(\varphi_i - \theta) = R\cos\varphi_i\cos\theta + R\sin\varphi_i\sin\theta$$
$$Y_{i+1} = R\sin(\varphi_i - \theta) = R\sin\varphi_i\cos\theta - R\cos\varphi_i\sin\theta$$

可得

$$\begin{cases} X_{i+1} = X_i\cos\theta + Y_i\sin\theta \\ Y_{i+1} = Y_i\cos\theta - X_i\sin\theta \end{cases} \quad (6-28)$$

式(6-28)称为一阶递归插补公式。

将式(6-28)中的三角函数 cosθ 和 sinθ 用幂级数展开进行二阶近似,有

$$\cos\theta \approx 1 - \frac{\theta^2}{2} = 1 - \frac{K^2}{2}$$

$$\sin\theta \approx \theta \approx K$$

代入式(6-28)可得

$$X_{i+1} = X_i\left(1 - \frac{K^2}{2}\right) + Y_iK$$

$$Y_{i+1} = Y_i\left(1 - \frac{K^2}{2}\right) - X_iK$$

整理后得

$$\begin{cases} X_{i+1}=X_i+K\left(Y_i-\dfrac{1}{2}KX_i\right) \\ Y_{i+1}=Y_i-K\left(X_i-\dfrac{1}{2}KY_i\right) \end{cases} \quad (6-29)$$

这个结果与扩展 DDA 法插补的结果一致，因此扩展 DDA 法也可称为一阶递归二阶近似插补。

2）二阶递归插补

二阶递归插补算法中，需要两个已知插补点。若插补点 $P_{i+1}(X_{i+1}，Y_{i+1})$ 已知，则对于下一插补点 $P_{i+2}(X_{i+2}，Y_{i+2})$ 有 $\varphi_{i+2}=\varphi_{i+1}-\theta$，则有

$$X_{i+2}=X_{i+1}\cos\theta+Y_{i+1}\sin\theta$$
$$Y_{i+2}=Y_{i+1}\cos\theta-X_{i+1}\sin\theta$$

将式（6-28）代入上式，可得

$$\begin{cases} X_{i+2}=X_i+2Y_{i+1}\sin\theta=X_i+2Y_{i+1}K \\ Y_{i+2}=Y_i-2X_{i+1}\sin\theta=Y_i-2X_{i+1}K \end{cases} \quad (6-30)$$

显然二阶递归插补计算更为简单，但需要用其他插补法计算出第二个已知的插补点 $P_{i+1}(X_{i+1}，Y_{i+1})$，同时考虑到误差积累的影响，参与计算的已知插补点应计算得尽量精确，从而减小二阶递归插补计算误差。

思考题与习题

1. 简述四方向逐点比较法插补原理及特点。
2. 简述八方向逐点比较法插补原理及特点。
3. 简述数字积分法（DDA）的基本原理。
4. 简述数据采样插补原理。
5. 应用四方向逐点比较法对直线 OA 进行插补运算，A 点坐标（$X_A=3$，$Y_A=2$），试写出插补运算过程并画出运动轨迹。
6. 应用八方向逐点比较法对直线 OA 进行插补运算，A 点坐标（$X_A=3$，$Y_A=2$），试写出插补运算过程并画出运动轨迹。
7. 应用四方向逐点比较法对逆时针 1/4 圆弧 $\overset{\frown}{AB}$ 进行插补运算，A 点坐标（$X_A=3$，$Y_A=0$），B 点坐标（$X_B=0$，$Y_B=3$），试写出插补运算过程并画出运动轨迹。
8. 应用数字积分法（DDA）对直线 OA 进行插补运算，A 点坐标（$X_A=3$，$Y_A=2$），试写出插补运算过程并画出运动轨迹。

第七章 UG NX 12.0 自动编程与宏程序编程

利用软件及宏程序编制数控程序,不仅能减少大量的计算,提高编程效率,还能提高编程的准确性。本章主要介绍了 UG NX 12.0 加工模块中的平面铣工序、型腔铣工序和宏程序,平面铣工序是 2D 加工中最灵活、应用最广泛的加工工序。平面铣可以利用多层切削完成不同零件的粗加工,同时可以完成水平面和竖直侧壁的精加工。型腔铣工序是 3D 加工中的"万能"开粗工序,多用于零件型腔或型芯的粗加工。型腔铣切削层的设置更有利于大型模具的分层加工。宏程序可以简化程序段的数量和坐标点的计算,它应用逻辑运算和条件表达式的编程方式,能够使加工程序简短易懂,并解决使用普通编程指令难以编制椭圆或者曲线等的加工程序这一问题。

第一节 UG 编程简介

本节主要介绍 UG NX 12.0 加工模块的工作界面的菜单栏、功能区、工作区、资源条等功能指令,可以让读者更全面、更快速地了解加工模块中的常用功能指令。熟练掌握一些常用的功能指令后,读者可以根据自己的习惯对功能区、资源条等进行个性化设置。

一、UG NX 12.0 简介

UG 提供了从产品设计、分析、仿真到数控程序生成的一整套解决方案,并已广泛应用于汽车、航空航天、机械、消费产品、医疗器械、造船等行业。UG CAM 是整个 UG 软件的一部分,它以三维主模型为基础,具有强大、可靠的刀具轨迹生成模式,可以完成铣削(2.5~5 轴)、车削、线切割等编程。UG CAM 是模具数控行业最具代表性的数控编程软件,其最大的特点就是生成的刀具轨迹合理,切削负载均匀,适合高速加工。另外,在加工过程中的模型、加工工艺和刀具管理均与主模型相关联,主模型更改设计后,编程时只需重新计算即可。

二、UG NX 12.0 加工模块工作界面

1. 启动 NX UG 12.0 软件进入加工模块

UG NX 12.0 加工模块是 UG NX 12.0 软件的一部分。UG NX 12.0 中文版有以下 4 种最常用的启动方法:

(1) 双击电脑桌面上的 UG NX 12.0 的快捷方式图标,即可启动 UG NX 12.0 中文版。

(2) 单击桌面左下方的"开始"按钮,在弹出的菜单中选择"所有程序"→"Siemens NX 12.0"→"NX 12.0",启动 UG NX 12.0 中文版。

（3）将 UG NX 12.0 的快捷方式图标拖到桌面下方的快捷启动栏中，只需单击快捷启动栏中 UG NX 12.0 的快捷方式图标，即可启动 UG NX 12.0 中文版。

（4）直接在启动 UG NX 12.0 的安装目录的 UGII 子目录下双击 ugraf.exe 图标，就可启动 UG NX 12.0 中文版。

启动 NX UG 12.0 软件后，导入需要编程的三维模型，在功能区单击"应用模块"→加工"⚙️加工"按钮或按快捷键"Ctrl＋Alt＋M"，进入加工模块。进入加工模块时，系统会弹出"加工环境"对话框，选择"CAM 会话配置"和"要创建的 CAM 组装"的相应项后单击"确定"按钮，启用加工模块。

2. 加工模块工作界面介绍

UG NX 12.0 加工模块的工作界面如图 7-1 所示，其中包括标题栏、菜单栏、功能区、工作区、坐标系、资源条、快捷菜单、提示栏、过滤器和状态栏等部分。了解软件工作界面各部分的位置和功能之后才能更有效地完成设计及编程工作。

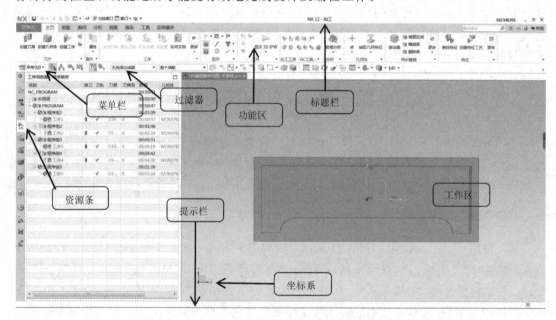

图 7-1　UG NX 12.0 加工模块工作界面

1）标题栏

标题栏显示软件版本、使用者应用模块的名称、当前正在操作的文件及状态，如图 7-2 所示。

图 7-2　标题栏

2）菜单栏

菜单栏中包含了本软件的主要功能。本软件系统的所有命令或者设置选项都集中在菜单栏中，分别是"文件"菜单、"编辑"菜单、"视图"菜单、"插入"菜单、"格式"菜单、"工具"菜单、"装配"菜单、"信息"菜单、"分析"菜单、"首选项"菜单、"窗口"菜单、"GC 工具箱"菜单和"帮助"菜单。当选择其中某一菜单时，在其子菜单中就会显示所有与该菜单功能有关的命令选项，如图 7-3 所示。

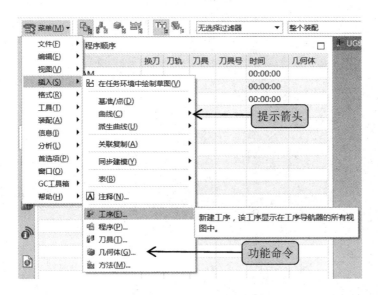

图 7-3 菜单栏及"插入"子菜单

3）功能区

功能区的所有命令及工具都可以在菜单栏中找到。为方便操作，快速找到需要的命令或者工具，这些命令和工具在功能区中都以小图标形式展示。加工模块中常用的选项卡有"主页"选项卡、"装配"选项卡、"曲线"选项卡、"分析"选项卡、"视图"选项卡、"渲染"选项卡、"工具"选项卡、"应用模块"选项卡，如图 7-4 所示。"主页"选项卡在不同模块下显示该模块下的大部分常用工具，如加工模块下的"主页"选项卡中包括"刀片"组工具条、"工序"组工具条、"工件"组工具条等。工具条中的子命令可以根据自己的实际需要进行定制。

图 7-4 功能区的常用选项卡

4）工作区

工作区是绘图和编程的主要区域，如图 7-5 所示，在绘图中创建、显示和修改部件参数，在加工模块生成及优化刀具路径。

5）资源条

资源条中包括"装配导航器""约束导航器""部件导航器""工序导航器""加工特征导航器""机床导航器""Web 浏览器""历史记录""加工向导""角色"等，如图

图 7-5 工作区域

7-6所示。单击资源条上方的"资源条选项"按钮" ☼ "，会弹出"资源条"下拉设置菜单，按个人习惯设置选项，选择或取消选择"锁住"选项，可以切换页面的固定和滑移状态。

图 7-6　资源条

6）提示栏

提示栏位于绘图区的上方或下方，由使用者根据使用习惯自行设置，其主要用途在于提示使用者操作的步骤。初学者在了解提示栏的信息后，完成提示信息所提示的内容再继续下一步操作，可以避免因对操作步骤不熟悉而导致出现错误。

7）过滤器

过滤器分为类型过滤器、选择范围过滤器、细节过滤器及颜色过滤器等。灵活使用过滤器可以帮助我们在绘图和自动编程时更好、更准确地选择零件图形上的点、线、面，如图7-7所示。

图 7-7　选择过滤器

8）坐标系

UG 中的坐标系分为绝对坐标系（ACS）、工作坐标系（WCS）和机床坐标系（MCS）。

（1）绝对坐标系（ACS）。绝对坐标系是系统默认的坐标系，其原点位置和各坐标轴线的方向永远保持不变，是固定的坐标系，用 X、Y、Z 表示各轴。绝对坐标系可作为零件和装配的基准。

（2）工作坐标系（WCS）。工作坐标系是 UG NX 系统提供给用户的坐标系，也是经常使用的坐标系，用户可以根据需要任意移动它的位置，也可以设置属于自己的工作坐标系，用 XC、YC、ZC 表示各轴。

（3）机床坐标系（MCS）。机床坐标系一般用于模具设计、加工、配线等向导操作中。

三、鼠标及快捷键的使用

1. 鼠标

鼠标左键：可以在菜单或对话框中选择命令或选项，也可以在图形窗口中选择对象。

Shift＋鼠标左键：在列表框中选择连续的多项。

Ctrl＋鼠标左键：选择或取消选择列表中的多个非连续项。

双击鼠标左键：对某个对象启动默认操作。

鼠标中键：循环完成某个命令中的所有必需步骤，然后单击鼠标中键（等同于"确定"）按钮。

Alt＋鼠标中键：关闭当前打开的对话框。

鼠标右键：显示特定对象的快捷菜单。

Ctrl＋鼠标右键：单击图形窗口中的任意位置，弹出视图菜单。

2. 键盘

Home 键：在正三轴视图中定向几何体。

End 键：在正等轴图中定向几何体。

Ctrl＋F 键：使几何体的显示适合图形窗口。

Alt＋Enter 键：在标准显示和全屏显示之间切换。

F1 键：查看关联的帮助。

F4 键：查看信息窗口。

UG 软件中默认了许多快捷键，另外可根据个人操作习惯设置一些常用功能的快捷键。

第二节　初始设置

将要编程的图样导入 UG NX 12.0 中，选择"应用模块"选项卡，单击"加工"按钮，进入加工模块。在 UG NX 12.0 中编程的核心部分是创建工序。在创建工序前，有必要进行初始设置，从而可以更方便地进行工序的创建。初始设置主要是进行一些组参数的设置，包括程序组、刀具、几何体的设置等，设置完成这些参数后，在创建工序时就可以直接调用。

本节自动编程中的参数设置、命令选择可以从菜单栏和工序导航器中选择并设置，也可以利用功能区快捷图标按钮进行选择并设置，为了让大家更全面地了解参数的设置方法，平面铣的所有参数在菜单栏和工序导航器中选择并设置，型腔铣的所有参数利用功能区快捷图标按钮进行选择并设置。

一、程序顺序视图

程序顺序视图模式决定操作输出的顺序，即按照刀具路径的执行顺序列出当前零件中的所有操作，显示每个操作所属的程序组和每个操作在数控机床上执行的顺序。每个操作的排列顺序决定了加工程序后处理的顺序和生成刀具位置源文件（CLSF）的顺序。

在程序顺序视图模式下包含多个参数栏目，例如名称、换刀、刀轨、刀具、刀具号、时间、几何体、方法等，用于显示每个操作的名称以及操作的相关信息。其中，在"换刀"列中显示该操作相对于前一个操作是否更换刀具，而"刀轨"列中显示该操作对应的刀具路径是否生成，在其他列中显示对应信息，如图 7-8 所示。

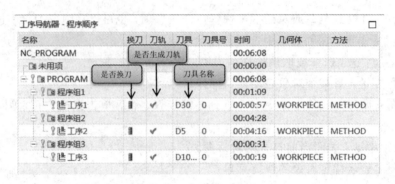

图 7-8　程序顺序视图

在程序顺序视图中的初始设置是创建程序组，步骤如下：

（1）鼠标右键单击"工序导航器"下方空白处，出现快捷菜单，左键单击选择"程序顺序视图"，如果工序导航器中已显示程序顺序视图则无须此操作。

（2）鼠标右键单击" PROGRAM"打开快捷菜单，选择"插入"→"程序组"选项，如图 7-9 所示。

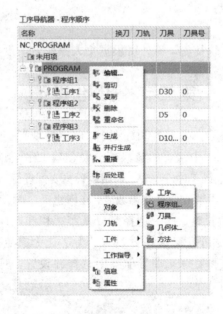

图 7-9　插入程序组

（3）类型选择"mill_planar"，并给程序组命名。单击下方"确定"按钮。输入开始事件，单击"确定"。此时一个程序组已建立完成，如图 7-10 所示。每个工件在自动编程中需要创建多个工序，为了后处理的顺序和生成刀具位置源文件（CLSF）的顺序，需要创建多个程序组，其他程序组的创建步骤与此相同。

(a) 创建程序组1

(b) 创建程序组2

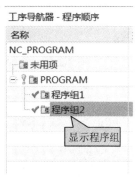

(c) 创建程序组3

图 7-10 创建程序组

二、机床视图

机床视图下按照切削刀具来组织各个操作，其中列出了当前零件加工中所用的所有刀具，以及使用这些刀具的操作名称，如图 7-11 所示。其中，"描述"列中显示当前刀具和操作的相关信息，并且每个刀具的所有操作显示在刀具的子节点下面。

工序导航器 - 机床						
名称	刀轨	刀具	描述	刀具号	几何体	方法
GENERIC_MAC			ric Machine			
未用项			mill_planar			
D30			Milling Tool-5 Par...	0		
工序1	✓	D30	PLANAR_MILL	0	WORK...	METHO
D5			Milling Tool-5 Par...	0		
工序2	✓	D5	PLANAR_MILL	0	WORK...	METHO
D10倒角刀			Chamfer Mill	0		
工序3	✓	D10...	PLANAR_MILL	0	WORK...	METHO

图 7-11 机床视图

在机床视图中的初始设置是创建刀具，步骤如下：

（1）鼠标右键单击工序导航器下方的空白处，出现快捷菜单，左键单击选择"机床视图"，如果工序导航器中已显示机床视图则无须此操作。

（2）鼠标右键单击"未用项"打开快捷菜单，选择"插入"→"刀具"选项，此时会弹出"创建刀具"对话框，类型默认选择"mill_contour"（类型选择在创建工序中详细讲解）。

（3）"库"采用系统默认设置。

（4）刀具子类型是建立刀具的核心，在类型"mill_contour"刀具子类型中分别有"MILL"平底立铣刀、"BALL-MILL"球头刀等不同刀具类型。下面以创建一把"MILL"平底立铣刀为例进行讲解。鼠标左键选中"MILL"，在"名称"对话框中命名刀具名称，单击右下角"确定"后弹出"刀具-参数"对话框，根据加工需要设置刀具参数，其步骤如图 7-12 所示。单击"确定"，刀具建立完成。

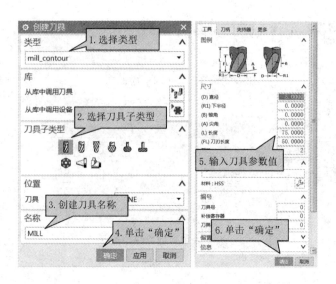

图 7 - 12　创建刀具

三、几何视图

在加工几何视图中显示了当前零件中存在的几何组的坐标系，以及这些几何组和坐标系的操作名称。这些操作位于几何组和坐标系的子节点下面，如图 7 - 13 所示。

名称	刀轨	刀具	几何体	方法
工序导航器 - 几何				
GEOMETRY				
未用项				
MCS_MILL				
WORKPIECE				
工序2	✔	D5	WORKPIECE	METHOD
工序1	✔	D30	WORKPIECE	METHOD
工序3	✔	D10倒角刀	WORKPIECE	METHOD

图 7 - 13　几何视图

在几何视图中的初始设置是创建"MCS_MILL"（建立机床坐标系 MCS 及创建安全平面）及指定"WORKPIECE"（指定部件、毛坯、检查体），步骤如下：

1. 创建"MCS_MILL"

（1）鼠标右键单击工序导航器下方的空白处，出现快捷菜单，鼠标左键单击选择"几何视图"，如果工序导航器中已显示几何视图则无须此操作。

（2）用鼠标左键双击"MCS_MILL"出现 MCS 铣削对话框，如图 7 - 14 所示，用鼠标左键单击坐标系对话框"　"，根据坐标系选择类型方法将 MCS 机床坐标系移动到相应位置。常用的类型有"自动判断"或"动态"等，也可以用其他类型对坐标系进行设置。点击"确定"，完成 MCS 机床坐标系的设定。

(a) 创建坐标系1　　　　　　　(b) 创建坐标系2

(c) 创建坐标系3

图 7-14　创建坐标系

（3）设定安全平面。在 MCS 铣削对话框中选择"指定平面"，在工作区的零件图中选择一个平面并设置安全距离，如图 7-15 所示。设定好后点击 MCS 对话框右下角"确定"，完成"MCS_MILL"的创建。

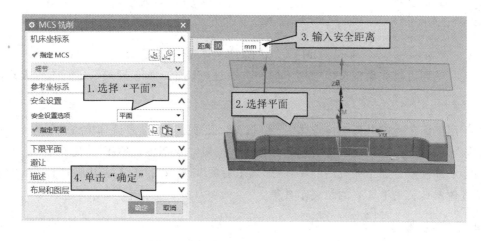

图 7-15　MCS 铣削对话框指定平面

注意：安全平面可以在安全设置选项中利用不同的方法（如平面、点、线等）进行选择。

2. 指定"WORKPIECE"

（1）指定部件。双击"WORKPIECE"出现工件对话框，用鼠标左键单击指定部件
""按钮，选择部件几何体，单击"确定"，如图 7 - 16 所示。

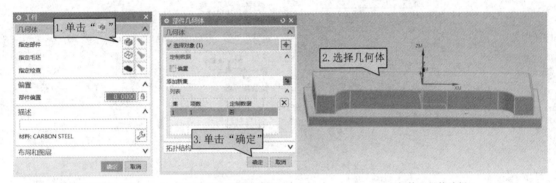

(a) 部件几何体选择1　　　　　(b) 部件几何体选择2　　　　　　　　(c) 部件几何体选择3

图 7 - 16　部件几何体选择

（2）指定毛坯。用鼠标左键单击指定毛坯""按钮，根据加工需求设置毛坯余量，设
置好后单击"确定"，如图 7 - 17 所示。

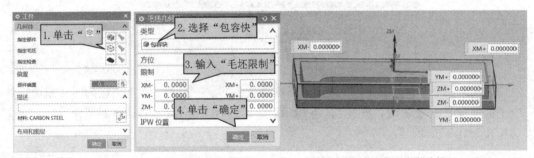

(a) 毛坯几何体选择1　　　　　(b) 毛坯几何体选择2　　　　　　　　(c) 毛坯几何体选择3

图 7 - 17　毛坯几何体选择

注意：毛坯可以在类型选项中用不同的方法进行设定，如包容块、几何体等方式进行
选择。

（3）用鼠标左键单击指定检查体""按钮，根据提示栏信息选择检查体，选择好后点
击"确定"。最后点击工件对话框右下角的"确定"按钮，"WORKPIECE"指定完成。

注意：部件就是加工完成后的零件（即加工后的实体）；毛坯就是用来加工零件的毛坯
料；检查体就是装夹毛坯料的装夹工具等。

四、加工方法视图

在加工方法视图中显示了当前零件加工中存在的加工方法（如粗加工、半精加工、精加
工等）以及使用这些方法的操作名称等信息，如图 7 - 18 所示。

图 7-18　加工方法视图

第三节　2D 平面铣

　　平面铣凭借其多变的参数设置可以演变出多种加工形式，在学习平面铣工序的基本设置外，大家还要注意一些细节的设置，如忽略岛/忽略孔/忽略倒斜角、刀具侧设置等，这些细节设置不但可以提高编程效率，还决定了编制数控程序的准确性。

一、"mill_planar"加工子类型

　　在创建工序时，选择"类型"为"mill_planar"平面铣，可以选择多种操作子类型，如图 7-19 所示。不同子类型的切削方法、加工区域判断将有所差别。mill planar 工序子类型如表 7-1 所示。

图 7-19　"mill planar"创建工序对话框

表 7 - 1　mill planar 工序子类型

图　标	中文名	说　明
	底壁铣	切削底面和壁
	带 IPW 的底壁铣	使用 IPW 切削底面和壁
	带边界面铣削	用平面边界或面定义切削区域，切削底平面
	手工面铣削	切削垂直于固定刀轴的平面的同时，允许向每个包含手工切削模式的切削区域指派不同切削模式
	平面铣	移除垂直于固定刀轴的平面切削层中的材料
	平面轮廓铣	使用"轮廓"切削模式来生成单刀路和沿部件边界描绘轮廓的多层平面刀路
	清理拐角	使用 2D 处理中工件来移除完成之前工序所遗留材料
	精铣壁	使用"轮廓"切削模式来精加工壁，同时留出底面上的余量
	精铣底面	默认切削方法为跟随部件铣削，默认深度为只有底面的平面铣，同时留出壁上的余量
	槽铣削	使用 T 形刀切削单个线性槽
	孔铣	使用平面螺旋和/或螺旋切削模式来加工盲孔和通孔
	螺纹铣	建立加工螺纹的操作
	平面文本铣削	对文字曲线进行雕刻加工
	铣削控制	建立机床控制操作，添加相关后置处理命令
	用户自定义铣	自定义参数建立操作

平面铣是一种2.5轴的加工方式，刀具在加工过程中产生水平方向的X、Y两轴联动，而刀具在Z轴方向只在完成一层加工后进入下一层时才做单独的动作。

平面铣的加工对象是边界，是以曲线/边界来限制切削区域的。平面铣生成的刀轨上下一致。通过设置不同的切削方法，平面铣可以完成挖槽或者是轮廓外形的加工。平面铣用于直壁的、水平底面为平面的零件加工及岛屿顶面和槽腔底面为平面的零件的加工。对于直壁的、水平底面为平面的零件，常选用平面铣操作做粗加工和精加工，如加工零件的基准面、内腔的底面、敞开的外形轮廓等。使用平面铣操作进行数控加工程序的编制，可以取代手工编程。

二、平面铣

平面铣工序在加工中用得比较多，设置不同的参数可以演变出不同的加工形式。平面铣可以用于二维图形的开粗，也可以用来精加工外形和平面等。

1. 进入加工模块

导入工件图纸，在功能区单击"应用模块"→"加工"按钮或按快捷键Ctrl＋Alt＋M，进入加工模块。进入加工模块时，系统会弹出"加工环境"对话框，如图7-20所示。图7-20中，"CAM会话配置"设置为"cam_general"，"要创建的CAM组装"设置为"mill_planar"，单击"确定"按钮，启用加工配置。

图7-20　"加工环境"对话框

"CAM会话配置"用于选择加工所使用的机床类型。"要创建的CAM组装"是在加工方式中选定一个加工模板集。在3轴数控编程中，将"CAM会话配置"设置为"cam_general"，"要创建的CAM组装"设置为mill_planar(平面铣)、mill_contour(轮廓铣)或hole_making(孔加工)。

2. 平面铣初始设置

1）创建程序组

鼠标右键单击工序导航器下方的空白处，选择程序顺序视图，鼠标右键单击"PROGRAM"，选择"插入"→"程序组"。创建程序组的步骤如图7-21所示。

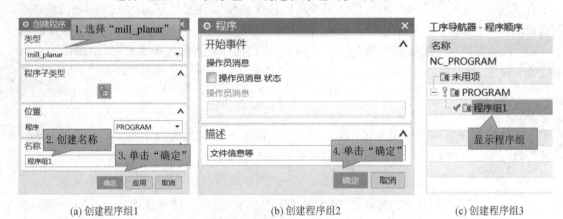

(a) 创建程序组1　　　　　　　　(b) 创建程序组2　　　　　　　　(c) 创建程序组3

图 7-21　创建程序组

2）创建刀具

用鼠标右键单击工序导航器下方的空白处，选择机床视图，右键单击"未用项"，选择"插入"→"刀具"。创建刀具步骤如图7-22所示。

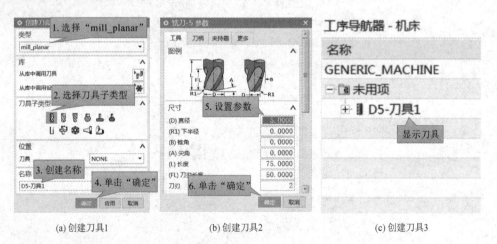

(a) 创建刀具1　　　　　　　　(b) 创建刀具2　　　　　　　　(c) 创建刀具3

图 7-22　创建刀具

3）设置机床坐标系、安全平面和几何体

（1）设置机床坐标系。用鼠标左键双击"MCS_MILL"，再单击坐标系对话框"⬚"，根据坐标系选择类型方法设置 MCS 机床坐标系移位置，如坐标系类型选择"动态"，用鼠标左键单击坐标系原点，并将坐标系原点移动到预定位置即可。点击"确定"，完成 MCS 机床坐标系的设定，如图7-23所示。

(a) 设置机床坐标系和几何体1　　(b) 设置机床坐标系和几何体2

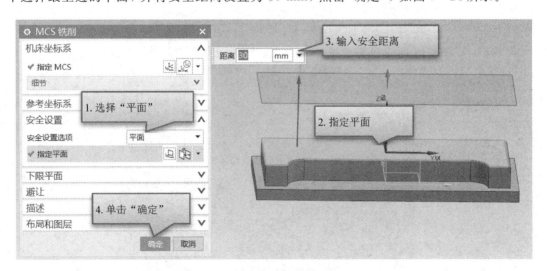

(c) 设置机床坐标系和几何体3

图 7-23　设置机床坐标系和几何体

（2）设定安全平面。安全设置选项选择"平面"，再单击"指定平面"，在工作区的零件图中选择最上边的平面，并将安全距离设置为 30 mm，点击"确定"，如图 7-24 所示。

图 7-24　设置安全平面

（3）设置几何体。

① 指定部件。用鼠标左键双击"WORKPIECE"→指定部件"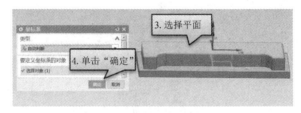"，选择部件几何体，点击"确定"返回"工件"对话框，如图 7-25 所示。

(a) 平面铣部件几何体选择1　　　　(b) 平面铣部件几何体选择2

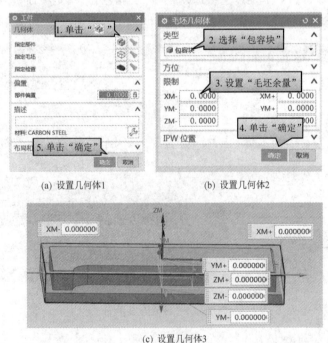

(c) 平面铣部件几何体选择3

图 7 - 25　平面铣部件几何体选择

　　② 指定毛坯。用鼠标左键单击指定毛坯"⬡"按钮→选择"包容块"→设置毛坯余量→点击"确定"返回工件对话框，再点击"确定"完成几何体设置，如图 7 - 26 所示。

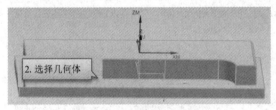

(a) 设置几何体1　　　　(b) 设置几何体2

(c) 设置几何体3

图 7 - 26　设置几何体

3. 创建工序

在程序顺序视图中右键单击初始设置中创建好的程序组，选择"插入"→"工序"，进入创建工序对话框，类型选择"mill_planar"，工序子类型选择"平面铣"，"位置"项的"程序""刀具""几何体"分别选择在初始设置中创建的各项，编辑此工序名称，点击"确定"进入"平面铣"对话框，如图 7 - 27 所示。

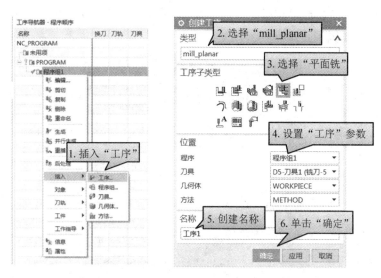

图 7 - 27　创建平面铣工序

1）指定部件边界

在"平面铣"对话框中单击"指定部件边界"图标"⬡"，系统打开"部件边界"对话框。

（1）"选择方法"选择"面"，选择几何体中需要保留的平面，如图 7 - 28 所示。

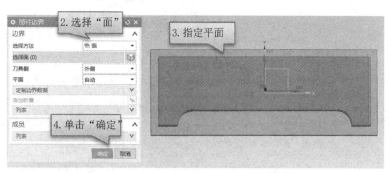

(a) 指定部件边界1　　　　　　　　　　(b) 指定部件边界2

图 7 - 28　指定部件边界

注意：选择方式虽然是"面"，但是系统默认我们选择的是最大面边界，"面"只是我们选择边界的一种形式。"选择方法"也可以选择"曲线""点"。

（2）"刀具侧"选择"外侧"。"刀具侧"是指刀具切削的一侧，因此切削部分在所选边界的外侧，则"刀具侧"选择"外侧"；切削部分在所选边界内侧，则"刀具侧"选择"内侧"。如"刀具侧"选择错误，则生成刀路时常出现"没有在岛的周围定义要切削的材料"的提示，重新点击"指定部件边界"图标" "，进入"部件边界"对话框，通过"列表"重新选择正确的"刀具侧"，即可消除报警，如图 7-29 所示。

图 7-29　指定部件边界-刀具侧

（3）"平面"选择"自动"。

（4）在"成员列表"中可以分别对所选择的面边界进行"刀具位置"设置，如图 7-30 所示。"刀具位置"有"相切"和"开"两种选项，"相切"即刀具与面边界相切；"开"为刀具中心在面边界上。设置完成后点击"确定"或单击鼠标中键返回"平面铣"对话框部。

图 7-30　指定部件边界-成员列表

2）指定毛坯边界

（1）在"平面铣"对话框中单击"指定毛坯边界"图标" "，系统打开"毛坯边界"对话框，"选择方法"选择"曲线"。

（2）"类型"选择"封闭"，"刀具侧"选择"内侧"。

（3）在工作区选择图形中的线条。

（4）"平面"选择"指定"，在工作区选择图形中的平面，单击"确定"回到"平面铣"对话框。步骤如图 7 - 31 所示。

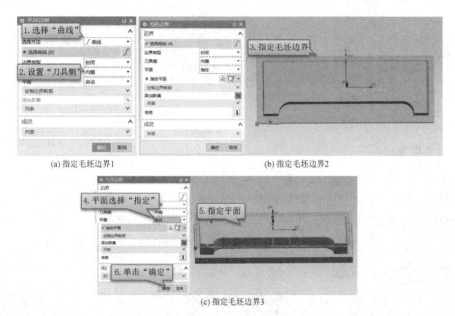

(a) 指定毛坯边界1　　　　　　　　　　(b) 指定毛坯边界2

(c) 指定毛坯边界3

图 7 - 31　指定毛坯边界

3）指定底面

在"平面铣"对话框中单击"指定底面"图标" "，系统打开"平面铣"对话框。"类型"选择"自动判断"，在工作区图形中选择底面，如图 7 - 32 所示。单击"确定"或单击鼠标中键返回"平面铣"对话框。

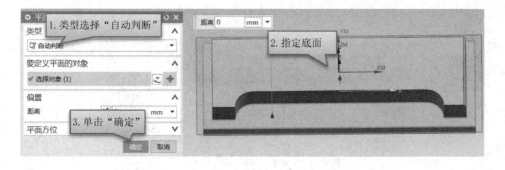

图 7 - 32　指定底面

在平面铣工序中设置好初始设置后，铣削简单平面时只需要设置"指定部件边界""指定毛坯边界"和"指定底面","刀具"选择一把在初始设置中设定好的 φ5 mm 立铣刀,"刀轴"选择"+ZM 轴"就可以生成刀具路径,生成刀具路径如图 7-33 所示。在实际加工生产中需要用压板、平口钳等装夹工具装夹工件,在加工中为避开装夹工具需要设置"指定检查边界"和"指定修剪边界"修改及修剪刀具路径。

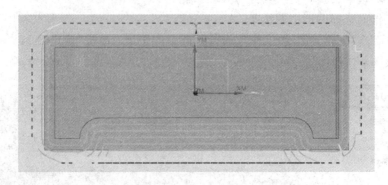

图 7-33　刀具轨迹路径

4）指定检查边界

在"平面铣"对话框中单击"指定检查边界"图标"　"，系统打开"检查边界"对话框，"选择方法"选择"面"，根据提示栏信息选择检查边界。如需要选择多个检查边界时，在选择第一个检查边界后点击"添加新集"按钮，再点击另一个检查边界。选择检查边界时刀具侧选择"外侧"，点击"确定"按钮，如图 7-34 所示。刀具路径将不再经过检查边界，如图 7-35 所示。

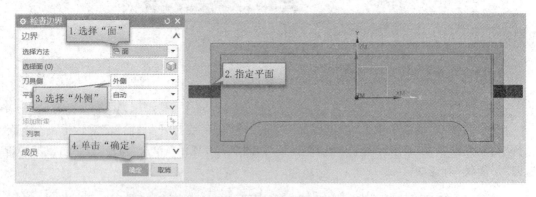

图 7-34　指定检查边界

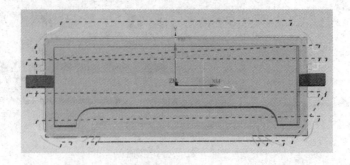

图 7-35　指定检查边界后刀具轨迹路径

检查边界在"选择方法"中依然有四种方式，分别是"面""曲线""点""永久边界"。检查边界是压板等不需要加工的位置。

注意：在实际加工中设置检查体时要设置一定的余量。

5）指定修剪边界

在"平面铣"对话框中单击"指定修剪边界"图标"![icon]"，系统打开"修剪边界"对话框，"选择方法"选择"曲线"，根据提示栏信息选择需要修剪的边界曲线，如图7-36所示，选择曲线时，如果我们选择的是多条相连曲线，可以将"曲线规则"中的"单条曲线"切换成"相连曲线"。"刀具侧"选择"内侧"时修剪的是修剪边界内的刀路，生成刀路如图7-37所示；"刀具侧"选择"外侧"时修剪的是修剪边界外侧的刀路，生成刀路如图7-38所示。点击"确定"完成指定修剪边界。

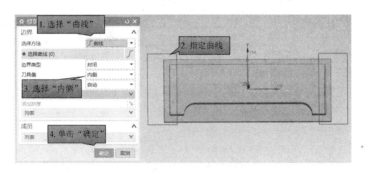

图7-36　指定修剪边界

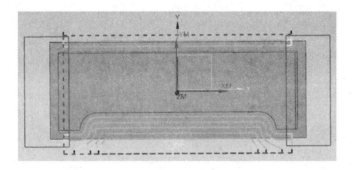

图7-37　修剪"边界"内部刀具路径

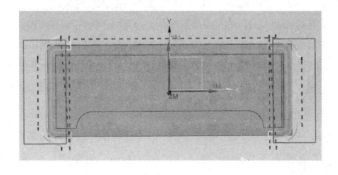

图7-38　修剪"边界"外部刀具路径

6）刀轨设置

（1）"切削模式"选择"跟随部件"，"步距"选择"％刀具平直"，"平面直径百分比"选择
"60.0000"，如图 7 - 39 所示。在平面铣与型腔铣操作中，切削模式决定了用于加工切削区
域的切削方式。平面铣和型腔铣工序中共有 7 种常用切削方式。

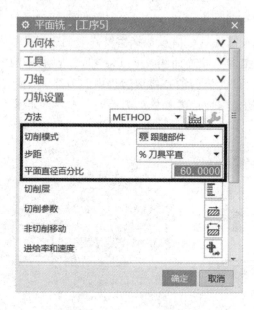

图 7 - 39 刀轨设置

往复式切削：往复式切削是在切削区域内沿平行直线来回加工，在往复式切削方式中
顺铣、逆铣交替产生，移除材料的效率较高。

单向切削：创建平行且单向的刀位轨迹。

单向带轮廓铣：单向带轮廓铣与单向切削方式类似，但是在下刀时将下刀点设置在前
一层刀位轨迹的起始点位置，然后沿轮廓切削到当前层的起点进行当前层的切削，当切削
到端点时，沿轮廓切削到前一层的端点。使用该切削方式将在轮廓周边不留切削残余。

跟随周边：跟随周边是通过对切削区域的轮廓进行偏置而产生的切削方式。跟随周边
切削方式适用于各种零件的粗加工。

跟随部件：跟随部件是通过对所有指定的部件几何体进行偏置而产生的切削方式。跟
随部件切削方式相对于跟随周边而言，将不考虑毛坯几何体的偏置。

摆线：摆线加工通过产生多个小的回转圆圈，从而避免在切削过程中全刀切入时切削
材料量的过大。摆线加工适用于高速加工，可以减少刀具负荷。

轮廓切削：用于创建一条或者指定数量的刀轨来完成零件侧壁或轮廓的切削。可以用
于敞开区域和封闭区域的加工。轮廓切削加工方式通常用于零件的侧壁或者外形轮廓的精
加工或者半精加工。

（2）切削层。单击"切削层"图标"≣"，进入"切削层"对话框，"类型"选择"恒定"，"每
刀切削深度"的"公共"设置为 1.0000，即每层切削 1 mm。如图 7 - 40 所示，单击"确定"返
回"平面铣"对话框。

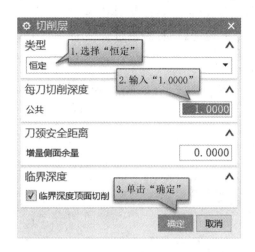

图 7-40　切削层设置

（3）切削参数设置。单击"切削参数"图标"⌷"，进入"切削参数"对话框。"切削参数"对话框中有六个选项卡，分别是"连接""空间范围""更多""策略""余量""拐角"，如图 7-41 所示。

图 7-41　切削参数对话框

图 7-41 中，常用选项卡为"连接"可以优化区域切削的顺序；"策略"可以优化切削方向；"余量"可以设置"部件余量""毛坯余量""检查余量"等。

（4）非切削移动。非切削移动就是对进刀、退刀、移刀等参数进行设置。单击"非切削移动"按钮"⌷"，进入"非切削移动"对话框。

进刀：封闭区域与开放区域进刀类型不同，开放区域常用"圆弧"进刀及"线性"进刀。封闭区域使用"螺旋"进刀或"沿形状斜进刀"方式下刀，进刀时刀具受力逐渐变大，可有效避免进刀不稳定和刀具损坏。

"进刀类型"选择"螺旋"，斜坡角一般设置为1°到3°，高度值要大于Z轴方向余量，最小安全距离要保证比侧面余量大，最小斜面长度为"40％或50％刀具"（主要避免区域太小而造成不安全的进刀方式），如图7-42所示。

图7-42　非切削移动-进刀

退刀：开粗刀路一般设置抬刀，"高度"设置为"50.0000％"刀具，提高加工效率，如图7-43所示。精加工时可以选择"与进刀相同"。

转移/快速："区域之间"的"转移类型"选择"安全距离-刀轴"。"区域之间"控制不同区域之间的抬刀高度。"区域内"的"转移类型"选择"前一平面"，"安全距离"为"1.0000"，"区域内"控制在同一区域内的抬刀高度，前一平面1 mm指的是当前层完成铣削后抬刀到前一层1 mm的高度再移至下一个进刀点位置，如图7-44所示。

图7-43　非切削移动-退刀

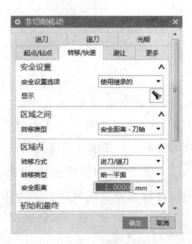

图7-44　非切削参数转移/快速对话框

（5）进给率和速度。单击"进给率和速度"按钮""，进入"进给率和速度"对话框，"主轴速度"设置为"3000.000"，"切削"设置为"250.000"，"输出"切换成"G1 -进给模式"，"快速进给"设置"10000.00"，点击"主轴速度"计算器按钮"▓"，如图7 - 45所示。点击"确定"返回"平面铣"对话框。

图 7 - 45　进给率和速度对话框

（6）生成刀路、模拟仿真。点击"生成"按钮"▶"，自动生成刀路，如图7 - 46所示。点击"确认"按钮"▶"，进入"刀轨可视化"对话框，选择"3D 动态"→"▶"，仿真效果如图7 - 47所示。

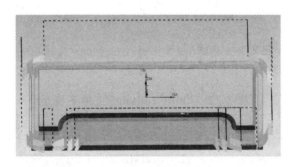

图 7 - 46　刀具轨迹路径

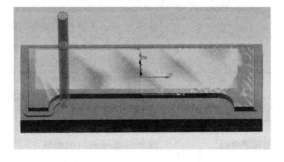

图 7 - 47　3D 动态仿真

第四节　3D 曲面加工

型腔铣可以实现数控机床的三轴联动或多轴联动加工，完成各种平面、曲面及型腔的开粗加工或精加工。型腔铣切削层功能强大，通过对型腔铣切削层各参数的设置，可以完成大型模具的分层切削，并且对零件或模具各层底面预留精准余量。同时型腔铣还可以通过毛坯的设置对工件进行局开粗，提高加工效率。

一、"mill_contour"加工子类型

在创建工序时，选择"类型"为"mill contour"，可以选择多种子类型，如图 7-48 所示，不同子类型的加工对象选择、切削方法、加工区域判断将有所差别，各种子类型的说明如表 7-2 所示。

图 7-48　"mill contour"创建工序对话框

表 7-2　"mill_contour"工序子类型

图标	中文名	说　明
	型腔铣	标准型腔铣，适合各种零件的粗加工
	自适应铣削	在垂直于固定轴的平面切削层使用自适应切削模式对一定量的材料进行粗加工，同时维持刀具进刀一致
	插铣	以钻削方式去除材料的铣削加工
	拐角粗加工	清理角落残料的型腔铣

续表

图标	中文名	说　　明
	剩余铣	以残余材料为毛坯的型腔铣
	深度轮廓铣	使用垂直于刀轴的平面切削对指定层的壁进行轮廓加工，还可以清理各层之间缝隙中残留的材料
	深度加工拐角	清理角落部位的等高轮廓铣
	固定轮廓铣	用于对具有各种驱动方式、空间范围和切削模式的部件或切削区域进行轮廓铣的基础固定轴曲面轮廓铣工序
	区域轮廓铣	使用区域铣削驱动方式对切削区域中的面进行加工的固定轴曲面轮廓铣工序
	曲面区域轮廓铣	使用曲面区域驱动方式对选定面定义的驱动几何体进行精加工的固定轴曲面轮廓铣工序
	流线	使用流曲线和交叉曲线来引导切削模式并遵照驱动几何体形状的固定轴曲面轮廓铣工序
	非陡峭区域轮廓铣	使用区域铣削驱动方式来切削陡峭度大于特定陡峭壁角度的区域的固定轴曲面轮廓铣工序
	陡峭区域轮廓铣	使用区域铣削驱动方式来切削陡峭度大于特定陡峭壁角度的区域的固定轴曲面轮廓铣工序
	单刀路清根	通过清根驱动方式使用单刀路精加工或修整拐角和凹部的固定轴曲面轮廓铣
	多刀路清根	通过清根驱动方式使用多刀路精加工或修整拐角和凹部的固定轴曲面轮廓铣
	清根参考刀具	使用清根驱动方式在指定参考刀具确定的切削区域中创建多刀路
	试实体轮廓 3D	沿着选定竖直壁的轮廓边描绘轮廓
	轮廓 3D	使用部件边界描绘 3D 边或曲线的轮廓
	轮廓文本	轮廓曲面上的机床文本

二、型腔铣

型腔铣的加工特征是刀具在同一高度内完成一层切削，当遇到曲面时将绕过，下降一个高度进行下一层的切削。数控系统按照零件在不同深度的截面形状计算各层的刀具轨迹。

型腔铣可用于大部分零件的粗加工，以及竖直壁或者斜度不大的侧壁精加工。通过限定高度值，型腔铣可用于平面的精加工以及清角加工等。

1. 进入加工模块

导入零件图样，进入加工模块，"CAM 会话配置"设置为"cam-general"，"要创建的CAM 组装"设置为"mill_contour"单击"确定"按钮，启用加工配置。

2. 初始设置

1）创建程序组

在功能区单击"主页"→创建程序"🖼"按钮，如图 7-49 所示操作。

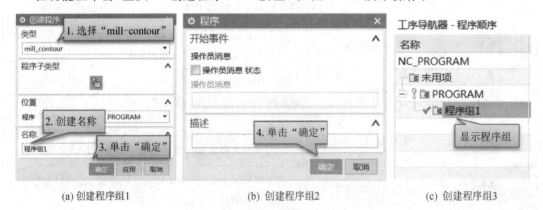

(a) 创建程序组1　　　　(b) 创建程序组2　　　　(c) 创建程序组3

图 7-49　创建程序组

2）创建刀具

通过对图形分析，开粗使用 φ8 mm 的球头铣刀。在功能区单击"主页"→"创建刀具"按钮，然后按如图 7-50 所示步骤进行操作。

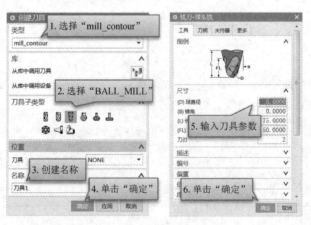

图 7-50　创建刀具

3）创建机床坐标系、安全平面和几何体

（1）创建机床坐标系。单击几何视图""按钮，进入几何视图，在功能区单击"主页"→创建几何体""按钮，进行创建几何体操作，如图7-51所示。用鼠标左键单击坐标系对话框""，根据坐标系选择类型方法设置 MCS 机床坐标系位置，如坐标系类型选择"自动判断"，点击工作区图形即可完成自动判断。点击"确定"，完成 MCS 机床坐标系的设定。

(a) 设置加工坐标系1　　　(b) 设置加工坐标系2　　　　　(c) 设置加工坐标系3

图 7-51　设置加工坐标系

（2）设置安全平面。安全设置选项选择"平面"，再点击"指定平面"，在工作区的零件图中选择最上边的平面，并将设置安全距离设置为"50"，点击"确定"，如图7-52所示。

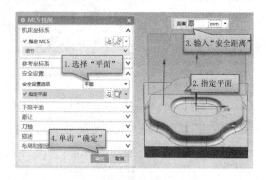

图 7-52　设置安全平面

（3）创建几何体。在功能区单击"主页"→创建几何体""按钮，按如图7-53所示步骤进行操作。

图 7-53　设置几何体

点击"指定部件"图标按钮""，指定部件如图 7-54 所示。

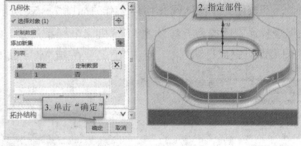

(a) 指定部件对话框1　　　　　　　　　　　　(b) 指定部件对话框2

图 7-54　指定部件对话框

点击"指定毛坯"图标按钮""，指定毛坯如图 7-55 所示。

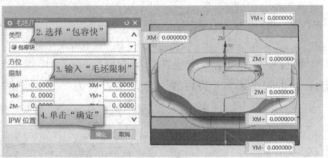

(a) 指定毛坯对话框1　　　　　　　　　　　　(b) 指定毛坯对话框2

图 7-55　指定毛坯对话框

（4）加工方法参数设置。双击"MILL-ROUGH"进入粗加工参数设置对话框，设置"部件余量"为"0.5000"mm，如图 7-56 所示。在粗加工参数对话框中单击"进给"图标""，设置"进给率"为"1000.000"，"进刀"为"60.0000"切削，如图 7-57 所示。单击"确定"完成设置。

图 7-56　粗加工参数设置　　　　　　图 7-57　进给率设置

3. 创建工序

在功能区单击"主页"→"创建工序"按钮，进入"创建工序"对话框，选择"工序子类型"中的"型腔铣","位置"项选择前面初始设置所创建的各项，如图7-58所示。单击"确定"，进入"型腔铣"对话框并设置各参数。

图7-58　创建工序-型腔铣

1) 指定切削区域

"型腔铣"可以不指定切削区域，直接生成的刀具路径，其铣削法则为"毛坯－部件＝要铣削材料"。如想铣削某一区域，则需指定切削区域，在"型腔铣"对话框中单击"指定切削区域"图标"⬛"，系统打开"切削区域"对话框。选择需要切削的区域，如图7-59所示。

(a) 指定切削区域1

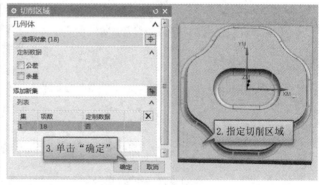

(b) 指定切削区域2

图7-59　指定切削区域

2) 刀轨设置

"切削模式"选择"跟随部件","步距"选择"残余高度","最大残余高度"选择"0.1000"、"公共每刀切削深度"选择"恒定","最大距离"选择"1.0000"，如图7-60所示。

图 7-60　刀轨设置

注意：残余高度指球刀的两相邻刀路之间有一段未被切削的材料，它的最大高度即残余高度。

3) 切削参数设置

单击"切削参数"图标"⌧"，进入"切削参数"对话框。"切削参数"在"策略"选项卡设置参数如图 7-61 所示。"链接"选项卡设置如图 7-62 所示。

图 7-61　切削参数-策略选项卡

图 7-62　切削参数-链接选项卡

4) 非切削移动

（1）进刀。通过对图形分析，加工区域既有封闭区域，也有开放性区域，所以进刀参数"封闭区域"和"开放区域"都需要进行设置。单击"非切削移动"按钮"⌧"，进入"非切削移动"对话框，将"封闭区域""进刀类型"设置为"螺旋"，"开放区域""进刀类型"设置为"线性"，其参数设置如图 7-63 所示。

（2）退刀。如果所加工的零件比较复杂，将"退刀"设置为"与进刀相同"如图 7 - 64 所示。

（3）转移/快速。设置"区域之间"的"转移类型"为"安全距离-刀轴"，"区域内"的"转移类型"为"前一平面"，"安全距离"设置为"1.0000"，如图 7 - 65 所示。

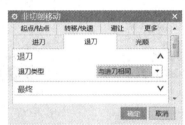

图 7 - 63　非切削移动-进刀　　图 7 - 64　非切削移动-退刀　　图 7 - 65　非切削移动-转移/快速

5）进给率和速度

单击"进给率和速度"按钮"⚒"，进入"进给率和速度"对话框，"主轴速度"设置为"2000.000"，切削设置为"250.000"，"输出"切换成"G1 -进给模式"，"快速进给"设置"10000.00"，点击"主轴速度"计算器按钮"▦"，如图 7 - 66 所示。点击"确定"返回"型腔铣"对话框。

图 7 - 66　进给率和速度对话框

6）生成刀路、模拟仿真

点击"生成"按钮" "，自动生成刀路，如图 7－67 所示。点击"确认"按钮" "，进入"刀轨可视化"对话框，选择"3D 动态"→" "，仿真效果如图 7－68 所示。点击"确定"返回"型腔铣"对话框，再点击"确定"结束"型腔铣"对话框所有设置。

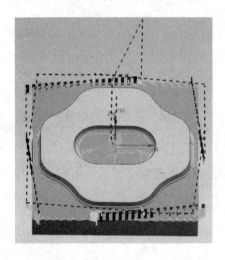

图 7-67　刀具轨迹路径　　　　　　　图 7-68　3D 仿真动态

4. 后处理

后处理功能是生成一个数控机床可以识别的 NC 文件。在"工序导航器－程序顺序视图"中选中设置好的加工工序，右键单击，选择"后处理"，系统弹出"后处理"对话框。如图 7-69 所示，选择一种后处理器，点击"应用"，系统会默认生成机床可以识别的 NC 文件，如图 7-70 所示。

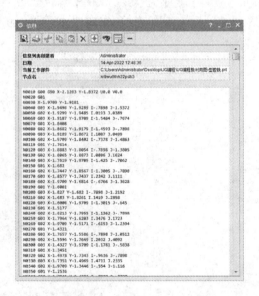

图 7-69　后处理对话框　　　　　　　图 7-70　后处理程序文件

后处理对话框中各选项说明如下：

（1）后处理器，从列表中选择一个后处理的机床配置文件。因为不同厂商生产的数控机床其控制参数不同，所以必须选择合适的机床配置文件。

（2）输出文件，指定后处理输出程序的文件名称和路径。

（3）单位，可选择米制或英制单位。

（4）列出输出，激活该选项，在完成后处理后，将在屏幕上显示生成的程序文件。

完成各项设定后，单击"确定"按钮，系统进行后处理运算，生成程序指定路径且具有指定文件名的程序文件。

第五节　宏程序的概念及宏指令

手工编程时需要编程人员掌握大量的编程指令，并计算大量的坐标点。为了简化程序段的数量和坐标点的计算，在手工编程中还有一种应用逻辑运算和条件表达式的编程方法，能够使加工程序简短易懂，并实现例如椭圆或者曲线等使用普通指令难以编制的程序。用户可以使用变量进行算术运算、逻辑运算和函数的混合运算，宏程序还提供了循环语句、分支语句和子程序调用语句，用于编制各种复杂的零件加工程序。

一、宏程序的基本概念

数控程序编制是数控加工的主要构成，有手工编程和自动编程两种方法。手工编程是指程序的编制全部由人工完成，需要编程人员掌握大量的编程指令。对于几何形状复杂的零件，无法计算出各坐标点，需要借助计算机使用编程软件生成加工路径，经过处理后生成加工程序，称为自动编程。手工编程和自动编程在之前章节已经介绍。

在手工编程中，数控系统还支持一种具备计算机语言的表达式、逻辑运算及类似的程序流程，能够使加工程序简短易懂，并实现普通指令难以实现的编程路径，即宏程序编程。一组以子程序的形式存储并带有变量的程序称为用户宏程序，简称宏程序。调用宏程序的指令称为用户宏程序命令，或宏程序调用指令。

宏程序与普通程序的区别：宏程序与普通程序相比，普通程序的程序字为常量，一个程序只能描述一个几何形状，缺乏灵活性和适用性；而用户宏程序本体中可以使用变量进行编程，还可以用宏指令对这些变量进行赋值、运算等处理，从而可以使用宏程序执行一些有规律变化的动作。

二、宏指令介绍

1. 变量

在常规的主程序和子程序内，总是将具体的常量数值赋给一个地址，而在宏程序中变量是最显著的特征，变量使宏程序更加灵活，是不断变化的数据存储单元，因此称为变量数据。当给变量赋值时就相当于把数值存入变量。当对变量进行一些运算之后，其值就发生了变化。

(1) 变量的表示。变量可以用"♯"号和跟随其后的变量序号来表示，如♯i(i＝1, 2, 3, …)。

(2) 变量的引用。将跟随在一个地址后的数值用一个变量来代替，即引入了变量。例如：

　　　　♯1＝10;

　　　　G01 X♯1;

该句表示直线插补到X10位置。

在FANUC数控系统中，宏变量是用变量符号"♯"和后面的变量号(数字)指定的，如"♯1"代表系统的局部变量。宏变量根据变量号可分为四种类型，如表7-3所示。

表 7 - 3　宏变量的类型

变量号	变量类型	功　能
♯0	空变量	该变量总是空，没有值能赋给该变量
♯1～♯33	局部变量	局部变量只能用在宏程序中存储数据，例如运算结果。当断电时，局部变量被初始化为空。调用宏程序时，自变量对局部变量赋值
♯100～♯149 ♯500～♯931	公共变量	公共变量在不同的宏程序中的意义相同。当断电时，变量♯100～♯199初始化为空，变量500～999的数据保存，即使断电也不丢失
♯1000～	系统变量	系统变量用于读和写CNC运行时的各种数据，例如，刀具的当前位置和补偿值

2. 宏变量的类型

(1) 本级变量♯1～♯33。作用于宏程序某一级中的变量称为本级变量(也称为局部变量)，即这一变量在同一程序级中调用时含义相同，若在另一级程序(如子程序)中使用，则意义不同。本级变量主要用于变量间的相互传递，初始状态下未赋值的本级变量即为空变量。调用宏程序时本级变量被赋值。当用户完成宏调用时或切断控制电源时，所有的本级变量又变为空值。

(2) 公共变量♯100～♯149、♯500～♯531。可在各级宏程序中被共同使用的变量称为公共变量，也称为全局变量，即这一变量在不同程序级中调用时含义相同。因此，完成宏程序调用时，公共变量仍然有效。

3. 算术运算指令

1) 变量运算的形式

变量是运用宏功能的重要特征，变量可以进行运算。变量之间进行运算的通常表达形式是 ♯i＝(表达式)。变量之间的运算通常有以下几种形式：

(1) 变量的定义和替换。

(2) 加、减、乘、除运算。

(3) 函数的运算。

以 FANUC 系统为例,宏变量的算术运算法则如表 7-4 所示。

表 7-4　宏变量的算术运算法则

功　能	格　式	备　注
定义	♯i＝♯j	
加法 减法 乘法 除法	♯i＝♯j＋♯k ♯i＝♯j－♯k ♯i＝♯j＊♯k ♯i＝♯j/♯k	
正弦 余弦 正切	♯i＝SIN[♯j] ♯i＝COS[♯j] ♯i＝TAN[♯j]	角度以度指定,如:90°30′表示为 90.5°
平方根 绝对值	♯i＝SQRT[♯j] ♯i＝ABS[♯j]	

宏变量的算术运算法则使用举例如下:

定义变量♯1＝10,♯2＝20,♯3＝500,编程 G01 X♯1 Y♯2 F♯3,其功能等同于常规指令 G01 X10 Y20 F500。

2)运算的组合

以上算术运算和函数运算可以结合在一起使用,运算的先后顺序是函数运算、乘除运算、加减运算。

3)括号的应用

表达式中括号的运算将优先进行。连同函数中使用的括号在内,括号在表达式中最多可用 5 层。

3. 条件表达式

条件表达式由条件运算符构成,并常用条件表达式构成一个赋值语句,条件表达式内可以嵌套。

以 FANUC 系统为例,常见的条件表达有以下几种逻辑关系:

♯j EQ ♯k　表示　♯j ＝ ♯k

♯j NE ♯k　表示　♯j ≠ ♯k

♯j GT ♯k　表示　♯j ＞ ♯k

♯j LT ♯k　表示　♯j ＜ ♯k

♯j GE ♯k　表示　♯j ≥ ♯k

♯j LE ♯k　表示　♯j ≤ ♯k

常见的宏变量的关系运算法则如表 7-5 所示。

表 7 - 5　宏变量的关系运算法则

条件表达式	运算符	含　义
♯i EQ ♯j	EQ	等于(＝)
♯i NE ♯j	NE	不等于(≠)
♯i GT ♯j	GT	大于(＞)
♯i GE ♯j	GE	大于或等于(≥)
♯i LT ♯j	LT	小于(＜)
♯i LE ♯j	LE	小于或等于(≤)

宏变量的关系运算法则使用举例如下:

要表达变量♯1≥♯2,则编写程序为♯1 GE ♯2。

4. 循环控制指令

宏程序之所以具有强大的功能是指宏程序在执行程序中所做的决策。无论哪种形式的决策,总是基于给定的条件或给定条件产生的结果。FANUC 系统主要使用 IF 语句或 WHILE 语句来控制程序的过程。程序在执行过程中遇到控制转移指令时会自动根据已知条件来控制程序的运行。

1) 无条件转移(GOTO 语句)

编程格式:

　　　GOTO n;

n 为程序段顺序号(n=1~99999),没有条件表达式,程序直接跳转到顺序号所标记的程序段。

2) 条件转移(IF 语句)

编程格式:

　　　IF[条件表达式] GOTO n;

n 为程序段顺序号(n=1~99999)。

以上程序段含义如下:

(1) 如果条件表达式的条件得以满足,则转而执行程序中程序段顺序号为 n 的相应操作,程序段顺序号 n 可以由变量或表达式替代。

(2) 如果表达式中条件未满足,则顺序执行下一段程序。

(3) 如果程序作无条件转移,则 IF[条件表达式]可以被省略。

3) 重复执行(WHILE 语句)

编程格式:

　　　WHILE [条件表达式] DO m;(m=1, 2, 3)

　　　……

　　　END m;

上述程序的含义如下:

(1) 如果条件表达式满足,重复执行程序段 DO m 至 END m。

(2) 如果条件表达式不满足,程序跳转到 END m 后执行。

（3）如果 WHILE［条件表达式］部分被省略，则程序段"DO m；"至"END m；"之间的部分将一直重复执行。

（4）WHILE DO m 和 END m 必须成对使用，并以其中的 m 作为识别号相互识别，可以根据需要多次使用，但不可交叉使用。

三、加工案例

1. 轮廓加工宏程序编制

如图 7-71 所示，加工长方体 50 mm×30 mm×40 mm 的四周轮廓，材质为铝合金。

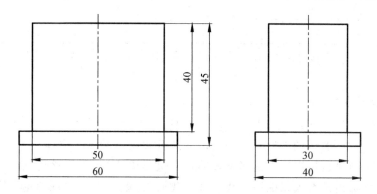

图 7-71 轮廓加工零件

该零件可以采用直线插补命令 G01 编辑，选用 φ20 方肩铣刀进行粗加工。由于零件高度方向尺寸为 40 mm，为了减小切削力及刀具震动，不建议一刀加工完成，这就需要对零件进行分层铣削，每次切削深度为 1 mm。设定工件上表面中心为工件编程原点。FANUC 系统编程轮廓加工宏程序如表 7-6 所示。

表 7-6 轮廓加工宏程序

程 序	注 释
O0001；	程序号
N10 M6 T01；	自动换刀
N20 G54 G90 G00 G43 Z100 H01；	选择坐标系，调用刀具补偿，快速定位到坐标点
N30 M03 S2000；	主轴正转，转速为 2000 r/min
N40 ♯1=-1；	定义宏变量
N50 G00 X40Y-40；	快速定位到 X、Y 轴起点
N60 G00 Z♯1；	快速定位到 Z 轴起点
N70 G42 G01 X25 Y-20 D1 F2000；	通过半径补偿直线插补到 X 轴起点
N80 Y15；	沿轮廓加工
N90 X-25；	
N100 Y-15；	

续表

程　　序	注　　释
N110 X30;	
N120 G40 G01 X40 Y−40;	取消刀补
N130 ♯1＝♯1−1;	每次下刀深度为 1 mm
N140 IF [♯1 GE −40] GOTO 50;	判断条件表达式是否满足要求，满足要求跳转到 N50
N150 G00 Z100;	快速退刀
N160 M05;	主轴停转
N170 M30;	程序结束

　　通过以上程序可以发现，采用宏程序编程会缩短程序段，节省系统存储空间，同时便于修改程序。

2. 椭圆宏程序编制

　　如图 7 - 72 所示，加工椭圆轮廓，材质为铝合金。

　　对于椭圆等非圆曲线的轮廓加工，数控系统并没有提供专门的插补指令或循环指令，但是椭圆的加工轨迹也可以看作是非常多的点通过直线插补方式进行连接所获得的，这就需要采用宏程序通过插补大量的微小线段来实现加工，也就是获取椭圆轮廓轨迹的 N 个坐标点，利用直线插补功能指令来执行点到点的曲线轨迹加工。如图 7 - 73 所示，在构建椭圆轮廓点位的算法上采用参数方程的方法，该参数方程的特点是如果知道椭圆的长、短半轴长度 a、b 和刀具所在离心角 θ，就可以直接得出目前刀具所在的坐标值 X 和 Y。设加工椭圆上动点对离心角 θ 为自变量。

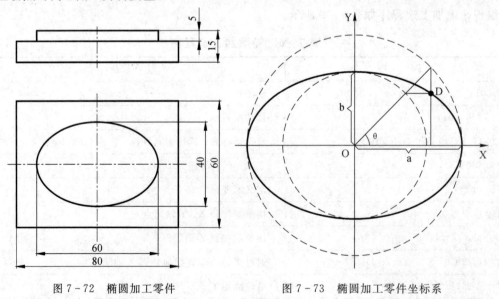

图 7 - 72　椭圆加工零件　　　　　　　图 7 - 73　椭圆加工零件坐标系

　　1）椭圆轮廓的坐标值计算

　　随着角度变量 θ 的不断增加，动点 D 的轨迹坐标值就跟着变化，X 和 Y 的坐标值始

终为

$$X = a \cdot \sin\theta,\ Y = b \cdot \cos\theta$$

该参数方程的特点是如果知道椭圆的长、短半轴长度 a、b 和刀具所在离心角 θ，就可以直接得出目前刀具所在的坐标值 X 和 Y。

2）程序编写准备

（1）准备工作及注意事项。

① 设备选用 FANUC 系统 VMC850 系列立式加工中心进行加工。

② 刀具选择 4 刃整体合金 ϕ10 立铣刀，刀具号设定为 T1。

③ 毛坯材料选择的尺寸 80 mm×60 mm×15 mm。

④ 工装选择 5 寸精密平口钳。

⑤ 工件加工坐标系原点设定在工件上表面中心。

⑥ 设置好刀具补偿值，包括长度补偿和半径补偿；

（2）设置变量。

♯1＝加工动点对应的离心角 θ，初始值为"0"。

♯2＝椭圆 X 半轴长度为 30 mm。

♯3＝椭圆 Y 半轴长度为 20 mm。

♯4＝终点对应离心角为 360°。

♯5＝动点 X 轴坐标值。

♯6＝动点 Y 轴坐标值。

（3）参考程序见表 7-7。

表 7-7　参 考 程 序

程　　　序	注　　　释
O0001;	程序号
N10 M6 T1;	自动换刀
N20 G54 G90 G00 G43 Z100 H01;	选择坐标系，调用刀具补偿，快速定位到坐标点
N30 M03 S2000;	主轴正转，转速为 2000 r/min
N40 G00 X50 Y−50;	快速定位到 X、Y 轴起点
N50 G00 Z−5;	快速定位到 Z 轴起点
N60 G42 G01 X30 Y0 D01 F500;	沿切线方向进刀切削至椭圆起点
N70 ♯1＝0;	定义宏变量，起点离心角，即初始增量角度
N80 ♯2＝30;	定义宏变量，即椭圆长轴
N90 ♯3＝20;	定义宏变量，即椭圆短轴
N100 ♯4＝360;	终点离心角度
N110 ♯5＝♯2＊COS[♯1];	计算 X 轴坐标数据
N120 ♯6＝♯3＊SIN[♯1];	计算 Z 轴坐标数据
N130 G01 X[♯5] Y[♯6]F500;	通过插补直线拟合椭圆轮廓

程　　　序	注　　释
N140 ♯1＝♯1＋1；	增量角度递增
N150 IF［♯1 LE ♯4］GOTO 110；	条件表达式确定椭圆范围
N160 G01 Y40；	沿切线方向退刀
G40；	取消刀具半径补偿
G00 Z100；	快速退刀
M05；	主轴停转
M30；	程序结束

在此程序中，采用微小直线段插补椭圆轮廓时宏变量♯1(即 θ 角)每次递增 1°，整个椭圆将由 360 个微小直线段构成。

3. 球面宏程序编制

如图 7-74 所示，加工半球轮廓，材质为铝合金。

(1) 半圆轮廓的坐标值计算。

半球加工零件坐标系如图 7-75 所示，设定刀具从工件上平面开始加工，为了保证精加工球面时球面的表面粗糙度我们选择 φ10R0.5 的铣刀进行铣削。采用分层铣削方式，每次铣削轮廓轨迹按照整圆轨迹进行插补，随着深度增加，圆弧半径增大。设定切削点所在的球心半径与球的垂直中心线夹角 α 为自变量，则切削轨迹所在的平面圆的半径值则为 R·sinα，α 由 0° 开始，递增到 90°。

(2) 以工件毛坯的上表面中心设定为 X 轴、Y 轴零点，工件上平面为 Z 轴零点。

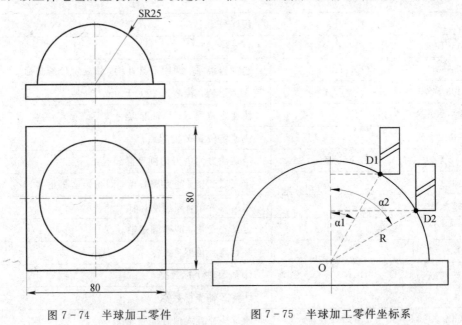

图 7-74　半球加工零件　　　　　　　图 7-75　半球加工零件坐标系

设定变量：设定 ♯1 为圆弧插补起点 X 坐标值，设定 ♯2 为圆弧插补起点 Z 坐标值，设定 ♯3 为角 α(为自变量，初始值为"0")，设定 ♯4 为角 α 的最大终止角 90°。

(3) 参考程序见表 7-8(本程序只编辑刀具轨迹，未考虑刀具半径值)。

表 7-8　参 考 程 序

程　　　序	注　　　释
O0003；	程序号
N10 M6 T01；	自动换刀
N20 G54 G90 G00 G43 Z100 D01；	选择坐标系，调用刀具补偿，快速定位到坐标点
N30 M03 S2000；	主轴正转，转速为 2000 r/min
N40 G00 X50 Y0；	快速定位到 X、Y 轴起点
N50 ♯1＝90；	定义自变量，即初始增量角度
N60 ♯2＝25 * COS[♯1]；	圆弧起点 X 轴坐标值
N70 ♯3＝25 * SIN[♯1]－25；	圆弧起点 Z 轴坐标值
N80 G01 Z[♯3]F100；	直线插补 Z 轴起点
N90 G01 X♯2 Y0 D1 F2000；	通过直线插补到 X 轴圆弧起点
N100 G03 X♯2 Y0 I＝－♯2 J0；	加工整圆
N110 G01 X50 Y0；	退刀到 X 轴起点
N120 ♯1＝♯1－1；	角度每次递减 1°
N130 IF [♯1 GE 0] G0To 60；	条件表达式判断是否≤90°，不满足则跳转到 N60
N140 G00 Z100；	快速退刀
N150 M05；	主轴停转
N160 M30；	程序结束

思考题与习题

1. 简述在 UG NX 12.0 自动编程中初始设置的内容及作用。

2. 如何理解 UG NX 12.0 自动编程平面铣工序中的"刀具侧"？

3. 在 UG NX 12.0 自动编程中，平面铣常用的切削模式有哪些？并简述其含义。

4. 在型腔铣工序中，进刀、退刀类型有哪些？简述其优缺点。

5. 简述宏程序的概念。

6. 简述宏程序常见条件表达式的几种逻辑关系。

7. 应用宏变量编程，编制长半轴为 48 mm、短半轴为 32 mm 的椭圆轮廓加工程序(可忽略刀具直径及切削深度)。

第八章　典型零件加工综合训练

车削、铣削是机械加工中应用最为广泛的两种加工方法。车削加工主要用于回转体零件的加工，数控车床的加工工艺类型主要包括车端面、车外圆、钻中心孔、切槽、车螺纹、滚花、车锥面、车成形面和攻螺纹。数控铣床主要用于各类复杂的平面、曲面、壳体、内孔和齿形零件的加工，如各类模具、叶片、凸轮、样板箱体和连杆零件等，并能进行铣槽、钻孔、扩孔、铰孔镗孔等工作，特别适合加工具有复杂曲线轮廓及曲面的零件，尤其适合模具加工。

第一节　典型轴类零件加工

加工如图 8-1 所示典型轴类零件，毛坯为 $\phi46$ mm×90 mm 的棒料，材质为 Q235 钢，单件生产。

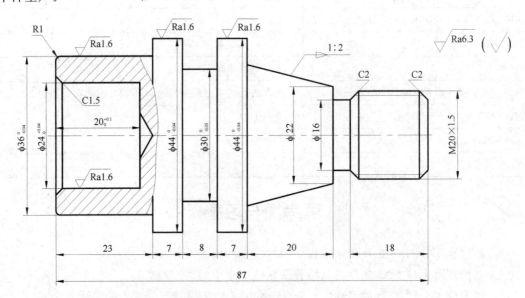

图 8-1　典型轴类零件

1. 零件图工艺分析

根据零件图样要求、毛坯情况，确定工艺方案及加工路线。该零件加工部位由内外圆柱面、外圆锥面、圆弧及外螺纹等表面组成，其中多个直径尺寸与轴向尺寸有较高的尺寸精度和表面粗糙度要求。零件材料为 Q235 钢，切削加工性能较好，无热处理和硬度要求。

通过以上分析，采取以下工艺措施：

(1) 零件图样上带公差的尺寸，为保证加工零件的合格性，编程时取其平均值。

（2）左右端面均为多个尺寸的设计基准，相应工序加工前，应该先将左右端面车出来，将左侧 $\phi24$ mm 内孔预钻到 $\phi20$ mm。

（3）加工内孔及 $\phi44_{-0.04}^{0}$ mm、$\phi_{-0.05}^{0}$ mm 外圆柱面时需调头装夹。

锥面大端直径 D 计算：$(D-22)$：$20=1$：2，得 D=32 mm。

2. 确定装夹方案

加工左端面时以 $\phi46$ mm 毛坯外圆定位，用自定心卡盘夹紧外圆。调头加工右端面时以 $\phi36$ mm 外圆定位，用自定心卡盘夹紧外圆。

3. 选择量具

由于零件表面尺寸和表面质量无特殊要求，轮廓尺寸用游标卡尺或千分尺测量，深度尺寸用深度游标卡尺测量，螺纹用螺纹环规测量。

4. 选择刀具

根据加工要求，该零件加工需要 5 把刀具。数控加工刀具卡片如表 8-1 所示，可以便于编程和操作管理。

表 8-1　数控加工刀具卡片

产品名称或代号				零件名称		零件图号	
序号	刀具号	刀具规格名称	数量	加工表面	刀尖半径/mm	备注	
1	T01	93°硬质合金外圆车刀	1	端面、$\phi36$ mm、$\phi44$ mm 外圆柱面、锥面、圆弧	0.2		
2	T02	$\phi20$ mm 钻头	1	$\phi24$ mm 孔的预加工孔			
3	T03	93°硬质合金内孔镗刀	1	$\phi24_{0}^{+0.04}$ mm 内圆柱面 C1.5 的倒角	0.2		
4	T04	4 mm 硬质合金外切槽刀	1	$\phi30_{-0.05}^{0}$ mm、$\phi16$ mm 槽			
5	T05	60°硬质合金三角螺纹车刀	1	M20×1.5 外螺纹			
编制		审核		批准	年　月　日	共　　页	第　　页

5. 确定加工顺序及走刀路线

确定按由粗到精、由内到外的加工顺序原则，工件一次装夹尽可能加工出较多的加工表面。数控加工工步见表 8-2。

6. 选择切削用量

根据零件表面质量要求、刀具和材料特性，通过查阅相关手册并结合实际经验确定，切削用量见表 8-2 所示，粗车外轮廓时单边余量为 0.2 mm。

7. 数控加工工序卡片拟定

将前面内容综合成表 8-2 数控加工工序卡，此表是编制加工程序的主要依据和操作人员进行数控加工的指导性文件。

表 8-2　数控加工工序卡

工步号	工步作业内容	刀具号	刀具规格	主轴转速/(r/min)	进给速度/(mm/r)	背吃刀量/mm	备注
1	用自定心卡盘夹紧 φ46 mm 右端						手动
2	钻 φ20 mm×20 mm 内孔	T02	φ20mm	300		10	手动
3	车左端面	T01	25mm×25mm	500	0.05	0.5	自动
4	粗车左外轮廓	T01	25mm×25mm	500	0.1	1.5	自动
5	精车左外轮廓	T01	25mm×25mm	1000	0.05	0.2	自动
6	切 φ30 mm 外槽	T04	4mm×25mm	400	0.05	4	自动
7	粗镗内孔	T03	16mm×16mm	400	0.1	1	自动
8	精镗内孔	T03	16mm×16mm	800	0.05	0.2	自动
9	用自定心卡盘夹紧 φ36 mm 外轮廓						手动
10	车右端面	T01	25mm×25mm	500	0.05		自动
11	粗车右外轮廓	T01	25mm×25mm	500	0.1	1.5	自动
12	精车右外轮廓	T01	25 mm×25 mm	1000	0.05	0.2	自动
13	切退刀槽	T04	4mm×25mm	400	0.05	4	自动
14	车削外螺纹	T05	25mm×25mm	500		0.4、0.3、0.2、0.08	自动
编制		审核		批准	年　月　日	共　页	第　页

8. 确定工件坐标系

确定工件装夹后以右端面和轴心线的交点为工件坐标原点，建立 OXZ 工件坐标系。

9. 编制加工程序

根据零件图纸及数控加工工序卡，编制加工程序见表 8-3。

表 8 - 3 数控加工程序

加工左侧程序：	注 释
O0001；	
N10 S500 T0101 M03；	
N20 G00 X50；	
N30 Z0；	
N40 G01 X−1 F0.05；	车左端面
N50 Z2；	
N60 G00 X50；	
N70 G90 X44.4 Z−46 F0.1；	粗车左外轮廓面
N80 X41.4 Z−23；	
N90 X38.4；	
N100 X36.4；	
N110 S1000；	精车左外轮廓面
N120 G00 X0；	
N130 G01 Z0 F0.05；	
N140 X33.98；	
N150 G03 X35.98 Z−1 R1；	
N160 G01 Z−23；	
N170 X43.98；	
N180 Z−46；	
N190 G00 X100；	
N200 Z100；	
N210 T0404 S400；	切 φ30 mm 外槽
N220 G00 X50；	
N230 Z−38.05；	
N240 G01 X29.975 F0.05；	
N250 G04 X2；	
N260 G00 X50；	
N270 Z−34.05；	
N280 G01 X29.975；	
N290 G04 X2；	
N300 G01 Z−38.05；	

续表一

加工左侧程序：	注　释
N310 G00 X50；	
N320 Z100；	
N330 T0303 S400；	粗镗内孔
N340 G00 X18；	
N350 Z1.0；	
N360 G90 X22 Z－20.05 F0.1；	
N370 X23.98；	精镗内孔
N380 S800；	
N390 G00 X29；	
N400 Z1；	
N410 G01 X24.02 Z－1.5 F0.05；	
N420 Z－20.05；	
N430 X0；	
N440 W100；	
N450 U100；	
N460 M05；	
N470 M30；	
加工右侧程序：	
O0002	
N10 S500 T0101 M03；	
N20 G00 X50；	
N30 Z0；	
N40 G01 X－1 F0.05；	车右端面
N50 Z2；	
N60 G00 X50；	
N70 G71 U1.0 R1.0；	
N80 G71 P90 Q160 U0.4 W0.2 F0.1 S500；	
N90 G00 X0；	
N100 G01 Z0 F0.05；	
N110 X160；	
N120 X20 Z－2；	

续表二

加工左侧程序：	注 释
N130 Z—22；	
N140 X22；	
N150 X32 Z—42；	
N160 X42；	
N170 S800；	精车外轮廓面
N180 G70 P90 Q160；	
N190 G00 U100；	
N200 W100；	
N210 T0404 S500；	切退刀槽
N220 G00 X22；	
N230 Z—22；	
N240 G01 X16 F0.05；	
N250 G04 X2；	
N260 G01 X20 Z—20；	
N270 G00 U100；	
N280 W100；	
N290 T0505 S400 F0.05；	车削外螺纹
N300 G00 X20；	
N310 Z2；	
N320 G92 X19.2 Z—20 F1.5；	
N330 X18.6；	
N340 X18.2；	
N350 X18.04；	
N360 GOO U100；	
N370 W100 M05；	
N380 M30；	

10. 上机操作

1）加工准备

（1）检查毛坯尺寸。

（2）开机，回参考点。

（3）程序输入。把数控程序输入数控系统。

（4）工件装夹。加工工件左端面时，以 φ46 mm 外圆定位，用自定心卡盘夹紧工件外圆。调头加工右端面时以 φ36 mm 外圆定位，用自定心卡盘夹紧外圆。

（5）刀具装夹。加工此零件共采用 5 把刀具，把 5 把刀具装在相应的刀架上。

2）对刀操作

采用试切法对刀，并将偏置值输入数控系统。

3）空运行

用机床锁定功能进行数控机床空运行，待空运行结束后，使空运行按钮复位。注意若要开始加工，则数控机床必须重回参考点。

4）工件自动加工及尺寸控制

在加工工件时轮廓半径方向上留 0.2 mm 进行精加工，待精加工程序完成后，根据实测尺寸再修改数控机床中的磨耗修补值，然后再重新运行程序，以保证轮廓尺寸符合图样要求。

5）零件尺寸检测

程序执行完毕后，进行工件尺寸检测。

6）加工结束

拆卸下工件并清理机床。

第二节　典型板类零件加工

加工如图 8-2 所示泵体端盖底板轮廓，毛坯尺寸为 110 mm×90 mm×30 mm，材料为铝合金铝合金，单件生产。

1. 零件图工艺分析

根据零件图样要求、毛坯情况，确定工艺方案及加工路线。该零件加工部位为零件上部，零件下部不进行加工。零件材料为铝合金，切削加工性能较好。

通过以上分析，采取以下工艺措施：

（1）零件图样上带公差的尺寸，均为对称公差类型尺寸，编程时取其平均值。

（2）ϕ12H8 孔采用先钻孔，再扩孔，最后铰孔的方式进行加工。

（3）ϕ30H7 孔采用先钻孔，再粗镗孔，最后精镗孔的方式进行加工。

（4）工件一次装夹可完成所有工步的加工。

（5）取工件上表面中心为工件原点进行程序编制。

2. 确定装夹及对刀方案

采用平口虎钳装夹工件，用寻边器进行对刀。

3. 选择量具

工件轮廓尺寸用游标卡尺测量，深度尺寸用深度游标卡尺测量，另用百分表校正平口虎钳及工件上表面。

4. 选择刀具

该工件的材料为铝合金，切削性能较好，选用高速钢立铣刀即可满足加工工艺要求。选用 ϕ20 mm 的立铣刀对工件外轮廓进行粗、精加工，选用 ϕ10 mm 键槽铣刀对腰形槽进行粗、精加工，选用 ϕ2.5 mm 中心钻对三个孔位打中心孔。

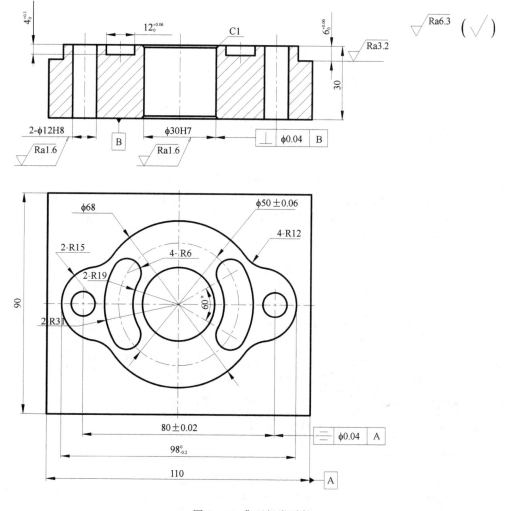

图 8-2 典型板类零件

5. 确定加工顺序及走刀路线

该零件有外轮廓及孔的加工,加工方案如下。

外轮廓:粗铣→精铣。

腰形槽:粗铣→精铣。

$\phi 30H7$ mm:钻中心孔→钻底孔至 $\phi 28$ mm→扩孔至 $\phi 29.8$ mm→精镗孔。

$\phi 10H8$ mm:钻中心孔→钻底孔至 $\phi 9$ mm→扩孔至 $\phi 9.8$ mm→铰孔。

外轮廓铣削路线:刀具从起刀点(80,0)出发,建立刀具半径左补偿并直线插补至点 1,下刀至深度 6 mm,然后按 1→2→3→4→5→6 的顺序铣削加工,另外一半采用旋转指令再次调用子程序加工。腰形槽铣削路线:刀具从工件中心(0,0)直线插补至点 7,建立刀具半径左补偿,下刀至深度 4 mm 处,然后按 7→8→9→10 的顺序铣削加工,另外一半采用旋转指令再次调用子程序加工,如图 8-3 所示。

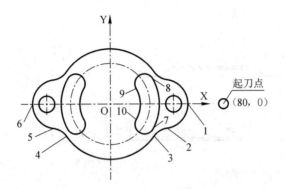

图 8-3　零件铣削路径

按照先面后孔、先粗后精、先大孔后小孔的加工顺序原则，先加工工件外轮廓，再钻镗各孔。具体加工顺序为：先粗铣外轮廓→粗铣腰形槽→中心钻打中心孔定位→再粗加工→半精加工各孔→精加工各轮廓面及各孔。具体工序步骤见表 8-4。

表 8-4　数控加工工序卡

工步号	工步内容	刀号	刀具偏置	刀具	切削用量		
					主轴转速/(r/min)	进给速度/(mm/min)	背吃刀量/mm
1	粗铣外轮廓	T01	H01/D01	φ20 mm 三刃立铣刀	800	150	5
2	粗铣腰型槽	T02	H02/D02	φ10 mm 键槽铣刀	850	120	3
3	打中心孔	T03	H03	φ2.5 mm 中心钻	1500	100	
4	钻 φ30H7 底孔至 φ28 mm	T04	H04	φ28 mm 锥柄麻花钻	400	60	
5	粗镗 φ30H7 孔	T05	H05	φ29.5 mm 镗刀	450	70	
6	钻 φ10H8 底孔至 φ9 mm	T06	H06	φ9 mm 麻花钻	750	60	
7	扩 φ10H8 孔	T07	H07	φ9.8 mm 扩孔钻	700	50	
8	精铣外轮廓	T08	H08/D08	φ20 mm 精四刃立铣刀	1000	100	2
9	精铣腰形孔	T09	H09/D09	φ10 mm 键槽铣刀	1000	120	1
10	精镗 φ30H7	T10	H10	φ30 mm 精镗刀	500	30	
11	铰孔 φ10H8	T11	H11	φ10 mm 铰刀	100	30	

6. 选择切削用量

根据零件表面质量要求、刀具和材料特性，通过查阅相关手册并结合实际经验确定，切削用量见表 8-4。

7. 数控加工工序卡片拟定

将上述内容综合成表 8-4 数控加工工序卡，此表是编制加工程序的主要依据和操作人员进行数控加工的指导性文件。

8. 确定工件坐标系及坐标点计算

1）编程坐标系的建立

由于零件是对称零件，适合采用旋转、镜像指令进行编程。编程坐标系的原点选在工件上表面对称中心，以方便数值计算。

2）基点坐标的计算

因采用刀具半径补偿功能，故只需计算工件轮廓上各基点坐标值即可。图 8-3 中各基点坐标值见表 8-5。

表 8-5 基点坐标值

基　点	坐　标	基　点	坐　标
1	（49，0）	6	（-49，0）
2	（35.89，-14.88）	7	（26.85，-15.5）
3	（27.64，-19.80）	8	（26.85，15.5）
4	（-27.64，-19.80）	9	（16.45，9.5）
5	（-35.89，-14.88）	10	（16.45，-9.5）

9. 编制加工程序

根据零件图样及数控加工工序卡，编制加工程序见表 8-6。

表 8-6 数控加工程序

程　序	注　释
O0001；	
N10 G49 G69 G40；	初始化各加工状态
N20 T01 M06；	调用 1 号 φ20 mm 三刃立铣刀
N30 M03 S800；	主轴正转
N40 G54 G90 G00 X80 Y0；	
N50 G43 Z20 H01；	
N60 Z3 M08；	接近工件上表面 3 mm，切削液打开
N70 G01 Z-5 F100；	下刀至深度 5 mm，留 1 mm 余量
N80 M98 P0002；	调用子程序 O0002，粗加工外轮廓
N90 G68 X0 Y0 R180°；	绕工件坐标系旋转 180°
N100 M98 P0002；	再次调用子程序 O0002，加工外轮廓的另一半
N110 G69；	取消旋转
N120 G00 Z100；	Z 轴抬刀

程　　序	注　　释
N130 M09 M05；	切削液关，主轴停止
N140 G28 G49 Z100；	
N150 T02 M06；	换 2 号 φ10 mm 键槽铣刀
N160 M03 S850 M08；	
N170 G54 G90 G00 X0 Y0；	
N180 G43 H02 Z50；	
N190 M98 P0003；	调用子程序 O0003，粗加工腰型槽
N200 G68 X0 Y0 R180；	
N210 M98 P0003；	
N220 G69；	
N230 Z100 M09；	
N240 G49 G28 Z100；	
N250 T03 M06；	换 3 号 φ2.5 mm 中心钻
N260 M03 S1500；	
N270 G54 G90 G00 X40 Y0；	
N280 G43 H03 Z20；	
N290 G81 X40 Y0 Z－3 R5 F100 M08；	
N300 X－40；	
N310 X0；	
N320 G80 G00 Z50 M09；	
N330 G49 G28 Z100；	
N340 T04 M06；	换 4 号 φ28 mm 锥柄麻花钻
N350 M03 S400 M08；	
N360 G54 G90 G00 X0 Y0；	
N370 G43 H04 Z20；	
N380 G83 X0 Y0 Z－31 R5 Q2 F60；	
N390 G80 Z50 M09；	
N400 G49 G20 Z100；	
N410 T05 M06；	换 5 号 φ29.5 mm 粗镗刀
N420 M03 S450 M08；	
N430 G90 G54 G00 X0 Y0；	

续表二

程　　序	注　　释
N440 G43 H05 Z10;	
N450 G85 X0 Y0 Z－31 R5 F70;	
N460 G80 Z50 M09;	
N470 G49 G28 Z100;	
N480 T06 M06;	换 6 号 φ9 mm 麻花钻
N490 M03 S750 M08;	
N500 G90 G54 G00 X40 Y0;	
N510 G43 H06 Z20;	
N520 G83 X40 Y0 Z－31 R5 Q2 F60;	
N530 X－40;	
N540 G80 Z50 M09;	
N550 G49 G28 Z100;	
N560 T07 M06;	换 7 号 φ9.8 mm 扩孔钻
N570 M03 S700 M08;	
N580 G90 G54 G00 X40 Y0;	
N590 G43 H07 Z20;	
N600 G83 X40 Y0 Z－30 R5 Q2 F50;	
N610 X－40;	
N620 G80 Z50 M09;	
N630 G49 G28 Z100;	
N640 T08 M06;	换 8 号 φ20 mm 四刃立铣刀
N650 M03 S1000;	主轴正转
N660 G54 G90 G00 X80 Y0;	
N670 G43 Z20 H08;	
N680 Z3 M08;	接近工件上表面 3 mm，切削液打开
N690 G01 Z－6 F100;	下刀至深度 6 mm
N700 M98 P0004;	调用子程序 O0004 精加工外轮廓
N710 G68 X0 Y0 R180;	绕工件坐标系旋转 180°
N720 M98 P0004;	再次调用子程序 O0004，精加工另外一半外轮廓
N730 G69;	取消旋转
N740 G00 Z50;	Z 轴抬刀

续表三

程　　序	注　　释
N750 M09 M05；	切削液关，主轴停止
N760 G49 G28 Z100；	
N770 T09 M06；	换 9 号 φ10 mm 键槽铣刀
N780 M03 S1000；	
N790 G90 G54 X0 Y0；	
N800 G43 H09 Z50 M08；	
N810 M98 P0005；	调用子程序 O0005 精加工腰型槽
N820 G68 X0 Y0 R180；	
N830 M98 P0005；	
N840 G00 Z50 M09；	
N850 G69 G40；	
N860 G49 G28 Z100；	
N870 T10 M06；	换 10 号 φ30 mm 精镗刀
N880 M03 S500；	
N890 G90 G54 G00 X0 Y0；	
N900 G43 H10 Z10 M08；	
N910 G76 X0 Y0 Z−31 R5 F30；	
N920 G80 Z100 M09；	
N930 G49 G28 Z100；	
N940 T11 M06；	换 11 号 φ10 mm 铰刀
N950 M03 S100 M08；	
N960 G90 G54 G00 Z40 Y0；	
N970 G43 H11 Z50；	
N980 G82 X40 Y0 Z−31 R5 P2000 F30；	
N990 X−40；	
N1000 G80 Z50 M09；	
N1010 G49 G28 Z100；	
N1020 M30；	程序结束
O0002	粗加工外轮廓子程序
N10 G01 G41 X49 Y0 D01 F150；	建立刀具半径补偿
N20 G02 X35.98 Y−14.88 R15；	

程　　序	注　　释
N30 G03 X27.64 Y－19.80 R12；	
N40 G02 X－27.64 Y－19.08 R34；	
N50 G03 X－35.89 Y－14.88 R12；	
N60 G02 X－49 Y0 R15；	
N70 G01 G40 X－60 Y0；	
N80 M99；	子程序结束，并返回主程序
O0003	粗加工腰型槽子程序
N10 G01 G41 X26.85 Y－15.5 D02 F120；	
N20 G01 Z－3 F30；	
N30 G03 X26.85 Y15.5 R31；	
N40 G03 X16.45 Y9.5 R6；	
N50 G02 X16.45 Y－9.5 R19；	
N60 G03 X26.85 Y－15.5 R6；	
N70 G00 Z1；	
N80 G40 X0 Y0；	
N90 M99；	
O0004	精加工外轮廓子程序
N10 G01 G41 X49 Y0 D08 F100；	建立刀具半径补偿
N20 G02 X35.89 Y－14.88 R15；	
N30 G03 X27.64 Y－19.80 R12；	
N40 G02 X－27.64 Y－19.80 R34；	
N50 G03 X－35.89 Y－14.88 R12；	
N60 G02 X－49 Y0 R15；	
N70 G01 G40 X－60 Y0；	
N80 M99；	子程序结束，并返回主程序
O0005	精加工腰型槽子程序
N10 G01 G41 X26.85 Y－15.5 D09 F120；	
N20 G01 Z－4 F30；	
N30 G03 X26.85 Y15.5 R31；	
N40 G03 X16.45 Y9.5 R6；	
N50 G02 X16.45 Y－9.5 R19；	

程　序	注　释
N60 G03 X26.85 Y−15.5 R6;	
N70 G00 Z1;	
N80 G40 X0 Y0;	
N90 M99;	

10. 上机操作

1) 加工准备

(1) 检查毛坯尺寸。

(2) 开机，回参考点。

(3) 程序输入。把编写好的数控程序输入数控系统。

(4) 工件装夹。用平口虎钳装夹工件，工件上表面高出钳口 8 mm 左右，用百分表找正。

(5) 刀具装夹。安装寻边器，确定工件原点为毛坯上表面的中心，设定零点偏置。安装 φ20 mm 立铣刀并对刀，设定刀具参数，选择自动加工方式。

2) 对刀及设置工件坐标系

选第一把刀 T1 作为基准刀，通过寻边器碰工件两侧对中确定 X 轴零点，用同样的方法确定 Y 轴零点，刀具轻碰设定器确定 Z 轴零点，在 G54 中设定工件坐标系。H01 刀具长度设定为 0。第二把刀 T2，刀尖碰到 Z 轴设定器，记录下此时机床 Z 轴坐标值，把值输入相对应参数 H02 中，其他刀具依此类推。

3) 空运行

以 FAUNC 数控系统为例，调整数控机床中刀具半径补偿值，把坐标系偏移中的 Z 轴方向值变为"+50"，打开程序，选择 MEM 工作模式，按下空运行按钮，按"循环启动"键，观察程序运行及加工情况，或用机床锁定功能进行数控机床空运行，待空运行结束后，使空运行按钮复位。

4) 工件自动加工及尺寸控制

在工件粗加工时，输入的刀具半径补偿值可以略大于刀具的实际半径值，以留出精加工余量。例如，粗加工外轮廓时把刀具半径补偿值设置为 10.2 mm，工件轮廓留有 0.2 mm 精加工余量，深度方向也留有 0.2 mm 精加工余量。在精加工外轮廓时，刀具半径值先设置为 10.05 mn，运行完精加工程序后，根据工件轮廓实测尺寸再修改数控机床中的刀具半径补偿值，然后重新运行程序，以保证轮廓尺寸符合图样要求。

5) 工件尺寸检测

程序执行完毕后，进行工件尺寸检测。

6) 加工结束

拆卸下工件并清理机床。

思考题与习题

1. 如图 8-4 所示轴类零件，材质为 45 钢，毛坯料尺寸为 $\phi30$ mm×105 mm，试编制加工工艺及程序。

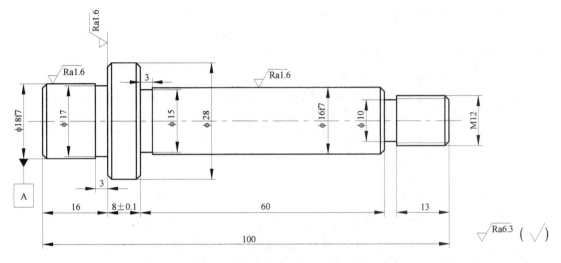

图 8-4

2. 如图 8-5 所示，板类零件，材质为铝合金，毛坯料尺寸为 115 mm×115 mm×35 mm，试编制加工工艺及程序。

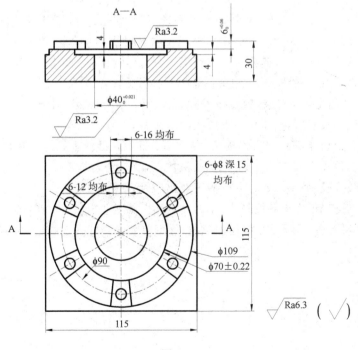

图 8-5

参 考 文 献

[1]　韩鸿鸾,荣维芝.数控机床的结构与维修[M].北京:机械工业出版社,2004.

[2]　汪木兰.数控原理与系统[M].北京:机械工业出版社,2004.

[3]　吴玉厚.数控机床电主轴单元技术[M].北京:机械工业出版社,2006.

[4]　王爱玲.数控机床结构及应用[M].北京:机械工业出版社,2006.

[5]　张耀满,王仁德,于军,等.数控机床结构[M].沈阳:东北大学出版社,2007.

[6]　刘武发,刘德平.机床数控技术[M].北京:化学工业出版社,2007.

[7]　韩建海.数控技术及装备[M].武汉:华中科技大学出版社,2007.

[8]　文怀兴,夏田.数控机床设计实践指南[M].北京:化学工业出版社,2008.

[9]　明兴祖,熊显文.数控技术[M].北京:清华大学出版社,2008.

[10]　王侃夫.数控机床控制技术与系统[M].北京:机械工业出版社,2008.

[11]　关慧贞,冯辛安.机械制造装备设计[M].北京:机械工业出版社,2009.

[12]　王海勇.数控机床结构与维修[M].北京:化学工业出版社,2009.

[13]　王明红,王越,何法江.数控技术[M].北京:清华大学出版社,2009.

[14]　李斌,李曦.数控技术[M].武汉:华中科技大学出版社,2010.

[15]　何玉安.数控技术及其应用[M].北京:机械工业出版社,2011.

[16]　李伟,魏国丰,齐建家,等.数控技术[M].北京:中国电力出版社,2011.

[17]　陈富安.数控原理与系统[M].北京:人民邮电出版社,2011.

[18]　张伟中,姜晓强,徐安林.数控原理与系统[M].北京:人民邮电出版社,2012.

[19]　马志诚.数控技术[M].北京:北京理工大学出版社,2012.

[20]　黄国权.数控技术[M].哈尔滨:哈尔滨工程大学出版社,2013.

[21]　张耀满.机床数控技术[M].北京:机械工业出版社,2013.

[22]　何雪明,吴晓光,刘有余.数控技术[M].武汉:华中科技大学出版社,2014.

[23]　周德俭.数控技术[M].重庆:重庆大学出版社,2015.

[24]　马金平.数控机床编程与操作项目教程[M].北京:机械工业出版社,2015.

[25]　田林红.数控技术及应用[M].北京:机械工业出版社,2015.

[26]　朱晓春.数控技术[M].北京:机械工业出版社,2019.

[27]　许德章,刘有余.机床数控技术[M].北京:机械工业出版社,2020.

[28]　王全景,刘贵杰,张秀红.数控加工技术[M].北京:机械工业出版社,2020.